Circuitos Digitais

Seja Nosso Parceiro no Combate à Cópia Ilegal

A cópia ilegal é crime. Ao efetuá-la, o infrator estará cometendo um grave erro, que é inibir a produção de obras literárias, prejudicando profissionais que serão atingidos pelo crime praticado.

Junte-se a nós nesta corrente contra a pirataria. Diga não à cópia ilegal.

Seu Cadastro É Muito Importante para Nós

Ao preencher e remeter a ficha de cadastro constante no final desta publicação, você passará a receber informações sobre nossos lançamentos em sua área de preferência.

Conhecendo melhor nossos leitores e suas preferências, vamos produzir títulos que atendam suas necessidades.

Obrigado pela sua escolha.

Fale Conosco!

Eventuais problemas referentes ao conteúdo deste livro serão encaminhados ao(s) respectivo(s) autor(es) para esclarecimento, excetuando-se as dúvidas que dizem respeito a pacotes de softwares, as quais sugerimos que sejam encaminhadas aos distribuidores e revendedores desses produtos, que estão habilitados a prestar todos os esclarecimentos.

Os problemas só podem ser enviados por:

1. E-mail: producao@erica.com.br

2. Fax: (11) 6197.4060

3. Carta: Rua São Gil, 159 - Tatuapé - CEP 03401-030 - São Paulo - SP

Antonio Carlos de Lourenço
Eduardo Cesar Alves Cruz
Sabrina Rodero Ferreira
Salomão Choueri Júnior

Circuitos Digitais

Editora Érica Ltda.
2005 - 7ª Edição

Dados Internacionais de Catalogação na Publicação (CIP)
(Câmara Brasileira do Livro, SP, Brasil)

Circuitos digitais / Antonio Carlos de Lourenço.
I et al. I -- São Paulo : Érica 1996. -- (Coleção Estude e Use. Série Eletrônica Digital)

Outros autores: Eduardo Cesar Alves Cruz, Sabrina Rodero Ferreira, Salomão Choueri Júnior.

Bibliografia.
ISBN: 85-7194-320-6

1. Circuitos eletrônicos 2. Eletrônica digital
I. Lourenço, Antonio Carlos de, 1962- II. Cruz, Eduardo Cesar Alves, 1960-
III. Ferreira, Sabrina Rodero, 1968. IV. Choueri Junior, Salomão, 1961- V. Série.

96-0250 CDD-621.3815

Índices para catálogo sistemático
1. Circuitos digitais: Engenharia eletrônica 621.3815

Editora Érica Ltda.
Rua São Gil, 159 - Tatuapé
CEP: 03401-030 - São Paulo - SP
Fone: (11) 295-3066 - Fax: (11) 6197-4060
www.editoraerica.com.br

Dedicamos este livro aos alunos e professores, por manterem viva a chama da educação.

Feliz o homem que descobre a sabedoria e adquire inteligência!
Pois adquiri-la vale mais do que a prata, e seu lucro mais que o ouro.

Pr 3, 13-14

Objetivos

- Estudar os fundamentos das operações lógicas e aritméticas utilizadas na Eletrônica Digital;
- Desenvolver o raciocínio lógico através da descrição e análise de processos físicos reais;
- Estudar os circuitos digitais combinacionais e seqüenciais fundamentais para a Eletrônica Digital;
- Desenvolver diversos projetos de circuitos eletrônicos digitais voltados para o controle de processos industriais;
- Dar subsídios para o aprofundamento dos estudos nas áreas de computadores e automação industrial.

Índice

Capítulo 1

Pra Começo de Conversa...

A eletrônica pode ser classificada em duas grandes áreas: analógica e digital.

A **eletrônica analógica** é aquela que trabalha com sinais elétricos de infinitos valores de tensão e corrente.

Já, a **eletrônica digital** trabalha apenas com **dois níveis** de sinais elétricos: **alto** e **baixo**, cujos valores dependem do tipo de tecnologia empregada.

No decorrer dos próximos capítulos, três perguntas básicas estarão sendo respondidas: "Como, quando e porque se utiliza a eletrônica digital?"

Mas neste momento, nosso interesse é analisar rapidamente o impacto que a eletrônica digital causou no desenvolvimento tecnológico e o quanto isto foi e continua sendo importante para a humanidade.

Sobre o impacto causado por ela no desenvolvimento tecnológico, podemos dizer que, somente através dela, foi possível transformar o computador, de pura ficção no início deste século, em um aparelho eletrodoméstico, ou seja, um equipamento útil a qualquer empreendimento particular e caseiro.

Para as indústrias, os computadores e os robôs passaram a ser executores de tarefas pesadas e cansativas, de grande risco aos trabalhadores, além de realizarem com maior qualidade diversos trabalhos repetitivos.

Estamos, pois, falando em **automação** doméstica e industrial. E é aí que começa a polêmica!

A palavra automação causa muitas discussões e gera opiniões conflitantes. Por isso, vale a pena perder (ganhar) alguns momentos para uma rápida reflexão.

Se por um lado ela é desejada por aqueles que querem se libertar dos trabalhos estafantes e perigosos, por outro, ela é acusada de ser uma das responsáveis por grandes problemas sociais, como o desemprego.

Desde os primórdios de sua racionalidade, a humanidade desenvolveu técnicas de sobrevivência, de trabalho e de lazer. Portanto, é inerente ao homem, através da técnica, **prometer sempre o melhor**. A tecnologia é só um instrumento por ele criado, não tem o livre arbítrio, ou melhor, não tem arbítrio nenhum. Ela é apenas criação ou, se desejarem, ela é apenas... nada!

Mas é inerente ao homem, além de prometer, também **não cumprir**, pois é ele quem arbitra.

Vejam, caros leitores, a responsabilidade que devemos ter ao adentrarmos neste conhecimento. É preciso, antes de tudo, **coragem** e **humildade**!

Através da sua sabedoria e da tecnologia, o homem promete prevenir e curar doenças, prolongar a vida, produzir mais alimentos, encurtar distâncias, aproximar vozes e imagens, abraçar o mundo.

Mas se observarmos este mundo, veremos muitas coisas de ponta-cabeça! E quem promete é o homem, que é sábio, e não a tecnologia.

Pensemos neste final de século. O desemprego é um fato mundial. E não é por uma simples conjuntura, como já foi em outros tempos. Hoje ele se impõe por ser um problema **estrutural**, supostamente causado pela automação industrial.

Mas gostaríamos de enfatizar que, no passado, o homem prometeu utilizar a tecnologia para reduzir o tempo de trabalho e aumentar o tempo de lazer. De fato, ele está cumprindo a primeira promessa. Mas, só a primeira...

Aceitemos, portanto este desafio, e comecemos a lutar para que se cumpra a segunda parte de todas as promessas.

Capítulo 2

Sistemas Numéricos e Operações Aritméticas

2.1 Sistemas Numéricos

*Todo mundo fala que **tempo** é **dinheiro**, não é verdade?*

*Nem sempre,pois o **sistema numérico** usado para contar seu valioso dinheiro é **diferente** do usado para contar seu precioso tempo.*

Para saber como andam nossas economias usamos um sistema de **10 unidades** enquanto que para controlar o horário de nossos compromissos usamos outros sistemas: um de **24 unidades** para as horas e outro de **60 unidades** para minutos e segundos.

Utilizamos, pois, diversos sistemas numéricos, porém, fazemos nossas contas e vemos o tempo passar sem nos preocuparmos com eles.

Para compreendermos desde um simples circuito digital até um computador, interessa-nos apenas três sistemas numéricos: **sistema decimal**, **sistema binário** e **sistema hexadecimal**.

Sistema Decimal (Base 10)

O **sistema numérico decimal** é o mais utilizado no dia-a-dia. Mas por que o sistema decimal? A explicação é simples: há muitos anos atrás o homem sentiu a **necessidade** de contar coisas como o número de animais em seu rebanho, o número de objetos trocados com os outros homens etc.

Surgiu, então, a necessidade de se utilizar algo como **base** para a contagem. Como o homem tem **dez dedos**, fica fácil imaginar ou explicar porque a base dez passou a ser utilizada.

O homem foi evoluindo e surgiu a escrita. Como conseqüência surgiram símbolos, chamados números, para representar as quantidades de forma mais simples, como mostra a figura 2.1.

Quantidade	**Símbolo**
I	0
II	1
III	2
IIII	3
IIIII	4
IIIIII	5
.	.
.	.
.	.
IIIIIIIIII	9

Figura 2.1 - Símbolos do Sistema Decimal

Portanto, o sistema decimal é aquele que utiliza 10 símbolos (algarismos) para representar qualquer quantidade. Estes símbolos são:

0 1 2 3 4 5 6 7 8 9

Para representar quantidades maiores que a base é utilizado o recurso de se adotar diferentes **pesos** para algarismos em **posições** diferentes.

Ou seja, quanto mais a esquerda for a posição do algarismo, maior seu peso, e sempre **10 vezes maior** que o anterior, já que a base é 10 (sistema decimal).

Usando este recurso de aumentar o peso das posições do algarismo simplifica-se a escrita dos números. *Imagine-se escrevendo o número 87 desta forma*: I I I I I I I I I I I I I I I I I I I I I I I I I I I I I I I I I I I I I I I I I I I I I I I I I I I I I I I I I I I I I I I I I I I I I I I I I I I I I I I I I I I I I I I. *Seria demorado, complicado e cômico !*

A idéia de peso do algarismo trouxe os nomes **unidade, dezena** (dez unidades), **centena** (cem unidades), **milhar** (mil unidades), **dezena de milhar, centena de milhar, milhão** etc.

Exemplo:

O número 2574 é composto por 4 unidades, 7 dezenas, 5 centenas e 2 milhares, ou 2000 + 500 + 70 + 4 = 2574

Mas o número 2574 pode ser decomposto de uma forma diferente:

$$\begin{aligned} 2574 &= 2000 + 500 + 70 + 4 \\ &= 2 \times 1000 + 5 \times 100 + 7 \times 10 + 4 \times 1 \\ &= 2 \times \mathbf{10}^3 + 5 \times \mathbf{10}^2 + 7 \times \mathbf{10}^1 + 4 \times \mathbf{10}^0 \end{aligned}$$

\—— — — — **BASE** — — — —/

Esta forma de decompor um número é chamada de ***LEI DE FORMAÇÃO*** e é válida para qualquer base numérica. Genericamente a Lei de Formação é escrita da seguinte forma:

$$\text{Número} = a_n \,.\, b^n + a_{n-1} \,.\, b^{n-1} + a_{n-2} \,.\, b^{n-2} + \ldots + a_0 \,.\, b^0$$

onde:

a_n = algarismo

b = base do número

n = quantidade de algarismos −1

Exemplo:

O número 84917 é composto por 5 algarismos, logo, n = 5 −1= 4.

Portanto: $a_0 = 7$; $a_1 = 1$; $a_2 = 9$; $a_3 = 4$ e $a_4 = 8$

Pode-se, então, escrever:

$8 \times 10^4 + 4 \times 10^3 + 9 \times 10^2 + 1 \times 10^1 + 7 \times 10^0 = 84917$

OBSERVAÇÃO:

Antes de partir para o próximo item, vamos apenas lembrar que os números terminados com 0, 2, 4, 6 e 8 são chamados de números **pares** e os terminados com 1, 3, 5, 7 e 9 de números **ímpares**.

Sistema Binário (Base 2)

O sistema binário, como o próprio nome diz, utiliza apenas **dois símbolos** (algarismos) para representar qualquer quantidade. Os símbolos utilizados são:

0 e 1

O sistema binário segue as mesmas regras do sistema decimal, ou seja, também são válidos os conceitos de **peso** e **posição** dos algarismos. No entanto, os nomes unidades, dezenas, centenas etc, somente são usados no sistema decimal, sendo que, no sistema binário, as posições não têm um nome específico.

Cada algarismo ou dígito de um número binário é chamado de **bit**, que é a abreviação de **bi**nary digi**t** (dígito binário).

Exemplo:

O número 1001110 tem 7 bits

O sistema binário é muito utilizado em circuitos lógicos e aritméticos.

OBSERVAÇÃO:

Como no sistema decimal, no sistema binário um número pode ser classificado em par (quando **terminado em 0**) ou em ímpar (quando **terminado em 1**).

Sistema Hexadecimal (Base 16)

O sistema **hexadecimal** possui **16 símbolos** (algarismos) para representar qualquer quantidade. Como são conhecidos apenas dez símbolos numéricos (0 a 9), adotou-se outros seis (A a F), ficando o sistema hexadecimal assim constituído:

0 1 2 3 4 5 6 7 8 9 A B C D E F

Outros símbolos poderiam ser utilizados para representar as quantidades maiores que 9, porém, as letras foram escolhidas pela **facilidade de manuseio.**

Exemplo:

4C5F é um número hexadecimal de 4 dígitos.

O sistema hexadecimal é muito utilizado na área de microprocessadores, e tem uma estreita relação com o sistema binário, como será visto mais adiante.

OBSERVAÇÃO:

No sistema hexadecimal, os números terminados em 0, 2, 4, 6, 8, A, C e E são números pares e os terminados em 1, 3, 5, 7, 9, B, D e F são números ímpares.

Existem vários **padrões** para se representar os números associados às bases. Os dois mais comuns são:

- Utilizar uma letra após o número para indicar a base;
- Colocar o número entre parênteses e a base como um índice do número.

Exemplos:

a) Sistema Decimal:

2763**D** ou $(2763)_{10}$

b) Sistema Binário:

1010**B** ou $(1010)_2$

c) Sistema Hexadecimal:

F8DA**H** ou $(F8DA)_{16}$

Neste livro será utilizado o segundo padrão (parênteses e índice).

2.2 Conversão entre Bases

Como vimos no capítulo anterior, em eletrônica digital e informática, utilizamos três sistemas numéricos. Deste modo, é importante conhecermos a equivalência entre números escritos em sistemas numéricos diferentes, como mostra a figura 2.2.

DECIMAL	BINÁRIO	HEXADECIMAL
0	0	0
1	1	1
2	10	2
3	11	3
4	100	4
5	101	5
6	110	6
7	111	7
8	1000	8
9	1001	9
10	1010	A
11	1011	B
12	1100	C
13	1101	D
14	1110	E
15	1111	F
16	10000	10
17	10001	11
⋮	⋮	⋮

Figura 2.2 - Tabela de Conversão entre Bases

Analisando a figura, percebe-se que é impossível montar uma tabela de conversão para todos os números. Desta forma, foram criados **métodos de conversão** de uma base para outra.

Base Qualquer para a Base 10

Já foi visto que os números têm uma lei de formação:

$$\text{Número} = a_n \,.\, b^n + a_{n-1} \,.\, b^{n-1} + a_{n-2} \,.\, b^{n-2} + \ldots + a_0 \,.\, b^0$$

Para se converter um número de um sistema numérico qualquer para o decimal, basta aplicar a lei de formação substituindo **b** pela base do número a ser convertido e $\mathbf{a_n}$ por seus respectivos algarismos.

Exemplos:

a) No número $(1101)_2$ tem-se: $n = 4 - 1 = 3$ e $b = 2$, logo:

$$(1101)_2 = 1 \times 2^3 + 1 \times 2^2 + 0 \times 2^1 + 1 \times 2^0 =$$
$$8 + 4 + 0 + 1 = (13)_{10}$$

b) $(3AF7)_{16} = 3 \times 16^3 + A \times 16^2 + F \times 16^1 + 7 \times 16^0 =$

$$= 3 \times 16^3 + 10 \times 16^2 + 15 \times 16^1 + 7 \times 16^0 = (15095)_{10}$$

Notar que, quando houver letras no número hexadecimal, deve-se substituí-las pelo número decimal equivalente.

Base 10 para Base Qualquer

Dado um número inteiro escrito na base 10, para se obter seu equivalente em uma base **b** qualquer, divide-se o número por **b** tantas vezes quantas necessárias para que o quociente da divisão seja menor que **b**. O último quociente da divisão e os restos das **divisões sucessivas**, tomados na ordem inversa, correspondem ao número na base **b**.

Exemplos:

a) *Utilização do método (Base 10 para a Base 2):*

$(125)_{10} = (\ ?\ )_2$

1) Divide-se o número na base 10 pela base desejada:

125 : 2 = 62 e resto = 1

2) Como o quociente (62) é maior que a base desejada, divide-se o quociente novamente por 2:

62 : 2 = 31 e resto = 0

3) O quociente ainda é maior que 2:

31 : 2 = 15 e resto = 1

4) O quociente ainda é maior que 2:

15 : 2 = 7 e resto = 1

5) O quociente ainda é maior que 2:

7 : 2 = 3 e resto = 1

6) O quociente ainda é maior que 2:

3 : 2 = 1 e resto = 1

7) O quociente é menor que a base desejada. Não é necessário se efetuar mais divisões. Portanto, a operação de conversão acabou.

Para se obter o número convertido é só tomar o último quociente e os restos das divisões do fim para o começo e escrevê-los da esquerda para a direita. De forma esquemática tem-se:

↓

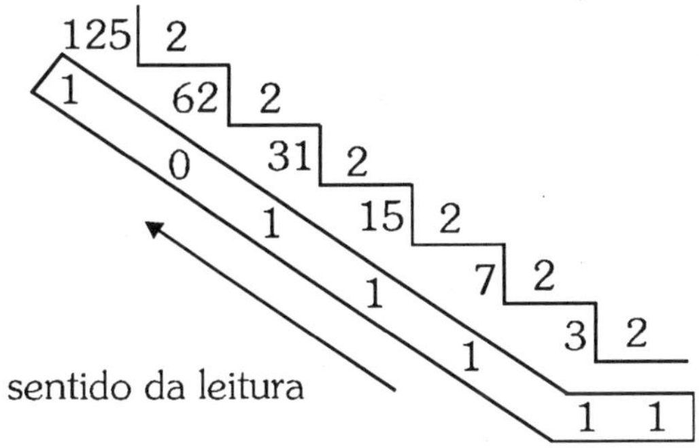

$(125)_{10} = (1111101)_2$

b) Base 10 para a base 16:

$(538)_{10} = (\ ?\ )_{16}$

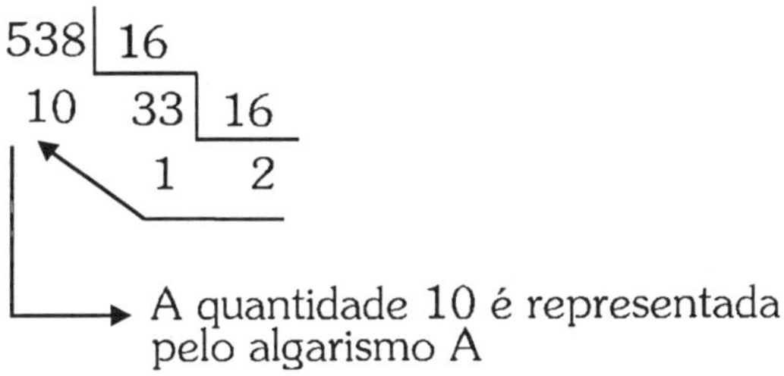

$(538)_{10} = (21A)_{16}$

Conversão entre as Bases 2 e 16

Foi dito anteriormente que existe uma relação estreita entre os sistemas binário e hexadecimal. Esta relação vem do fato de que o número **16** pode ser escrito como $\mathbf{2^4}$. Os números hexadecimais podem ser vistos como uma **forma compacta** de representar os números binários.

A conversão da **base 2 para a base 16** é realizada na seguinte seqüência:

1) Divide-se o número em grupos de 4 algarismos da direita para a esquerda;

2) Converte-se cada grupo no seu equivalente em hexadecimal.

Exemplo:

$(1011110010100111)_2 = (\ ?\ )_{16}$

1011	1100	1010	0111
↓	↓	↓	↓
B	C	A	7

$(1011110010100111)_2 = (BCA7)_{16}$

A conversão da **base 16 para a base 2** é realizada na seqüência inversa:

1) Converte-se cada algarismo no seu equivalente em binário, utilizando **sempre 4 algarismos**, colocando-se zeros à esquerda quando necessário;

2) Reúne-se os grupos de 4 algarismos, formando o número equivalente na base 2.

Exemplo:

$(A79E)_{16} = (\ ?\ )_2$

A	7	9	E
↓	↓	↓	↓
1010	0111	1001	1110

$(A79E)_{16} = (1010011110011110)_2$

Conversão de Números Fracionários

Até aqui foram vistos os números inteiros nas bases 2, 10 e 16. Mas, e os números fracionários ? É possível utilizar toda esta teoria para estes números ? É claro que sim!

Pode-se ampliar a aplicação da Lei de Formação para números fracionários utilizando-se, para os algarismos à direita da vírgula, expoentes negativos em ordem crescente. Assim, a Lei de Formação ampliada fica:

$$\text{Número} = \underbrace{a_n.b^n + a_{n-1}.b^{n-1} + a_{n-2}.b^{n-2} + \ldots + a_0.b^0}_{\text{parte inteira}} + \underbrace{a_{-1}.b^{-1} + a_{-2}.b^{-2} + \ldots + a_{-m}.b^{-m}}_{\text{parte fracionária}}$$

Conversão das Bases 2 e 16 para a Base 10

Aplicando-se a Lei de Formação para números fracionários, tem-se:

Exemplos:

a) *Base 2 para a base 10:*

$(101,110)_2 = 1 \times 2^2 + 0 \times 2^1 + 1 \times 2^0 + 1 \times 2^{-1} + 1 \times 2^{-2} + 0 \times 2^{-3}$
$= (5,75)_{10}$

b) *Base 16 para a base 10:*

$(3A,D7)_{16} = 3 \times 16^1 + 10 \times 16^0 + 13 \times 16^{-1} + 7 \times 16^{-2} =$
$= (58,83984375)_{10}$

Conversão da Base 10 para as Bases 2 e 16

Neste tipo de conversão, a parte inteira é convertida separadamente pelo processo das divisões sucessivas já estudado, porém, para a parte fracionária é utilizado o processo das **multiplicações sucessivas** pela base desejada. A parte inteira resultante dos produtos formará os dígitos da parte fracionária do número convertido.

Exemplos:

a) Base 10 para a base 2:

$(8{,}375)_{10} = (\ ?\ )_2$

- parte inteira: $(8)_{10} = (1000)_2$
- parte fracionária:

$0{,}375 \times 2 = 0{,}750 \rightarrow 0$

$0{,}750 \times 2 = 1{,}500 \rightarrow 1$

$0{,}500 \times 2 = 1{,}000 \rightarrow 1$

$0{,}000 \rightarrow$ Final

$(8{,}375)_{10} = (1000{,}011)_2$

b) Base 10 para a base 2 com parte fracionária e dízima periódica:

$(4{,}8)_{10} = (\ ?\ )_2$

- parte inteira: $(4)_{10} = (100)_2$
- parte fracionária:

repetição

$0{,}8 \times 2 = 1{,}6 \rightarrow 1$

$0{,}6 \times 2 = 1{,}2 \rightarrow 1$

$0{,}2 \times 2 = 0{,}4 \rightarrow 0$

$0{,}4 \times 2 = 0{,}8 \rightarrow 0$

$0{,}8 \times 2 = 1{,}6 \rightarrow 1$ . . . .(dízima periódica)

$(4{,}8)_{10} = (100{,}11001100110011001100.....)_2$

c) Base 10 para a base 16 com parte fracionária e dízima não-periódica:

$(37{,}541)_{10} = (\ ?\ )_{16}$

- parte inteira: $(37)_{10} = (25)_{16}$
- parte fracionária:

$$
\begin{array}{cccc}
0{,}541 & 0{,}656 & 0{,}496 & 0{,}936 \\
\times\ 16 & \times\ 16 & \times\ 16 & \times\ 16 \\
\hline
8{,}656 & 10{,}496 & 7{,}936 & 14{,}976 \\
\downarrow & \downarrow & \downarrow & \downarrow \\
8 & A & 7 & E\ \ldots\ldots
\end{array}
$$

... (dízima não-periódica)

$(37{,}541)_{10} = (25{,}8A7E\ldots)_{16}$

2.3 Operações Aritméticas

O computador e o relógio digital, por exemplo, realizam internamente várias operações aritméticas no sistema binário. Para aprender como eles fazem isso, basta entendermos o mecanismo das operações básicas, **adição** e **subtração**, no sistema decimal, pois, é o mesmo mecanismo utilizado nos outros sistemas numéricos.

Adição

Sistema Numérico Decimal

Na adição entre dois números de um algarismo cada, pode-se obter resultados com um ou dois dígitos:

Exemplos:

a) Resultado de 1 Dígito:

$$
\begin{array}{r}
5 \\
2\ + \\
\hline
7
\end{array}
$$

b) Resultado de 2 Dígitos:

$$
\begin{array}{r}
8 \\
5\ + \\
\hline
13
\end{array}
$$

Para entender este mecanismo, é preciso estudar o processo de adição de forma diferente.

Já foi visto anteriormente que o sistema numérico decimal é constituído por dez algarismos. São eles:

0 1 2 3 4 5 6 7 8 9

A operação **adição** pode ser entendida como sendo um **deslocamento à direita** na série acima, cada deslocamento correspondendo a adição de uma unidade.

Desta forma, o item **a** do exemplo anterior (5 +2 = 7) corresponde ao deslocamento de 2 unidades à direita a partir do algarismo 5, tendo como resultado o algarismo 7, como mostra a figura 2.3.

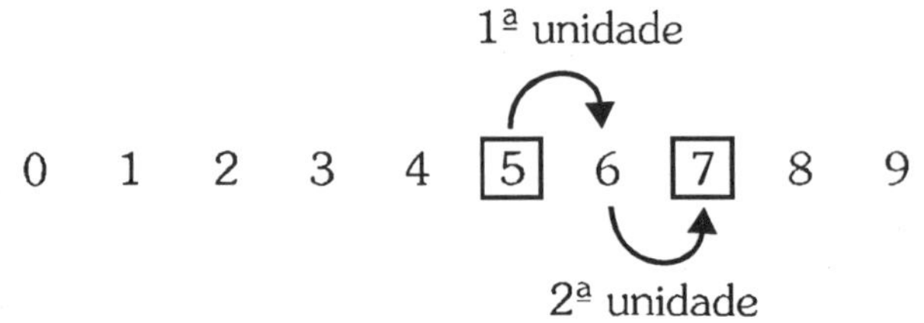

Figura 2.3 - Deslocamento à Direita na Operação Adição.

Porém, no ítem **b** (8 + 5 = 13), partindo-se do algarismo 8, o deslocamento de 5 unidades à direita leva a um **estouro**, pois o maior algarismo do sistema decimal (9) é ultrapassado, havendo a necessidade de se recomeçar o deslocamento a partir do 0 (zero) para que a operação seja completada, o que acontecerá no algarismo 3. A figura 2.4 mostra este caso.

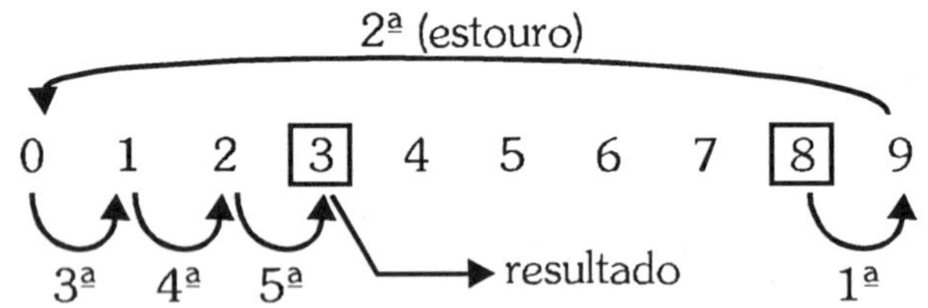

Figura 2.4 - Deslocamento com Estouro na Operação Adição

Este estouro corresponde, na realidade, à necessidade de se adicionar uma unidade com peso 10 vezes maior a um **novo dígito**, chamado **dezena** e que inicialmente valia 0 (zero). Esquematicamente, isto pode ser representado da seguinte forma:

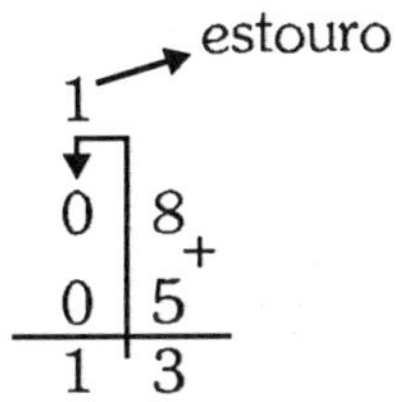

A este estouro dá-se o nome de **carry** (transporte) ou **vai-um**.

Esse conceito é utilizado no odômetro (marcador de kilometragem) do carro. Só que lá existem vários dígitos, e portanto, podem ocorrer vários estouros.

Este mesmo mecanismo, portanto, pode ser adotado para números com vários dígitos.

Exemplo:

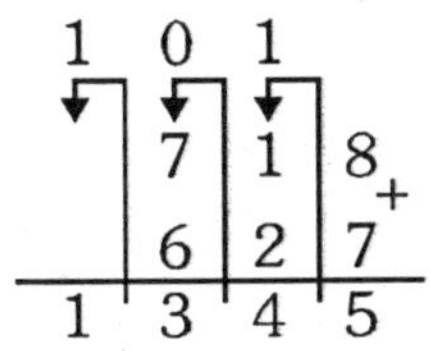

Notar que não houve **estouro** na adição do 2º dígito, e portanto, o **carry = 0.**

Sistema Numérico Hexadecimal

No sistema hexadecimal, o mecanismo é exatamente o mesmo, só que o estouro ocorre quando o algarismo F é ultrapassado, já que este sistema é formado pelos algarismos:

0 1 2 3 4 5 6 7 8 9 A B C D E F

Neste caso, o estouro ou carry tem peso 16 vezes maior (hexadecimal).

Exemplos:

a) Com números de um algarismo:

```
  5                                     5
  8 +  ──► No sistema decimal tem-se:   8 +
 ───                                   ───
  D                                    13
```

$(D)_{16} = (13)_{10}$

b) Com números de vários algarismos:

```
 1 1 0                                        1
   4 B 7                                 1 2 0 7
   D 8 3 +  ──► No sistema decimal tem-se:  3 4 5 9 +
 ─────────                               ─────────
 1 2 3 A                                 4 6 6 6
```

$(123A)_{16} = (4666)_{10}$

Sistema Numérico Binário

No sistema binário, novamente o mesmo mecanismo é utilizado, porém, agora existem apenas dois algarismos:

0 e 1

Neste caso o estouro ocorrerá apenas quando se adicionar uma unidade ao algarismo 1.

A tabela da figura 2.5 mostra todas as possibilidades da operação adição entre dois algarismos A e B na base 2.

```
Carry ←┐
       │ A
       │
       │ B +
       │ ───
       │ S
```

Operandos		Resultado	Estouro
A	B	S	Carry
0	0	0	0
0	1	1	0
1	0	1	0
1	1	0	1

Figura 2.5 - Adição no Sistema Numérico Binário

Exemplos:

```
a)  0              b)  1 1 1            c)  1 0 1 1 1 1 0 1
    0 1                 1 0 1                1 0 0 1 1 1 0 1
    1 0 +               0 1 1 +              1 0 1 0 0 1 0 1 +
    ---               -------             -----------------
    1 1               1 0 0 0             1 0 1 0 0 0 0 1 0
```

Se for feita a conversão destes números para o sistema decimal, obtém-se, respectivamente:

```
a)                 b)                 c)
    1                  5                  1 5 7
    2 +                3 +                1 6 5 +
   ---                ---                ------
    3                  8                  3 2 2
```

$(3)_{10}=(11)_2$ **$(8)_{10}=(1000)_2$** **$(322)_{10}=(101000010)_2$**

Subtração

Sistema Numérico Decimal

A operação subtração, sendo inversa à adição, tem como mecanismo, obviamente, o inverso do utilizado na adição, ou seja, tendo como referência os algarismos do sistema decimal, a subtração corresponde ao **deslocamento à esquerda** do **minuendo** de tantas unidades quantas forem o **subtraendo**.

Exemplo:

(minuendo)	7
(subtraendo)	3 -
(resultado)	4

Esquematicamente:

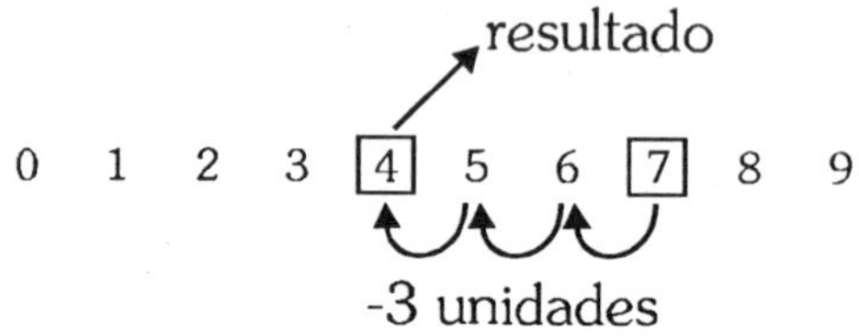

Porém, o que acontece quando o minuendo é menor que o subtraendo? Há também um **estouro**, e neste caso, deve-se **subtrair** uma unidade do minuendo ou **somar** uma unidade ao subtraendo da casa seguinte.

A este estouro dá-se o nome de **borrow**(empréstimo) ou **vem-um.**

Exemplo:

$$\begin{array}{r} 5\,3 \\ {}_{1} \\ 2\,8^{-} \\ \hline 2\,5 \end{array}$$

Esquematicamente:

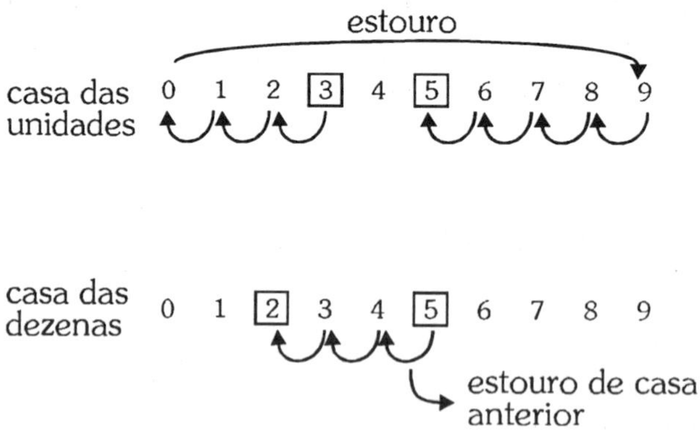

Mas, e se o mesmo acontece com os algarismos da casa das dezenas, ou seja, minuendo menor que o subtraendo?

Deve-se utilizar exatamente o mesmo método!

Exemplo:

$(28)_{10} - (53)_{10} = ?$

```
      1 1 0
... 0 0 2 8
... 0 0 5 3 +
-------------
... 9 9 7 5
```

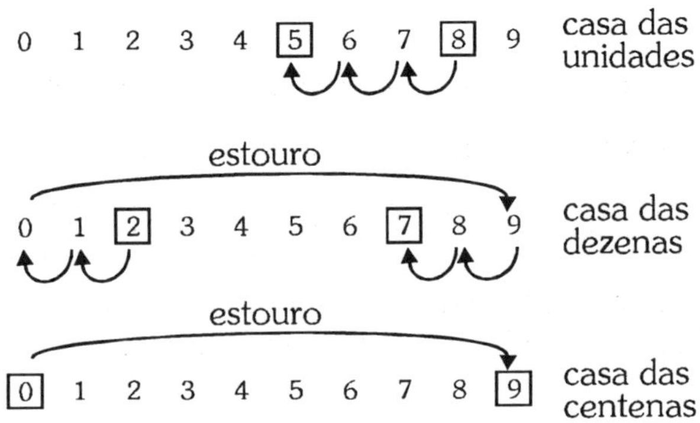

(idem para as outras casas)

Observando este exemplo, você verifica que o método furou! O resultado é um absurdo! Como é possível, subtraindo-se 53 de 28, resultar 75 ou 975 ou 9975 ou ...999975?

Você poderia dizer que, neste caso, a subtração deveria ser feita ao contrário (53-28) acrescentando o sinal **(-)** ao resultado, indicando que o mesmo é negativo.

```
  5 3
  2 8 -
 -----
 -2 5   →  resultado negativo
```

Mas, e o nosso método? Ele está realmente furado!? Não, o método é correto, mas não deixemos nada sem explicação.

Esta seqüência de algarismos 9 à esquerda do resultado significa que ele é **negativo**. Para se obter o resultado –25 é necessário aprender mais.

Subtração em Complemento de 10

Chama-se **módulo** a quantidade de números que pode ser representada pelos seus algarismos.

Exemplos:

1 algarismo	→	números de 0 a 9	→	módulo 10
2 algarismos	→	números de 00 a 99	→	módulo 100
3 algarismos	→	números de 000 a 999	→	módulo 1000

Chama-se **complemento** de um número a diferença entre ele e o seu módulo e é representado com uma barra sobre o número.

Exemplos:

O complemento de 6 ou $\overline{6}$ é 4 (10 - 6 = 4)

O complemento de 32 ou $\overline{32}$ é 68 (100 - 32 = 68)

Usando-se estes dois novos conceitos, **módulo** e **complemento**, pode-se verificar que o resultado obtido, que parecia absurdo, está correto. O complemento do resultado de uma subtração, quando este deve ser negativo, é o valor final da subtração.

Exemplo:

```
     28               módulo ──────→   100
     53-                                75-
 ───────                              ─────
 .....975        complemento ──────→    25
   ↓                                    ↓
indica resultado negativo           valor final
```

Se a operação de subtração é o inverso da adição, então é possível dizer que **uma subtração entre dois números (minuendo e subtraendo) é igual à soma do minuendo com o complemento do subtraendo**, onde agora, o carry igual a **1** significa que o resultado é **positivo** e o carry igual a **0** significa que o resultado é **negativo** e, portanto, deve ser novamente complementado.

Exemplos:

$9 - 3 = 9 + \overline{3} = 9 + 7 = 6$ e carry = 1

resultado positivo = 6

$2 - 6 = 2 + \overline{6} = 2 + 4 = 6$ e carry = 0

resultado negativo = $\overline{6} = 4$

Se você parar observou bem, acabamos de transformar uma operação subtração em uma operação adição.

Mas neste momento, devemos levantar um pequeno problema, que deve ter passado desapercebido: o módulo de um número tem sempre um algarismo a mais que os números que podem ser representados dentro dele.

Exemplo:

Módulo 100 (3 algarismos)

representa números de 00 a 99 (2 algarismos).

Como, então, transformar este método para que o número de algarismos seja fixo?

Muito simples! Ao invés de se fazer a complementação de um número subtraindo-o do módulo, faz-se subtraindo-o do **maior número do módulo** (módulo −1), somando-se 1 ao final da operação.

Exemplos:

$\overline{4} = 10 - 4 = 6$ **ou** $\overline{4} = (\mathbf{9} - 4) + 1 = 5 + 1 = 6$

$\overline{276} = 1000 - 276 = 724$ **ou** $\overline{276} = (\mathbf{999} - 276) + 1 = 723 + 1 = 724$

Esta nova maneira permite que o complemento seja feito **dígito a dígito:**

$\overline{0} = 9$	$\overline{5} = 4$
$\overline{1} = 8$	$\overline{6} = 3$
$\overline{2} = 7$	$\overline{7} = 2$
$\overline{3} = 6$	$\overline{8} = 1$
$\overline{4} = 5$	$\overline{9} = 0$

Exemplos:

Complemento dígito a dígito de número com vários algarismos:

$\overline{9346} = (\overline{9})\,(\overline{3})\,(\overline{4})\,(\overline{6}) = 0653 = 653$

$\overline{8759873} = (\overline{8})\,(\overline{7})\,(\overline{5})\,(\overline{9})\,(\overline{8})\,(\overline{7})\,(\overline{3}) = 1240126$

Portanto, a subtração entre dois números pode ser realizada pela adição do minuendo com o complemento dígito a dígito do subtraendo +1.

Exemplos

a) *Subtração com resultado positivo*:

$578 - 325 = 578 + \overline{325} + 1 = 578 + 674 + 1 = 253$ e carry = 1, o que indica um resultado **positivo**.

b) *Subtração com resultado negativo:*

$239 - 671 = 239 + \overline{671} + 1 = 239 + 328 + 1 = 568$ e carry = 0, o que indica um resultado **negativo**. Logo, deve-se complementar novamente o resultado, somar um e colocar o sinal negativo na frente:

$-(\overline{568} + 1) = -432$

OBSERVAÇÃO

Se a quantidade de algarismos do subtraendo for menor que a do minuendo, deve-se acrescentar zeros à esquerda do subtraendo antes da complementação, como por exemplo:

$135 - 42 = 135 + \overline{\mathbf{0}42} + 1 = 135 + \mathbf{9}57 + 1 = 93$

Sistema Numérico Hexadecimal

Neste sistema, o processo é exatamente o mesmo que o usado no sistema decimal.

Exemplos:

a) *Subtração com resultado positvo:*

```
   C 7
   2¹B -
  ------
 0 9 C
 └──→ indica resultado é positivo
```

Esquematicamente:

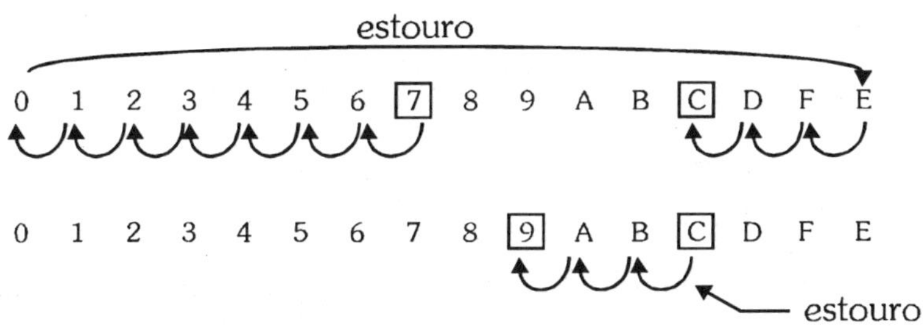

Fazendo a verificação no sistema decimal:

```
 1 9 9
   4 3 -
 ------
 1 5 6
```

$(156)_{10} = (9C)_{16}$

↓

b) Subtração com resultado negativo:

```
      5 D
     1 0
      B 9 -
  ----------
.....F F F A 4
```

└──► Esta sequência de algarismos F significa que o resultado é negativo.

Esquematicamente:

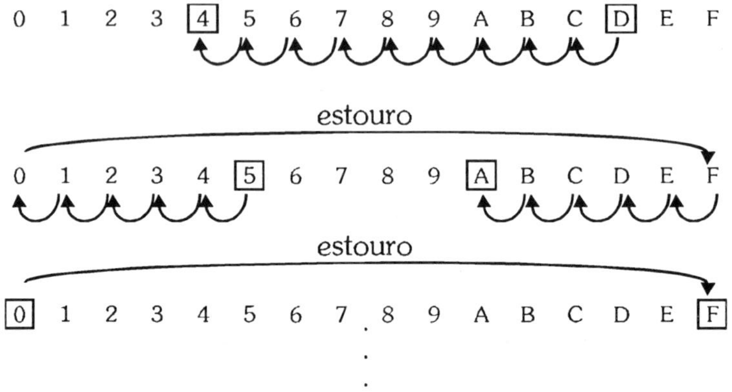

Fazendo a verificação no sistema decimal:

```
      0 9 3
      1 8 5 -
  -----------
...9 9 9 9 0 8
```

Como os resultados $(...FFFA4)_{16}$ e $(...999908)_{10}$ aparecem em complemento, fica difícil a comparação.

É necessário, então, aplicar a teoria da complementação para se fazer esta verificação, como será visto a seguir.

Subtração em Complemento de F

Primeiramente, temos a relação de cada algarismo do sistema hexadecimal com seu respectivo complemento:

$\overline{0} = F$	$\overline{4} = B$	$\overline{8} = 7$	$\overline{C} = 3$
$\overline{1} = E$	$\overline{5} = A$	$\overline{9} = 6$	$\overline{D} = 2$
$\overline{2} = D$	$\overline{6} = 9$	$\overline{A} = 5$	$\overline{E} = 1$
$\overline{3} = C$	$\overline{7} = 8$	$\overline{B} = 4$	$\overline{F} = 0$

Verificação dos exemplos anteriores:

a) *Subtração com resultado positivo:*

$C7 - 2B = 9C$ ou $C7 + \overline{2B} + 1 = C7 + D4 + 1 = 9C$

$$\begin{array}{r} C\,7 \\ 2\,B\,- \\ \hline 0\;\;9\,C \end{array} \qquad \begin{array}{r} C\,7 \\ D\,4\,+ \\ 1 \\ \hline 9\,C \end{array}$$

resultado positivo — resultado positivo

b) Subtração com resultado negativo:

$5D - B9 = A4$ ou $5D + \overline{B9} + 1 = 5D + 46 + 1 = A4$

$$\begin{array}{r} 5\,D \\ B\,9\,- \\ \hline \ldots F\,A\,4 \end{array} \qquad \begin{array}{r} 5\,D \\ 4\,6\,+ \\ 1 \\ \hline A\,4 \end{array}$$

resultado negativo — resultado negativo

Portanto, o resultado negativo é $(\overline{A4} + 1) = -5C$

Na base 10, o resultado era $(\ldots 99908)_{10} = \overline{08} + 1 = -92$ e $(92)_{10} = (5C)_{16}$

Sistema Numérico Binário

Finalmente, chegamos à forma como os computadores executam a operação subtração. Aplicaremos no sistema numérico binário todo o conhecimento adquirido anteriormente sobre esta operação.

A operação de subtração entre dois algarismos no sistema binário pode ser sintetizada pela tabela da figura 2.6.

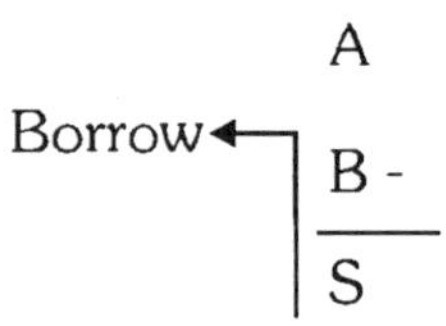

Operandos		Resultado	Estouro
A	B	S	Borrow
0	0	0	0
0	1	1	1
1	0	1	0
1	1	0	0

Figura 2.6 - Subtração no Sistema Numérico Binário

Nesta tabela, pode-se observar uma coisa interessante: a coluna subtração tem os mesmos resultados da coluna soma da figura 2.5, ou seja, o resultado da soma é igual ao resultado da subtração. *Como isto é possível?*

É que a diferença entre os resultados das operações adição e subtração no sistema binário está nas colunas carry e borrow.

Subtração em Complemento de 2

A operação subtração pode, ser feita pelo método estudado para os outros sistemas numéricos, mas, neste sistema, o método da complementação é o mais indicado devido à sua simplicidade, já que tem-se apenas dois algarismos. Logo, um é o complemento do outro, ou seja:

$$\overline{0} = 1$$

$$\overline{1} = 0$$

Exemplos:

a) Subtração com resultado positivo:

$$1110 - 11 = 1110 + \overline{0011} + 1 = 1110 + 1100 + 1 = 1011$$

$$\begin{array}{r} \textcircled{1}\,^{1\ 0\ 0} \\ 1\,1\,1\,0 \\ 1\,1\,0\,0 \\ 1\,+ \\ \hline 1\,0\,1\,1 \end{array}$$

resultado positivo

Fazendo a verificação no sistema decimal: 14 – 3 = + 11.

Notar que, para a complementação do número $(11)_2$, foi necessário acrescentar dois zeros à sua esquerda $(0011)_2$, afim de que os dois números tivessem a mesma quantidade de algarismos para que a operação ficasse correta.

b) Subtração com resultado negativo:

$$0101\text{-}1100 = 0101+\overline{1100}+1 = 0101+0011+1 = 1001$$

$$\begin{array}{r} \textcircled{0}\,^{1\ 1\ 1} \\ 0\,1\,0\,1 \\ 0\,0\,1\,1 \\ 1\,+ \\ \hline 1\,0\,0\,1 \end{array}$$

resultado regativo

Logo,o resultado é $-(\overline{1001} + 1) = -0111$

Fazendo a verificação no sistema decimal: 5 - 12 = –7

Na realidade, para um computador ou um sistema digital qualquer, não interessa a complementação final para representar o resultado negativo, pois, pelo carry final ele sabe se o resultado é positivo ou negativo. Esta **convenção**, mostrando o **sinal + ou** –, só é necessária quando o computador for apresentar o resultado para o usuário, por exemplo, numa tela ou numa impressora.

Deslocamento (Multiplicação e Divisão)

A parte inteira de um número é separada da parte fracionária por uma vírgula.

Acrescentando-se zeros à direita da parte fracionária de um número, seu valor não é alterado, ou seja, 56,3 = 56,30 = 56,300 = 56,3000 = 56,30000 = ..., e, analogamente, acrescentando-se zeros à esquerda da parte inteira, seu valor também não é alterado: 56 = 056 = 0056 = 00056 = ...000056.

A partir desta pequena introdução serão estudadas as conseqüências do **deslocamento** dos algarismos de um número.

Multiplicação pela Base

Deslocando-se os **algarimos** de um número para a **esquerda** ou a sua **vírgula** para a **direita**, o resultado corresponde à multiplicação do número pela sua **base**.

Exemplos:

a) Sistema Decimal

- $(1,45)_{10} \times 10 = (14,5)_{10}$
- $(32,865)_{10} \times 100 = (32,865)_{10} \times 10 \times 10 = (3286,5)_{10}$

b) Sistema Binário

- $(101,11)_2 = (5,75)_{10}$
  $(101,11)_2 \times 2 = (1011,1)_2 = (11,5)_{10}$

↓

↑

- $(11{,}1011)_2 = (3{,}6875)_{10}$
  $(11{,}1011)_2 \times 4 = (11{,}1011)_2 \times 2 \times 2 = (1110{,}11)_2 = (14{,}75)_{10}$

c) Sistema Hexadecimal

- $(4E20)_{16} = (20000)_{10}$
  $(4E20)_{16} \times 16 = (4E200)_{16} = (320000)_{10}$
- $(F{,}42)_{16} = (15{,}2578125)_{10}$
  $(F{,}42)_{16} \times 256 = (F{,}42)_{16} \times 16 \times 16 = (F42)_{16} = (3906)_{10}$

Divisão pela Base

Deslocando-se os **algarismos** de um número para a **direita** ou a sua **vírgula** para a **esquerda**, o resultado corresponde à **divisão** do número pela sua **base**.

Exemplos:

a) Sistema decimal

- $(73{,}5)_{10} \div 10 = (7{,}35)_{10}$
- $(12{,}86)_{10} \div 100 = (0{,}1286)_{10}$

b) Sistema binário

- $(1100{,}1)_2 = (12{,}5)_{10}$
  $(1100{,}1)_2 \div 2 = (110{,}01)_2 = (6{,}25)_{10}$
- $(11{,}01)_2 = (3{,}25)_{10}$
  $(11{,}01)_2 \div 8 = (0{,}01101)_2 = (0{,}40625)_{10}$

c) Sistema hexadecimal

- $(2C4)_{16} = (708)_{10}$
  $(2C4)_{16} \div 16 = (2C{,}4)_{16} = (44{,}25)_{10}$
- $(9AD0)_{16} = (39632)_{10}$
  $(9AD0)_{16} \div 4096 = (9{,}AD0)_{16} = (9{,}67578125)_{10}$

Exercícios Propostos

2.1 Conte o número de bolinhas que existe na caixa a seguir nas bases 10, 2, 4, 8 e 16.

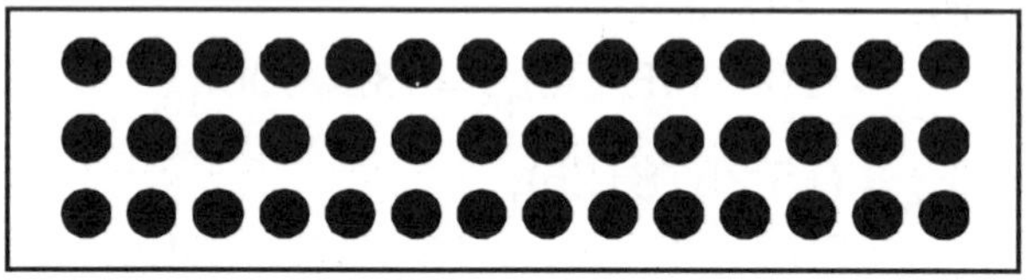

2.2 Faça a conversão dos números inteiros a seguir:

a) $(1001111001111000)_2 = (\ ?\ )_{10}$

b) $(1001011010000101l)_2 = (\ ?\ )_{10}$

c) $(ABEFA)_{16} = (\ ?\ )_{10}$

d) $(24)_{24} = (\ ?\ )_{10}$

e) $(360)_{60} = (\ ?\ )_{10}$

f) $(8192)_{10} = (\ ?\ )_2$

g) $(10758)_{10} = (\ ?\ )_{16}$

h) $(13287114)_{10} = (\ ?\ )_{16}$

i) $(5078)_{10} = (\ ?\ )_8$

j) $(1100010101110101)_2 = (\ ?\ )_{16}$

k) $(37BF)_{16} = (\ ?\ )_2$

l) $(3ABA)_{16} = (\ ?\ )_5$

m) $(10110110010001000l)_2 = (\ ?\ )_3$

n) $(47315)_8 = (\ ?\ )_{16}$

2.3 Faça a conversão dos números fracionários a seguir:

a) $(101100111011{,}010111)_2 = (\ ?\ )_{10}$

b) $(CABE,FACA)_{16} = (\ ?\ )_{10}$

c) $(495,375)_{10} = (\ ?\ )_{2}$

d) $(4096,798)_{10} = (\ ?\ )_{16}$

e) $(1500,1993)_{10} = (\ ?\ )_{2} = (\ ?\ )_{16}$

f) $(121,121)_{3} = (\ ?\ )_{10}$

2.4 Calcule o resultado das operações a seguir:

a) $(3A47F)_{16} + (FFFF)_{16}$

b) $(1011110101)_{2} + (00111110111)_{2}$

c) $(8CDB,3AE)_{16} + (197C,BDA)_{16}$

d) $(10111100101,10111)_{2} + (01101,110)_{2}$

e) $(BABACA)_{16} - (B0B0CA)_{16}$

f) $(19330)_{16} - (9856)_{16}$

g) $(110110)_{2} - (1110110)_{2}$

h) $(100011010,101)_{2} - (010101010,01)_{2}$

i) $(1011101)_{2} - (101100,101)_{2}$

2.5 Calcule o resultado das subtrações a seguir,utilizando o método do complemento de 2?

a) $(11010011)_{2} - (10111010)_{2}$

b) $(10000000)_{2} - (1)_{2}$

c) $(1101111011)_{2} - (1011101111)_{2}$

d) $(0110111)_{2} - (1011011)_{2}$

e) $(1010101101)_{2} - (1111011101)_{2}$

Anotações

Capítulo 3	# Álgebra Booleana e Circuitos Combinacionais	

Para falarmos em **álgebra booleana** é importante voltarmos à Grécia antiga, alguns séculos antes de Cristo, não só para conhecermos um pouco da história da Lógica que é a base da Eletrônica Digital e da Informática, mas também para entendermos melhor seus conceitos.

3.1 Uma Breve História da Lógica

Na Grécia antiga viveram os três grandes mestres da Filosofia Ocidental: Sócrates, Platão e Aristóteles.

Sócrates, considerado um dos homens mais sábios da humanidade, notabilizou-se por afirmar que era sábio justamente por "saber que nada sabia".

Seus maiores inimigos eram os políticos que governavam as cidades e os sofistas que, pelo poder da retórica, achavam-se capacitados a ensinar qualquer coisa aos cidadãos, mais pelo convencimento que pelo conhecimento.

Sócrates desafiava-os em debates públicos, primeiro com o objetivo de aprender e não de ensinar e segundo para mostrar a todos que nenhum deles, inclusive ele próprio, eram conhecedores de coisas como a virtude, a justiça, o amor, a política, o belo, o bom e a verdade entre tantos outros temas.

Sócrates foi julgado e condenado à morte pelos cidadãos, políticos e sofistas.

Caros leitores, qualquer semelhança com o nosso mundo atual é mera coincidência!

Sócrates não nos deixou nada por escrito, mas Platão, discípulo seu, escreveu vários diálogos procurando, inicialmente, fazer a defesa de seu mestre, como numa conversa entre ele e um político, considerado por todos um sábio, na qual Sócrates chega à conclusão de que este apenas se passava por sábio.

Diz Sócrates: "Mais sábio do que esse homem eu sou; é provável que nenhum de nós saiba nada, mas ele supõe saber alguma coisa e não sabe, enquanto eu, se não sei, tampouco suponho saber. Parece que sou um nadinha mais sábio do que ele exatamente em não supor que saiba o que não sei".

Se por um lado Sócrates não nos ensinou nada em termos de conteúdo, deixou-nos claro, ao menos, que o pensamento deve se desenvolver com certa prudência para que algo de verdadeiro possa ser aprendido, ou seja, o que Sócrates propôs foi um método de investigação que pudesse encaminhar o pensamento em direção à essência das coisas.

E foi exatamente o que fez Platão em vários diálogos nos quais Sócrates aparece sempre como um dos interlocutores. Ele desenvolveu sua filosofia abrangendo a ética, a política, o conhecimento, a arte etc, tendo como princípio o método de investigação socrático.

Por fim, surge Aristóteles, que, através da leitura dos diálogos de Platão, descobre que existe uma lei que deve reger o pensamento para que este atinja o conhecimento de algo, ou seja, a verdade, sem cair em contradição; uma lei que independa do conteúdo deste pensamento e da verdade a ser alcançada.

Vejamos dois exemplos de verdades alcançadas pelo método de investigação socrática:

1) Sócrates é homem;
O homem é mortal;
Logo, Sócrates é mortal.

2) A torta de maçãs é doce;
O doce é saboroso;
Logo, a torta de maçãs é saborosa.

Aristóteles observou que a linguagem deve ter uma estrutura lógica para que leve, necessariamente, a uma verdade, independente do seu conteúdo, ou seja:

Se A = B;
Se B = C;
Então A = C.

Assim, para estes dois exemplos anteriores, tem-se:

A = Sócrates ou torta de maçãs
B = homem ou doce
C = mortal ou saboroso

Segundo Aristóteles, se as premissas A = B e B = C forem corretas, a conclusão A = C será necessariamente correta.

Ao desenvolvimento dessas leis, Aristóteles deu o nome de **Lógica** dando um grande impulso a toda investigação científica posterior.

As grandes descobertas começam a partir de idéias simples !

Já, no século XIX depois de Cristo, esta teoria foi sistematizada em forma de álgebra por **George Boole**, ganhando o nome de **álgebra booleana**, passando a ser utilizada a partir da década de 30 deste século, como instrumento para se operacionalizarem circuitos de comutação e controle com relês, principalmente em telefonia.

Boole, através de seu livro "An investigation of the laws of thought" (Uma investigação das leis do pensamento), apresentou a **lógica binária**.

Além de Boole, que deu início a tudo isto, **C. E. Shannon**, do Instituto de Tecnologia de Massachusetts (EUA), criou uma simbologia e um método de representação desta matemática, facilitando seu uso e permitindo uma larga penetração destes conceitos.

A álgebra booleana classifica as informações em dois tipos: **verdadeiras** e **falsas**. Atribui-se às informações verdadeiras o símbolo matemático **1** e às falsas o símbolo **0**. Isto facilita o manuseio matemático das informações.

A álgebra booleana tem como base três operações: **E, OU** e **NÃO,** ou em inglês **AND**, **OR** e **NOT,** das quais derivam várias outras. A partir destas três operações básicas é possível implementar desde o mais simples circuito eletrônico até o mais sofisticado computador digital.

3.2 Fundamentos

Para iniciarmos nosso estudo sobre álgebra boolena, veremos três assuntos fundamentais: variáveis lógicas, tabela-verdade e níveis lógicos.

Variáveis Lógicas

Uma **variável lógica** é aquela que pode assumir apenas os valores **1** ou **0**.

As variáveis lógicas são normalmente representadas por letras e seu uso permite escrever expressões algébricas, que podem ser manipuladas matematicamente dentro das regras da álgebra booleana.

Na prática, as variáveis lógicas são utilizadas para descrever o funcionamento de um sistema qualquer. Normalmente, atribui-se o valor 1 às variáveis quando representam elementos ativos, acionados, ligados etc, e o valor 0 para as situações inversas.

Exemplo:

Na figura a seguir, tem-se um circuito formado por uma bateria, uma chave e uma lâmpada. Quando a chave está fechada, circula pelo circuito uma corrente e a lâmpada acende. Quando a chave está aberta, não há corrente e a lâmpada fica apagada.

↓

↑

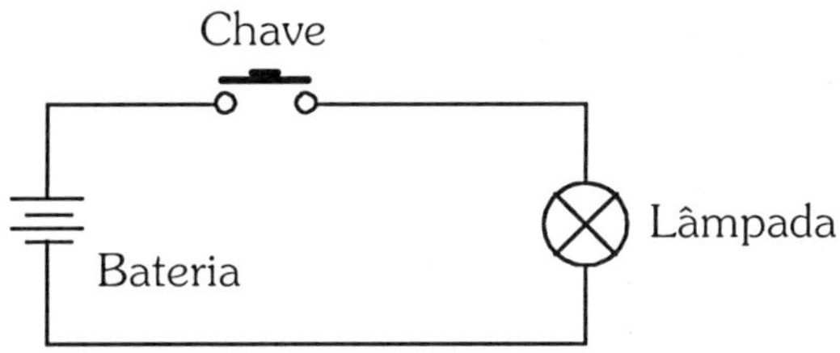

Este circuito pode ser representado por variáveis lógicas da seguinte forma:

- Chave → variável C
- Lâmpada → variável L

A partir daí, tem-se:

- A chave está aberta → C = 0
- A chave está fechada → C = 1
- A lâmpada está apagada → L = 0
- A lâmpada está acesa → L = 1

Pode-se representar, matematicamente, o circuito acima da seguinte forma: L = C, ou seja, a lâmpada acende quando a chave está fechada.

Esta igualdade matemática é chamada de função e, por utilizar apenas variáveis lógicas, é conhecida como **função lógica**, e também é escrita da seguinte forma: L = f(C). Esta expressão é lida como L é função de C, ou seja, o funcionamento da lâmpada **depende** do funcionamento da chave.

Utilizam-se, também, as variáveis lógicas para representar **situações diversas** e neste caso, normalmente, atribui-se o valor 0 às situações falsas e o valor 1 às verdadeiras.

Exemplo:

Numa escola, a associação de variáveis pode ser feita da forma mostrada a seguir:

- O professor está na escola → variável P;
- Os alunos estão na escola → variável A;
- É feriado → variável F;
- Há aulas → variável H.

A partir disto tem-se, matematicamente:

H = P e A e não F, ou seja:

Há aulas (H) se o professor (P) e os alunos (A) estão na escola e não é feriado (não F). Ou ainda: H é verdadeiro se A e P são verdadeiros e F é falso. Ou também, H = f(P,A,F), que significa: H depende de P, A e F.

Tabela-Verdade

Em alguns casos, as funções lógicas são extremamente complexas e de difícil análise. A **tabela-verdade** é uma representação em forma de tabela das funções lógicas e **facilita** a **representação** e a **análise** das mesmas.

A tabela-verdade é dividida em partes como mostra a figura 3.1.

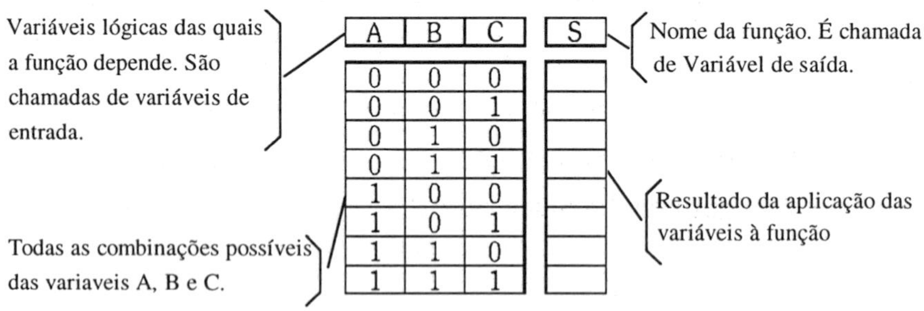

Figura 3.1 - Tabela-Verdade para Três Variáveis: A, B e C

Exemplo de Aplicação da Tabela-Verdade:

No circuito a seguir, pode-se fazer a descrição do funcionamento da lâmpada, através de uma tabela-verdade:

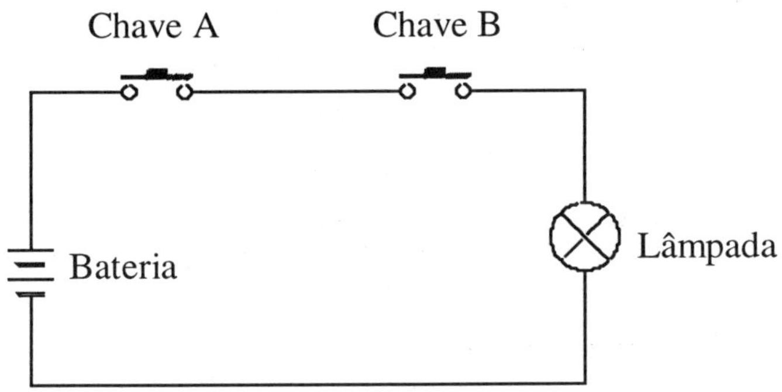

- Chave A → variável de entrada A
- Chave B → variável de entrada B
- Lâmpada → variável de saída S (resultado)

Adotando-se:

- Chave aberta = 0 e chave fechada = 1
- Lâmpada apagada = 0 e lâmpada acesa = 1

Existem 4 combinações possíveis para as duas chaves:

- As duas chaves abertas
- Chave A aberta e chave B fechada
- Chave A fechada e chave B aberta
- As duas chaves fechadas

A seguinte tabela-verdade descreve o funcionamento da lâmpada:

↓

↑

A	B	S
0	0	0
0	1	0
1	0	0
1	1	1

Fica fácil verificar que a Lâmpada só acenderá se as duas chaves estiverem fechadas, ou seja, S = 1 se A = 1 e B = 1 (última linha da tabela).

Uma tabela-verdade tem um número de linhas (combinações) que depende do número de variáveis lógicas de entrada. Cada variável lógica pode assumir apenas 2 valores (binário), portanto:

$$\mathbf{L = 2^n}$$

Onde: L = número de linhas da tabela-verdade;

n = número de variáveis de entrada.

Na figura 3.2, têm-se as tabelas-verdade para 2 e 3 variáveis de entrada.

$L = 2^2 = 4$ (4 combinações)

A	B	S
0	0	
0	1	
1	0	
1	1	

(a) 2 Variáveis de Entrada

$L = 2^3 = 8$ (8 combinações)

A	B	C	S
0	0	0	
0	0	1	
0	1	0	
0	1	1	
1	0	0	
1	0	1	
1	1	0	
1	1	1	

(b) 3 Variáveis de Entrada

Figura 3.2 - Tabela-Verdade para 2 e 3 Variáveis de Entrada

Observa-se que a ordem das combinações segue a contagem binária de forma crescente, como no caso da tabela-verdade de 3 variáveis:

$(000)_2 = (0)_{10}$

$(001)_2 = (1)_{10}$

$(010)_2 = (2)_{10}$

$(011)_2 = (3)_{10}$

. .

. .

Isto ajuda a não esquecer as combinações!

Níveis Lógicos

A álgebra booleana é baseada totalmente na **lógica**. Desta forma, os circuitos lógicos executam expressões booleanas. As expressões booleanas são constituídas por variáveis que podem assumir somente dois valores: **0 e 1.**

É importante ficar claro que no sistema binário estes dois números, **0** e **1**, representam uma **quantidade** e na lógica referem-se a uma **qualidade** ou situação que pode ser representada eletricamente através de dois níveis lógicos distintos, conforme mostra a figura 3.3.

- nível lógico 0 (zero): que pode ser representado por uma chave aberta

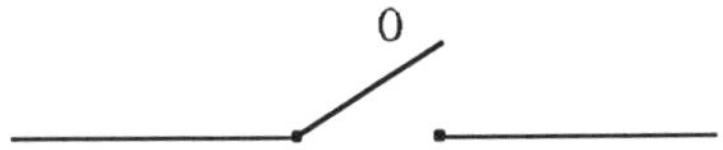

- nível lógico 1 (um) : que pode ser representado por uma chave fechada

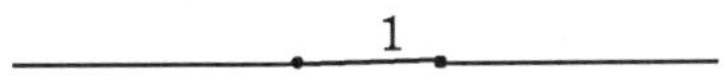

Figura 3.3 - Representação dos Níveis Lógicos através de Chaves

Percebe-se agora a grande vantagem de se trabalhar com circuitos lógicos, pois, são utilizados apenas dois níveis lógicos, permitindo assim, a construção de circuitos mais simples e confiáveis.

Durante muito tempo, os circuitos construídos a partir da álgebra booleana foram implementados utilizando-se dispositivos eletromecânicos como, por exemplo, os relês. Portanto, o nível de tensão correspondente a um nível lógico, poderia assumir qualquer valor dependendo apenas das características do projeto.

A partir do surgimento do transistor, procurou-se padronizar os sinais elétricos correspondentes aos níveis lógicos. Esta padronização ocasionou o surgimento de famílias de componentes digitais com características bastante distintas.

Família TTL

TTL significa **T**ransistor - **T**ransistor - **L**ogic (Lógica Transistor - Transistor). A tensão de alimentação utilizada se restringe a 5V contínuos, tendo, porém, uma faixa de tensão correspondente aos níveis lógicos 0 e 1.

A figura 3.4 mostra as faixas de tensão correspondentes aos níveis lógicos de entrada de um circuito integrado da família TTL.

Tensão de Entrada

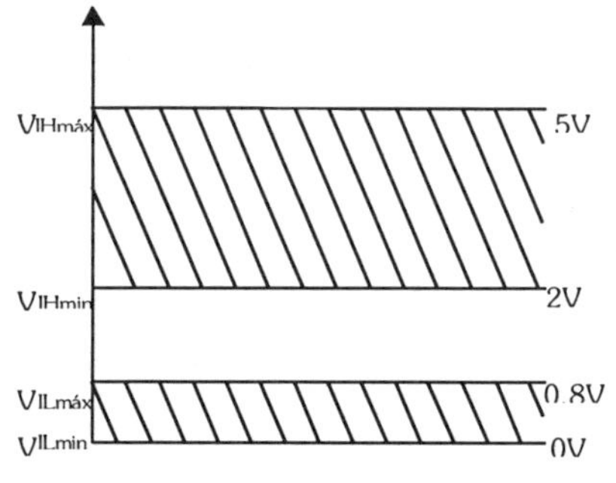

V_{IH} - tensão de entrada - nível alto (nível lógico 1)

V_{IL} - tensão de entrada - nível baixo (nível lógico 0)

Figura 3.4 - Níveis de Tensão de Entrada

Observa-se no gráfico da figura 3.4, que a tensão de entrada máxima correspondente ao nível lógico 0 ($V_{ILmáx}$) é de 0,8V e que a tensão de entrada mínima correspondente ao nível lógico 1 ($V_{IHmín}$) é de 2V.

Existe, pois, uma faixa de tensão entre 0,8V e 2V na qual o componente TTL não reconhece os níveis lógicos 0 e 1, devendo, portanto, ser evitada em projetos de circuitos digitais.

A figura 3.5 mostra as faixas de tensão correspondentes aos níveis lógicos de saída de um circuito integrado da família TTL.

Tensão de Saída

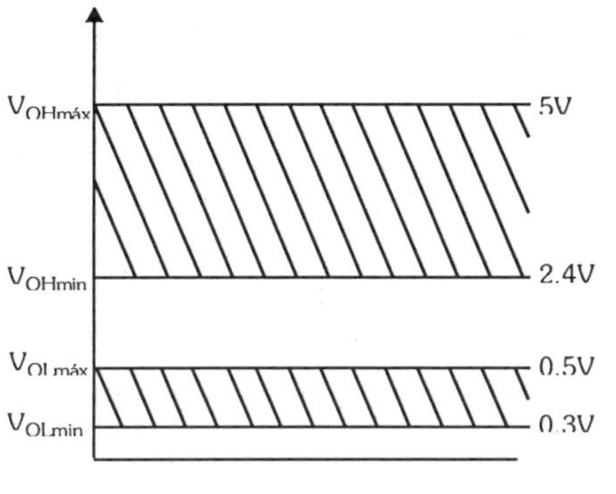

V_{OH} - tensão de saída - nível alto (nível lógico 1)

V_{OL} - tensão de saída - nível baixo (nível lógico 0)

Figura 3.5 - Níveis de Tensão de Saída

Observa-se no gráfico da figura 3.5, que o componente TTL apresenta como tensão de saída máxima correspondente ao nível lógico 0 ($V_{OLmáx}$) o valor 0,5V e tensão de saída mínima correspondente ao nível lógico 1 ($V_{OHmín}$) o valor 2,4V.

Estes valores são limites estabelecidos pelo circuito. Fica claro que os componentes TTL podem apresentar nível lógico 1 com tensão acima de 2,4V e nível lógico 0 com tensão abaixo de 0,5V.

Família CMOS

CMOS significa **C**omplementary **M**etal **O**xide **S**emiconductor (Semicondutor de Óxido-Metal Complementar). As características principais desta família são o reduzido consumo de corrente (baixa potência), alta imunidade a ruídos e uma faixa de alimentação que se estende de 3V a 15V ou 18V dependendo do modelo.

A família CMOS possui, também, uma determinada faixa de tensão para representar os níveis lógicos de entrada e saída, porém estes valores dependem da tensão de alimentação e da temperatura ambiente.

Exemplo:

Para tensão de alimentação de 15V e temperatura ambiente de 25°C, tem-se:

Tensão de Entrada (V_I)	**Tensão de Saída(V_O)**
$V_{IL} \leq 4V$	$V_{OL} \leq 0{,}05V$
$V_{IH} \geq 11V$	$V_{OH} \geq 14.95V$

3.3 Portas Lógicas

As portas lógicas constituem os dispositivos básicos dos circuitos digitais e têm como objetivo a implementação de funções lógicas.

Uma função lógica é uma operação da álgebra booleana aplicada a uma ou mais variáveis lógicas. Existem três funções lógicas básicas (AND, OR e NOT) e outras que são derivadas destas (NAND, NOR, XOR e XNOR). Estas funções lógicas serão estudas a seguir juntamente com suas portas lógicas correspondentes.

Porta Lógica AND (E)

A primeira porta a ser estudada é a **porta lógica AND** ou **porta lógica E** cujo circuito executa a **função lógica AND (E)**.

Função Lógica AND (E)

Uma **função AND** assume o valor **1 se**, **e somente se**, todas as variáveis lógicas de entrada assumirem o valor **1**. Ou seja, ela é **verdadeira se**, **e somente se**, todas as variáveis de entrada forem **verdadeiras**.Ela é escrita para duas variáveis de entrada, A e B, como:

S = A . B (lê-se: S é igual a A AND B ou S.é igual a A E B)

O símbolo **(.)** é utilizado para representar a operação **AND (E)**.

A figura 3.6 mostra a tabela-verdade da função **AND** para 2 variáveis de entrada:

A	B	S
0	0	0
0	1	0
1	0	0
1	1	1

Figura 3.6 - Tabela-Verdade da Função AND

Exemplos:

a) Função AND com expressões literais:

A = tenho dinheiro no bolso

B = tem pirulito na padaria

S = comprar pirulito

S = A.B → compro pirulito se, e somente se, tenho dinheiro no bolso **E** tem pirulito na padaria.

b) Função AND com chaves:

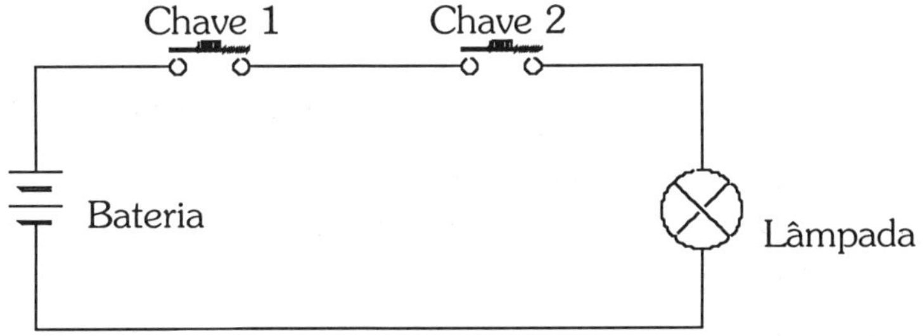

↓

↑

Atribuição das variáveis:

- Chave 1 = C_1
- Chave 2 = C_2
- Lâmpada = L

$L = C_1.C_2$ → A lâmpada só acende se a chave 1 **E** a chave 2 estiverem fechadas.

O circuito elétrico da porta lógica que implementa a função AND é mostrado na figura 3.7.

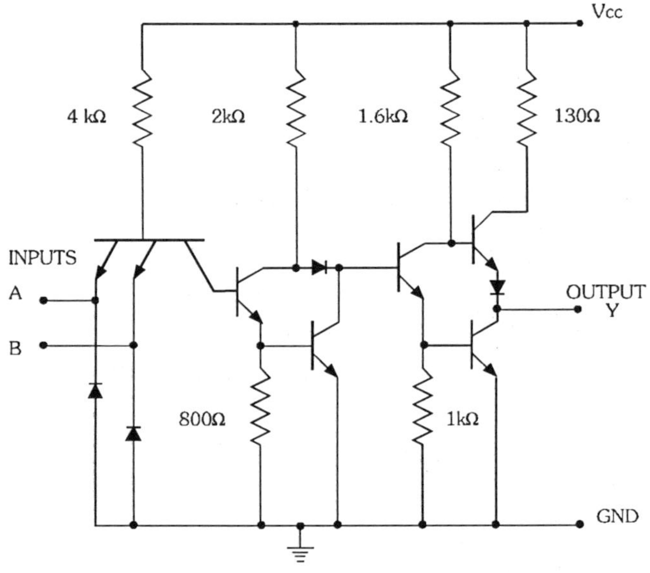

Figura 3.7 - Circuito Elétrico da Porta Lógica AND (tecnologia TTL)

Pode-se perceber, então, que torna-se bastante difícil, *e até mesmo chato*, desenhar o esquema elétrico de um projeto composto por várias portas lógicas representadas desta forma.

O que se utiliza, na verdade, é uma simbologia que representa de uma forma mais simples e até mesmo mais clara, diferentes circuitos lógicos com funções específicas.

Desta forma, representando a tabela-verdade e a função AND, tem-se a **porta AND**, cujo simbolo é mostrado na figura 3.8, onde A e B representam as entradas da porta e S a sua saída.

Símbolo

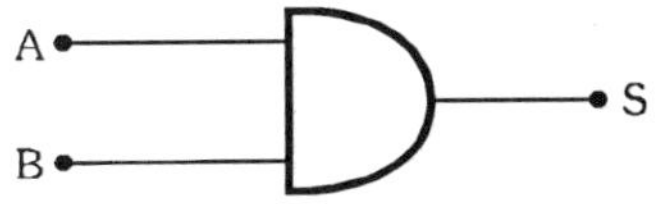

Função Lógica

S = A.B

Tabela-Verdade

A	B	S
0	0	0
0	1	0
1	0	0
1	1	1

Figura 3.8 - Símbolo, Função Lógica e Tabela-Verdade da Porta Lógica AND

Porta Lógica OR (OU)

A **porta lógica OR** ou **porta lógica OU** executa a **função lógica OR (OU)**.

Função Lógica OR (OU)

Uma **função OR** assume o valor **1** se **pelo menos uma** das variáveis de entrada assumir o valor **1**. Ou seja, ela é **verdadeira** se **pelo menos uma** das variáveis de entrada for **verdadeira**. Ela é escrita para duas variáveis , A e B, como:

S = A + B (lê-se: S é igual a A OR B ou S é igual a A OU B)

O símbolo **(+)** é utilizado para representar a operação **OR**.

A figura 3.9 mostra a tabela-verdade da função **OR** para duas variáveis:

A	B	S
0	0	0
0	1	1
1	0	1
1	1	1

Figura 3.9 - Tabela-Verdade da Função OR

Exemplos:

a) Função OR com expressões literais:

A = É noite

B = Bar aberto

S = Luminoso aceso

S = A + B → O luminoso do bar está aceso se é noite **OU** se o bar está aberto **OU** ambos.

b) Função OR com chaves:

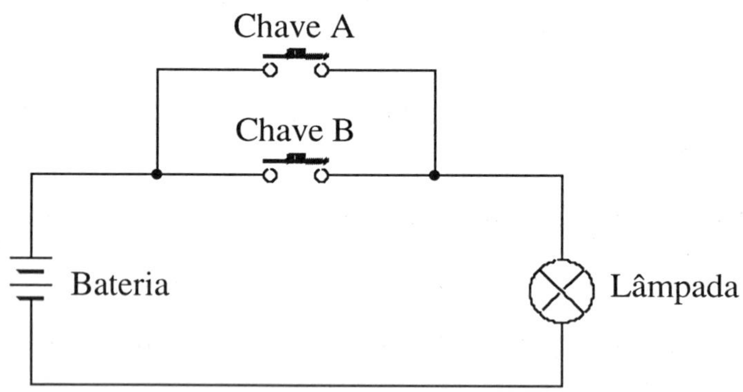

↓

↑

Atribuição de variáveis:

- Chave A = A
- Chave B = B
- Lâmpada = L

L = A + B → A lâmpada L acende se a chave A **OU** a chave B estiverem fechadas **OU** ambas.

O símbolo da porta OR, bem como sua função lógica e tabela-verdade, estão representados na figura 3.10.

Símbolo

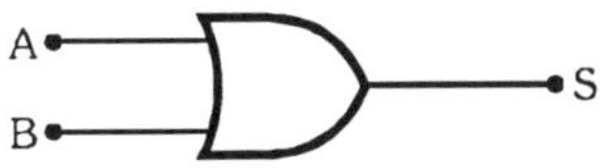

Função Lógica

S = A+B

Tabela-Verdade

A	B	S
0	0	0
0	1	1
1	0	1
1	1	1

Figura 3.10 - Símbolo, Função Lógica e Tabela-Verdade da Porta Lógica OR

Porta Lógica NOT (NÃO)

A **porta lógica NOT** também denominada **porta INVERSORA** ou **INVERSOR** executa a **função lógica NOT (NÃO)**.

Função Lógica NOT (NÃO)

É uma operação de **inversão**. Ela converte o estado ou valor de uma função ou variável lógica em seu **complemento**. Portanto, realizar a operação **NOT** em uma função ou variável de valor 1, resulta num valor 0 e vice-versa.

Várias notações são usadas para indicar esta operação. Pode-se acrescentar asterisco antes da variável, pode-se acrescentar um apóstrofo etc. Mas, a notação mais comum é uma **barra** sobre a função ou variável. Por exemplo, escreve-se "NOT A" como $\overline{A}$ (lê-se: A barra).

A figura 3.11 mostra a tabela-verdade da função NOT:

A	S
0	1
1	0

$$\mathbf{S} = \overline{\mathbf{A}}$$

Figura 3.11 - Tabela-Verdade da Função NOT

Exemplo:

Função NOT com chaves:

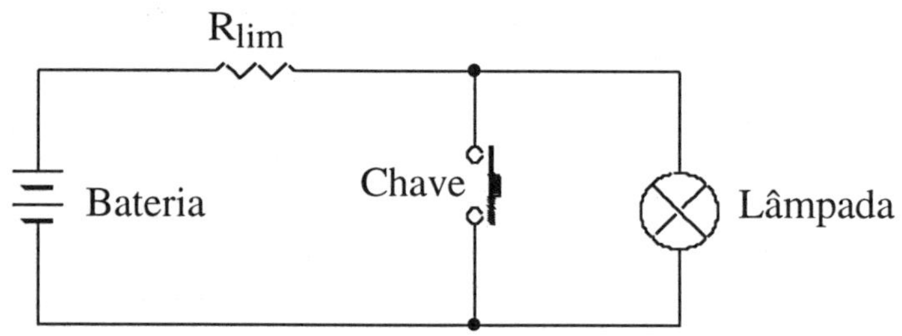

OBSERVAÇÃO:

- O resistor R_{lim} serve apenas para limitar a corrente da bateria quando a chave está fechada.

Adotando:

- Chave fechada = 1
- Lâmpada acesa = 1

Atribuição de variáveis:

- Chave = C
- Lâmpada = L

↓

Pode-se dizer que:

$L = \overline{C}$ → A lâmpada acende (L=1) quando a chave está aberta (C=0).

O símbolo da porta INVERSORA, bem como sua função lógica e tabela-verdade são apresentados na figura 3.12.

Símbolo | **Função Lógica** | **Tabela-Verdade**

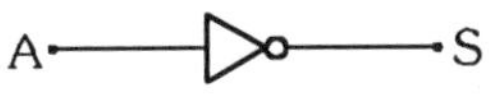

$S = \overline{A}$

A	S
0	1
1	0

Figura 3.12 - Símbolo, Função Lógica e Tabela-Verdade da Porta INVERSORA

Você deve estar se perguntando: "Como é possível ter nível lógico 1 na saída de um INVERSOR se na entrada não tem nada, ou seja, nível lógico 0?"

*Pense um pouco! O que o símbolo do INVERSOR está representando?......*Um circuito elétrico que possui uma determinada **alimentação**.

Logo, este circuito controla a saída dependendo do nível lógico presente na entrada do INVERSOR. Caso este nível seja 0, o circuito colocará na saída um nível lógico 1.

*E, já que estamos falando em simbologia e em circuitos elétricos, como você pode **comprar** um INVERSOR ou qualquer outra porta lógica?*

As portas lógicas são fornecidas em dispositivos denominados **circuitos integrados** ou CIs. Cada CI comporta um certo número de portas lógicas, sendo este número limitado pelas características físicas do componente como, por exemplo, o número de terminais.

O exemplo a seguir mostra um circuito integrado formado por INVERSORES.

Exemplo:

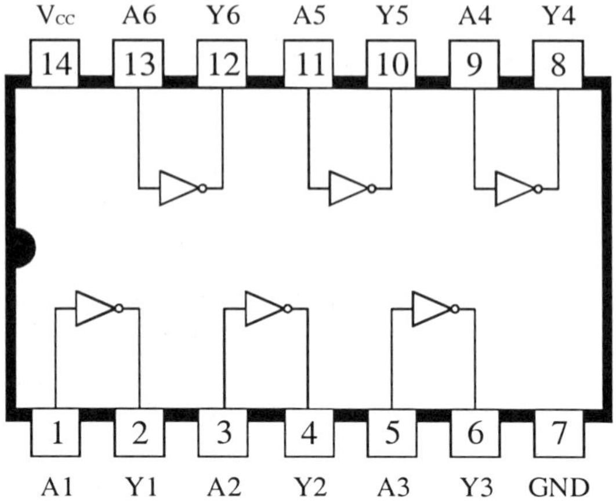

Figura 3.13 - Circuito Integrado com Seis INVERSORES

Percebe-se que este CI apresenta seis INVERSORES, sendo este valor limitado pelo número de terminais do mesmo, considerando-se os dois terminais de alimentação.

Porta Lógica NAND (NE)

A porta NAND (NE) é o circuito lógico que executa o inverso da função lógica AND (E), ou seja, a saída apresenta nível lógico 1 se pelo menos uma das variáveis de entrada assumir o valor 0. Pode-se, então, chamá-la de porta lógica NOT-AND (NÃO-E). Seu símbolo, função lógica e tabela-verdade são apresentadados na figura 3.14.

Símbolo **Função Lógica** **Tabela-Verdade**

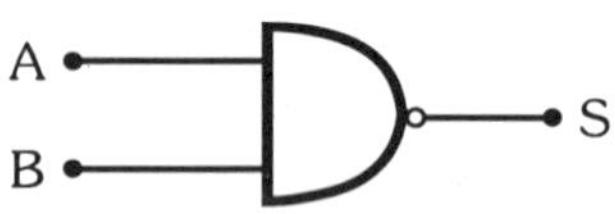

$S=\overline{A.B}$

A	B	S
0	0	1
0	1	1
1	0	1
1	1	0

Figura 3.14 - Símbolo, Função Lógica e Tabela-Verdade da Porta Lógica NAND

Porta Lógica NOR (NOU)

A porta NOR (NOU) é o circuito lógico que executa o inverso da função lógica OR (OU), ou seja, a saída apresenta nível lógico 1 se todas as variáveis de entrada assumirem o valor 0. Pode-se chamá-la, então, de NOT-OR (NÃO-OU). Seu símbolo, função lógica e tabela-verdade são apresentados na figura 3.15.

Símbolo

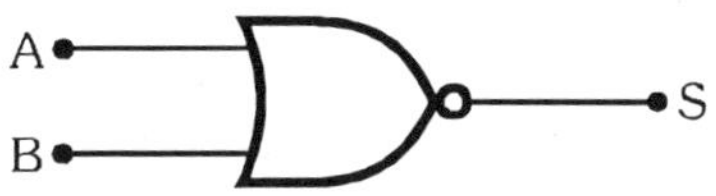

Função Lógica

$S=\overline{A+B}$

Tabela-Verdade

A	B	S
0	0	1
0	1	0
1	0	0
1	1	0

Figura 3.15 - Símbolo, Função Lógica e Tabela-Verdade da Porta NOR

Porta Lógica XOR (OU-EXCLUSIVO)

A função lógica XOR (EXCLUSIVE-OR ou OU-EXCLUSIVO) apresenta como resultado nível lógico 1 sempre que existir um número **ímpar** de níveis lógicos 1 nas entradas. A figura 3.16 mostra o símbolo, função lógica e a tabela-verdade da porta XOR de duas entradas.

Símbolo

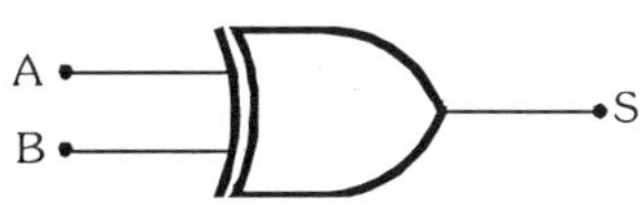

Função Lógica

$S=A\oplus B$

Tabela-Verdade

A	B	S
0	0	0
0	1	1
1	0	1
1	1	0

Figura 3.16 - Símbolo, Função Lógica e Tabela-Verdade da Porta XOR de Duas Entradas

A função XOR pode ser também representada por uma **soma de produtos** obtida através da análise da tabela-verdade.

A	B	S	
0	0	0	
0	1	1	→ $\overline{A}.B$
1	0	1	→ $A.\overline{B}$
1	1	0	

A expressão obtida a partir desta análise apresenta-se da seguinte forma:

$$S = \overline{A} . B + A . \overline{B}$$

Porta Lógica XNOR (COINCIDÊNCIA)

A função lógica XNOR (COINCIDÊNCIA), em contraposição à XOR, tem como resultado nível lógico 1, sempre que existir em suas variáveis de entrada um número **par** de níveis lógicos 0. A figura 3.17 apresenta o símbolo, a função lógica e a tabela-verdade da porta XNOR de duas entradas.

Símbolo

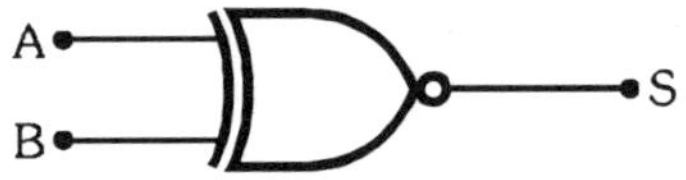

Função Lógica

$S = A \odot B$

Tabela-Verdade

A	B	S
0	0	1
0	1	0
1	0	0
1	1	1

Figura 3.17 - Símbolo, Função Lógica e Tabela-Verdade da Porta XNOR de Duas Entradas

Observa-se através da tabela-verdade da figura 3.17 que:

$$A \oplus B = \overline{A \odot B}$$

Analogamente à função XOR, obtém-se através da tabela-verdade a expressão da função XNOR:

$$S = A \cdot B + \overline{A} \cdot \overline{B}$$

OBSERVAÇÕES:

- Para um número **par** de entradas, as portas XOR e XNOR possuem saídas complementares entre si.
- Para um número **ímpar** de entradas, as saídas das portas XOR e XNOR são iguais entre si.

Informações Importantes sobre Circuitos Integrados

Circuitos Integrados Comerciais

As portas lógicas são fabricadas em circuitos integrados nas tecnologias TTL e CMOS, como foi visto no início deste capítulo.

As portas lógicas AND, OR, NAND e NOR podem ser encontradas comercialmente com duas, três, quatro ou oito entradas. Já, a porta inversora, sempre possui uma entrada.

Exemplos:

TTL	CMOS	Especificações
7400	4011	4 portas NAND de 2 entradas
7402	4001	4 portas NOR de 2 entradas
7404	4009	6 portas INVERSORAS
7408	4081	4 portas AND de 2 entradas
7432	4071	4 portas OR de 2 entradas
7486	4030	4 portas XOR de 2 entradas
7410	4023	3 portas NAND de 3 entradas
7427	4002	2 portas NOR de 4 entradas
7430	74C30	1 porta NAND de 8 entradas

Todas as especificações técnicas destes e de outros circuitos integrados comerciais são encontradas nos manuais dos fabricantes.

OBSERVAÇÃO:

- Os manuais dos fabricantes fornecem uma série muito grande de circuitos integrados com suas respectivas especificações técnicas, sendo que a maioria deles são escritos em inglês e não são facilmente encontrados comercialmente. Sendo assim, sugerimos a pesquisa de sites especializados na Internet.

Entradas de Circuitos Integrados

Em projetos de sistemas digitais, é muito comum haver a necessidade de se **fixar** um determinado nível lógico nas entradas das portas lógicas e de outros circuitos digitais integrados, como também é comum **não se utilizar** determinadas entradas.

Para isso, são necessários alguns cuidados:

1) Uma **entrada em aberto** num circuito integrado **TTL** é entendida como **nível lógico 1**;

2) Uma **entrada em aberto** num circuito integrado **CMOS** é entendida como **nível lógico 0**;

3) Para evitar que uma entrada não utilizada esteja suceptível a **ruídos** externos, é muito comum **fixar** o seu nível lógico através de resistores denominados:

pull-up - resistor que liga uma entrada ao Vcc, fixando-a em nível lógico 1.

pull-down - resistor que liga uma entrada ao terra, fixando-a em nível lógico 0.

3.4 Circuitos Combinacionais

O **circuito combinacional** é aquele que executa uma expressão booleana através da interligação das várias portas lógicas existentes, sendo que **as saídas dependem única e exclusivamente das entradas**.

Um circuito combinacional pode ser representado por um **modelo genérico**, como mostra a figura 3.18.

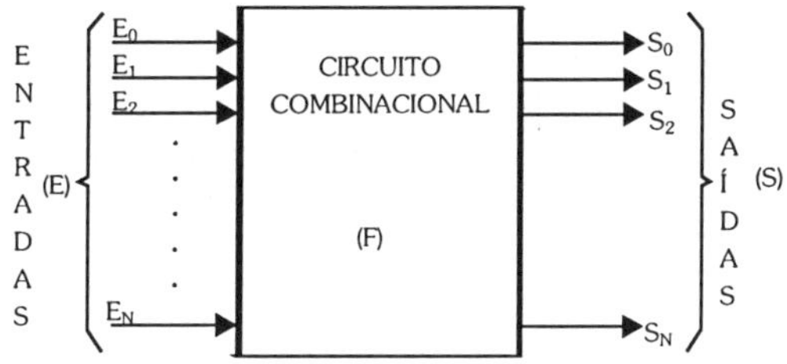

$$S = F(E)$$

Figura 3.18 - Modelo Genérico do Circuito Combinacional

O circuito combinacional constitui um **subsistema digital**, ou seja, parte de um **sistema** maior e mais complexo. Para um maior entendimento, um automóvel moderno é um bom exemplo de um sistema. Este automóvel é constituído de diversos subsistemas como o motor, a direção, a suspensão, o subsistema de injeção eletrônica, o subsistema de freio ABS etc.

Normalmente, o circuito combinacional é formado à partir de expressões lógicas, que é nosso próximo assunto.

Expressões Lógicas

Como foi visto, a função AND é representada por um ponto. Por isso, em muitos casos, a função **AND** é referida como **PRODUTO**. A palavra produto perde seu sentido original quando usada para representar a operação AND, e serve apenas como um símbolo matemático para esta operação. Da mesma forma, a função **OR** é representada por um sinal de **SOMA**, mas é apenas um símbolo. Os termos PRODUTO e SOMA foram introduzidos na álgebra booleana para facilitar a discussão e a descrição das expressões lógicas.

É sempre desejável escrever expressões lógicas numa forma de **fácil exame**. Com este propósito as expressões podem ser escritas de duas maneiras:

- Uma "**SOMA DE PRODUTOS**":
  $A \cdot B + \overline{A} \cdot C + B \cdot \overline{C}$

- Um "**PRODUTO DE SOMAS**":
  $(M + N) \cdot (\overline{P + Q}) \cdot (R + \overline{W})$

Uma expressão lógica **descreve** uma função ou uma operação a ser concretizada por um sistema lógico (um circuito eletrônico, um software de computador etc), de forma a resolver um determinado problema.

Exemplo:

Dado o circuito a seguir e a definição das variáveis, qual é a expressão lógica que descreve seu funcionamento?

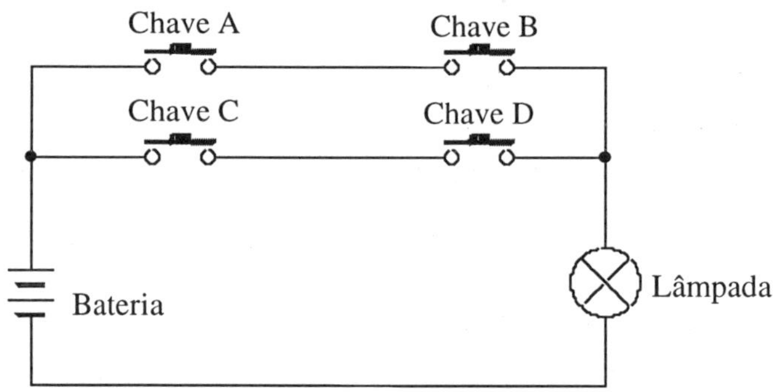

L → Lâmpada (lâmpada acesa = 1);

A, B, C e D → Chaves A, B, C e D (chave fechada = 1).

- A lâmpada acende se a chave A **E** a chave B estiverem fechadas
- **OU** a lâmpada acende se a chave C **E** a chave D estiverem fechadas.

Logo, a expressão fica **L = A.B + C.D** (lê-se: A **E** B **OU** C **E** D).

Observa-se, pelo exemplo anterior, que a obtenção da expressão lógica que representa um sistema é muito simples. Mas, se o número de variáveis de entrada é muito grande, a análise do problema fica difícil pois, cometer erros ou esquecer de uma determinada combinação é muito fácil. E se o número de saídas também é maior que um?

Fica claro que deve-se usar **outros métodos** para obter a expressão lógica. Um dos métodos que facilita a análise do problema é o que utiliza a **tabela-verdade** para montar um **mapa** de todas as possibilidades que podem ocorrer na entrada, e analisando-as uma a uma, determinar quais devem ser as saídas.

Exemplo de Aplicação: Controle de Bombeamento de Água

O desenho a seguir mostra um processo simples para encher uma caixa d'água a partir do bombeamento da água de um rio próximo.

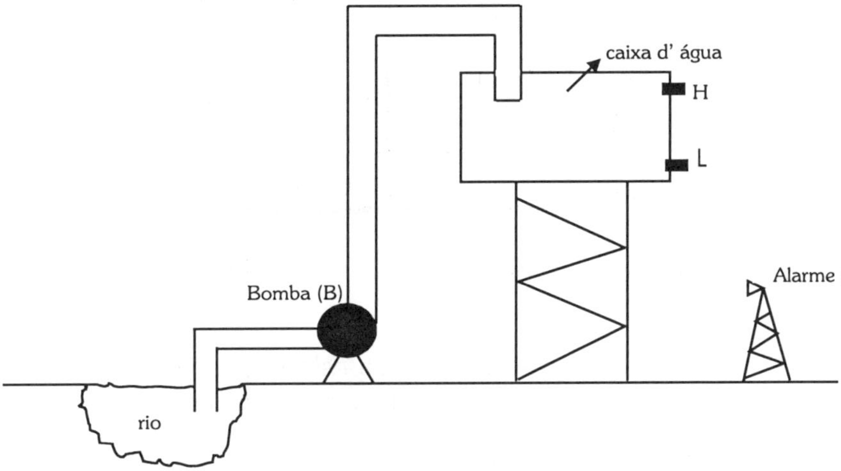

Os sensores de nível alto (H) e de nível baixo (L) são utilizados para determinar o acionamento da bomba (B) e do alarme (A). Os sensores funcionam da seguinte forma:

H = L = 0 → sensor desacionado, ou seja, a água está abaixo dele.

H = L = 1 → sensor acionado, ou seja, a água está sobre ou acima dele.

↓

↑

A bomba deve ser acionada sempre que o nível da água da caixa estiver abaixo do sensor H. Se o nível da água ficar abaixo do nível do sensor L, o alarme deve ser acionado até que o nível da água suba acima de L.

Resolução:

1) Determinação das variáveis de entrada: H e L.

2) Determinação das variáveis de saída: B e A.

3) Montagem da tabela-verdade:

	Entradas		Saídas	
linhas	**H**	**L**	**B**	**A**
1ª	0	0	1	1
2ª	0	1	1	0
3ª	1	0	X	X
4ª	1	1	0	0

4) Análise linha a linha da tabela e determinação do valor das saídas:

- Na 1ª linha, tem-se que a água está abaixo do sensor L, logo deve-se ligar a bomba (B=1) e acionar o alarme (A=1);
- Na 2ª linha, a água está entre os sensores H e L, logo, deve-se ligar a bomba (B=1) e o alarme deve ficar desligado (A=0);
- Na 3ª linha, ocorreu uma situação impossível na prática, ou seja, para existir água sobre o sensor H, deve obrigatoriamente, existir água sobre o sensor L, logo esta situação nunca ocorre;

↓

↑

OBSERVAÇÃO:

- Existem algumas condições que não são possíveis na prática ou que não influenciam o comportamento de um sistema lógico. Tais condições são denominadas **irrelevantes**. Nestas situações, as saídas podem ser indicadas pela letra **X**, ou seja, podem valer 0 ou 1.
- Na 4ª linha, a água está sobre o sensor H, logo, a bomba deve ficar desligada (B=0) e o alarme também (A =0).

5) Obtenção das expressões lógicas das saídas por SOMA DE PRODUTOS:

Neste caso, considera-se apenas as entradas quando as saída são iguais a 1.

Observa-se que a bomba deve ser acionada (**B=1**) quando as entradas são: H = 0 e L = 0 ou quando H =0 e L = 1, ou seja, B é **verdadeira** se H é falsa E L é falsa OU se H é falsa E L é verdadeira. No caso da condição H = 1 e L = 0, como B é irrelevante (B = X), será adotado que B vale 0 para que a expressão seja simplificada. Em forma de expressão lógica, tem-se:

$$B = \overline{H} . \overline{L} + \overline{H} . L$$

Para o alarme, utiliza-se o mesmo procedimento.

O alarme deve ser acionado (**A=1**) quando H = 0 e L = 0. Na condição H = 1 e L = 0, A é irrelevante (A = X). Será adotado que A vale 0 para simplificar a expressão. Assim a expressão lógica para a saída A é:

$$A = \overline{H} . \overline{L}$$

6) Obtenção das expressões lógicas das saídas por PRODUTO DAS SOMAS:

Neste caso, consideram-se apenas as entradas quando as saída são iguais a 0.

↓

↑

Observa-se que a bomba não deve ser acionada (**B=0**) quando as entradas são: H=1 e L=0 (pois X está sendo considerado igual a zero) e quando H=1 e L=1, ou seja, B é **falsa** se H é verdadeira OU L é falsa E se H é verdadeira OU L é verdadeira. Em forma de expressão lógica, tem-se:

$$B = (\overline{H} + L) . (\overline{H} + \overline{L})$$

O alarme não deve ser acionado (**A=0**) quando as entradas são: H=0 e L=1, H=1 e L=0 (pois X=0) e H=1 e L=1, ou seja, para que A seja falsa, tem-se a seguinte expressão lógica:

$$A = (H + \overline{L}) . (\overline{H} + L) . (\overline{H} + \overline{L})$$

Por este exemplo, verifica-se que as expressões obtidas para cada saída por SOMA DE PRODUTOS e por PRODUTO DAS SOMAS são diferentes. Porém, como elas descrevem o mesmo processo, elas são **equivalentes**, como poderá ser demonstrado mais adiante, após o estudo do tópico 3.5.

Geralmente, é preferível a utilização do método SOMA DE PRODUTOS para se extrair a expressão lógica de uma tabela-verdade, devido a maior simplicidade de compreensão e da própria expressão resultante.

Exemplo de Aplicação: Controle de Utilização de uma Impressora

A figura a seguir mostra de forma esquemática a conexão de 4 computadores de uma determinada empresa a uma única impressora. Esta conexão é feita através de um circuito de controle. Qual é a expressão que descreve o funcionamento do circuito de controle para garantir que o mesmo obedeça às seguintes prioridades:

- Computador do setor administrativo (ADM) → 1ª prioridade
- Computador do setor pessoal (PES) → 2ª prioridade
- Computador do setor de engenharia (ENG) → 3ª prioridade
- Computador do setor de vendas (VEN) → 4ª prioridade

↓

↑

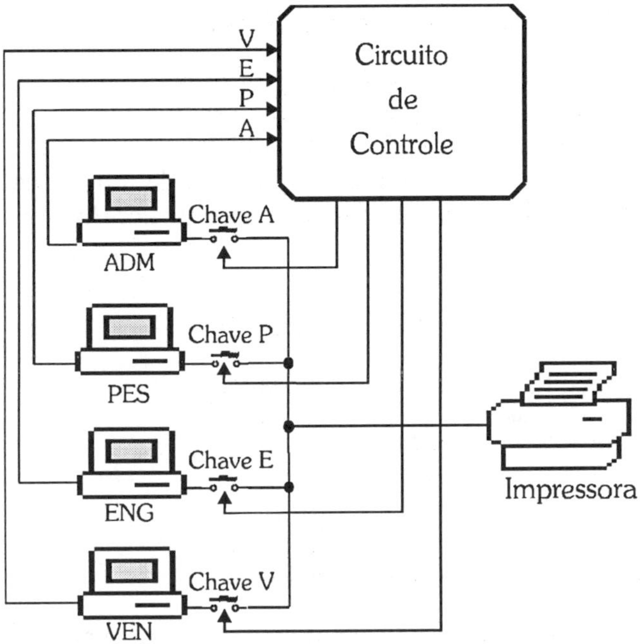

Análise do problema:

1) Determinação das variáveis de entrada:

Para que o circuito de controle determine qual dos computadores deve ser conectado à impressora, é preciso que os mesmos enviem ao circuito de controle um sinal solicitando a impressora. Estes sinais são as variáveis de entrada do circuito de controle. Como são 4 computadores, podem-se definir as variáveis da seguinte forma:

- Computador da administração = entrada A
- Computador do setor pessoal = entrada P
- Computador do setor de engenharia = entrada E
- Computador do setor de vendas = entrada V

onde: A = P = E = V = 1 significa solicitação da impressora.

↓

↑

2) Determinação das variáveis de saída:

A conexão de um determinado computador à impressora é feita através de 4 chaves. Estas chaves devem ser abertas ou fechadas pelo circuito de controle, portanto, são as suas variáveis de saída. Isto significa que devem-se obter 4 expressões lógicas, cada uma descrevendo o funcionamento de uma chave do circuito de controle. Podem-se definir as variáveis de saída como:

- Chave A = variável de saída CH_A
- Chave P = variável de saída CH_P
- Chave E = variável de saída CH_E
- Chave V = variável de saída CH_V

3) Montagem da tabela-verdade:

Depois desta análise inicial para determinar as variáveis de entrada e saída, deve-se montar a tabela-verdade para o problema. Neste exemplo, têm-se quatro entradas e quatro saídas, e, portanto, a tabela-verdade terá quatro colunas para as entradas e quatro colunas para as saídas.

Tabela-verdade: $L = 2^4 = 16$ combinações de entrada e 4 saídas.

↓

↑

linha	Entradas A	P	E	V	Saídas CHa	CHp	CHe	CHv
1ª	0	0	0	0	0	0	0	0
2ª	0	0	0	1	0	0	0	1
3ª	0	0	1	0	0	0	1	0
4ª	0	0	1	1	0	0	1	0
5ª	0	1	0	0	0	1	0	0
6ª	0	1	0	1	0	1	0	0
7ª	0	1	1	0	0	1	0	0
8ª	0	1	1	1	0	1	0	0
9ª	1	0	0	0	1	0	0	0
10ª	1	0	0	1	1	0	0	0
11ª	1	0	1	0	1	0	0	0
12ª	1	0	1	1	1	0	0	0
13ª	1	1	0	0	1	0	0	0
14ª	1	1	0	1	1	0	0	0
15ª	1	1	1	0	1	0	0	0
16ª	1	1	1	1	1	0	0	0

4) Análise de cada combinação:

A análise é feita linha a linha da tabela, observando-se quem está solicitando a impressora e quem tem prioridade, para, então, estabelecer qual chave deve ser acionada.

- **1ª linha:** Nenhum computador está solicitando a impressora, portanto, nenhuma chave deve ser fechada.
- **2ª linha :** Somente o computador do setor de vendas está solicitando a impressora, portanto, a chave CH_V deve ser fechada.
- **3ª linha:** Somente o computador da engenharia está solicitando a impressora, portanto, a chave CH_E deve ser fechada.

↓

↑

- **4ª linha:** Os computadores de vendas e da engenharia estão solicitando a impressora. Pela lista de prioridades, a engenharia vem em primeiro lugar, logo, somente a chave CH_E deve ser fechada.

E assim por diante, até preencher toda a tabela.

5) Obtenção da expressão lógica de cada saída por SOMA DE PRODUTOS:

Observa-se que a chave CH_V só deve ser fechada (CH_V=1) quando as entradas forem A=0, P=0, E=0 e V=1. Ou seja, CH_V é verdadeira se A é falsa **E** P é falsa **E** E é falsa **E** V é verdadeira. Em forma de expressão, tem-se:

$$CH_V = \overline{A} \,.\, \overline{P} \,.\, \overline{E} \,.\, V$$

Para a chave CH_E usa-se o mesmo procedimento, só que neste caso existem duas combinações possíveis: a da 3ª linha **OU** a da 4ª linha. Logo tem-se:

$$CH_E = \overline{A} \,.\, \overline{P} \,.\, E \,.\, \overline{V} + \overline{A} \,.\, \overline{P} \,.\, E \,.\, V$$

Analogamente, podem-se obter as expressões das chaves CH_P e CH_A.

$$CH_P = \overline{A}.P.\overline{E}.\overline{V} + \overline{A}.P.\overline{E}.V + \overline{A}.P.E.\overline{V} + \overline{A}.P.E.V$$

$$CH_A = A.\overline{P}.\overline{E}.\overline{V} + A.\overline{P}.\overline{E}.V + A.\overline{P}.E.\overline{V} + A.\overline{P}.E.V + A.P.\overline{E}.\overline{V} + A.P.\overline{E}.V + A.P.E.\overline{V} + A.P.E.V$$

Implementação de Circuitos Combinacionais

Dada uma expressão booleana qualquer, pode-se implementar o circuito combinacional correspondente, associando portas lógicas de acordo com as operações lógicas envolvidas na expressão.

Exemplos:

a) Expressão Booleana: $S = X + \overline{Y} . Z$

De acordo com a expressão dada, pode-se perceber que são necessários, para se obter o circuito lógico resultante, um INVERSOR, uma porta OR e uma porta AND.

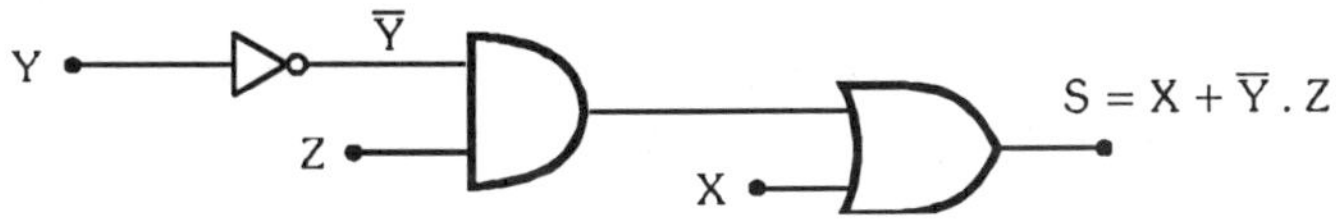

b) Expressão Booleana: $S = \overline{A} . B + B . (\overline{A + C})$

Analogamente, pode-se obter o circuito lógico correspondente, como está mostrado a seguir.

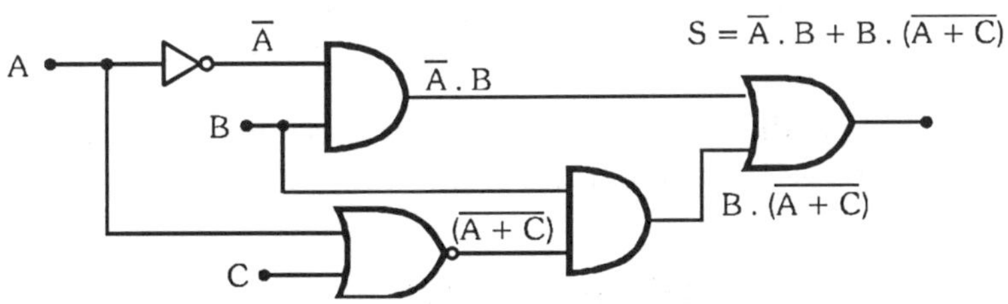

Obtenção da Função Lógica a partir do Circuito Combinacional

Dado um circuito combinacional qualquer, pode-se obter sua função lógica ou expressão booleana correspondente, associando as variáveis de entrada entre si através das operações lógicas envolvidas no circuito.

Exemplos:

a) Determinar a expressão booleana da saída do circuito combinacional mostrado a seguir:

↓

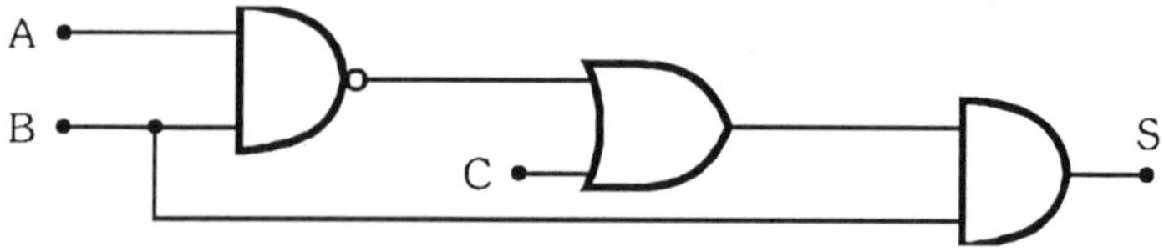

Para resolver o problema proposto, deve-se partir das expressões de cada porta, associando-as conforme o circuito apresentado, até se obter a expressão booleana da saída do circuito combinacional:

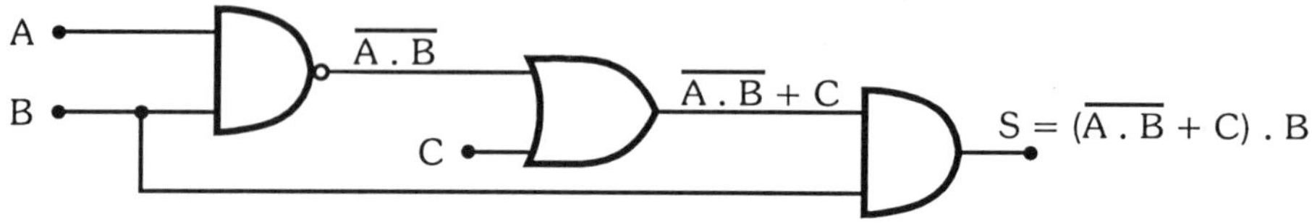

$$S = (\overline{A \cdot B} + C) \cdot B$$

b) A partir do seguinte circuito combinacional, obter a expressão booleana resultante:

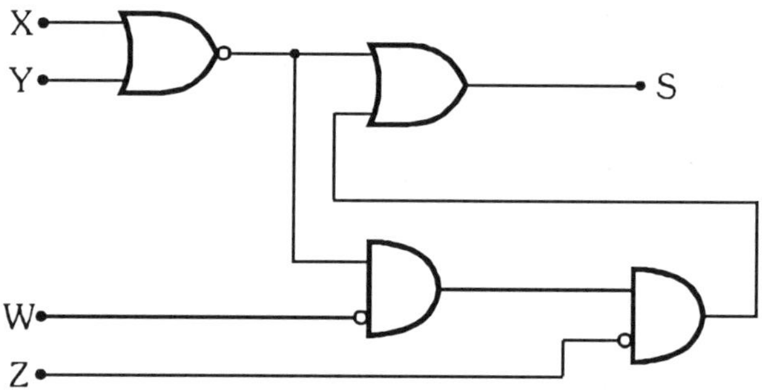

OBSERVAÇÃO:

- Nesta figura, existe uma **bolinha** na entrada das portas AND. Esta bolinha é uma forma simplificada de se representar um INVERSOR.

Da mesma forma, a expressão booleana pode ser obtida como mostra a figura a seguir:

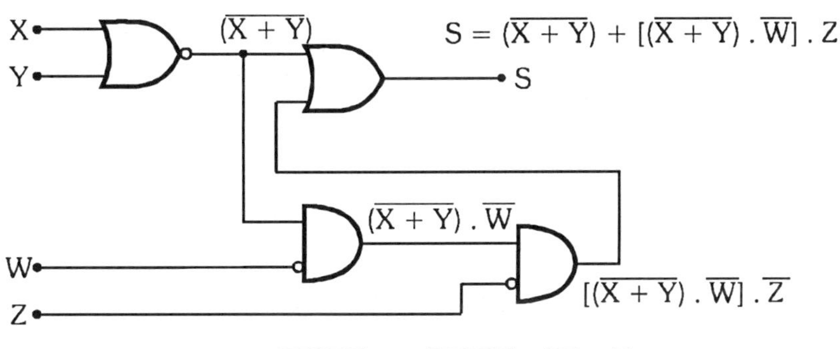

$$S = \overline{(X + Y)} + [\overline{(X + Y)} . \overline{W}] . \overline{Z}$$

Obtenção da Tabela-Verdade a partir do Circuito Combinacional

Atribuindo-se níveis lógicos às variáveis de entrada de um circuito combinacional, pode-se levantar a sua tabela-verdade completa.

Exemplos:

a) Dado o circuito combinacional a seguir, levantar sua tabela-verdade.

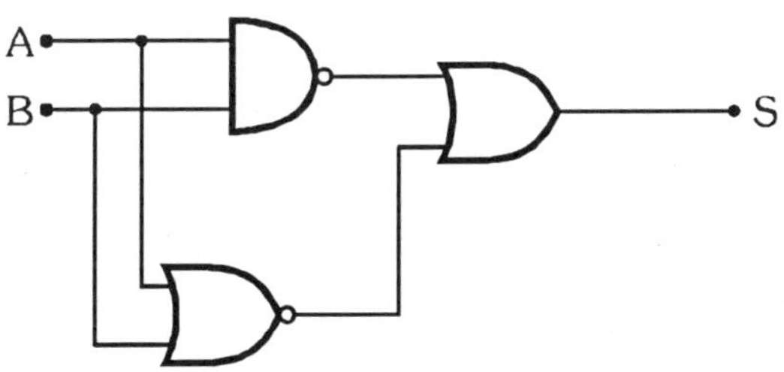

Como este circuito possui duas variáveis de entrada, sua tabela-verdade é composta por quatro linhas, cada uma com uma situação de entrada.

↑

Assim, para a primeira situação, A=0 e B=0, substituindo-se estes valores nas entradas do circuito lógico, obtém-se sua saída correspondente S=1.

Da mesma forma, isto pode ser feito para todas as outras situações de entrada, chegando-se à tabela-verdade completa:

A	B	S
0	0	1
0	1	1
1	0	1
1	1	0

b) Dado o circuito combinacional a seguir, levantar sua tabela-verdade:

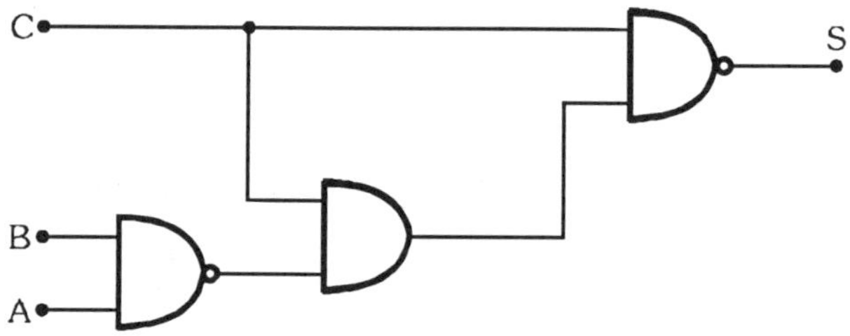

Para se levantar a tabela-verdade de um circuito combinacional, nem sempre é necessário analisar todas as situações possíveis de entrada.

Este exemplo é um caso típico. Analisando este circuito, verifica-se que sempre que a entrada C = 0, a saída S = 1 independente das outras variáveis de entrada A e B, ou seja, todas as linhas da tabela-verdade que têm entrada C = 0, podem ser preenchidas com S = 1. Já, nas demais linhas, o procedimento deve ser o normal, ou seja, todas as variáveis de entrada devem ser utilizadas para a definição da saída, como mostra a tabela-verdade completa dada a seguir.

↓

↑

A	B	C	S
0	0	0	1
0	0	1	0
0	1	0	1
0	1	1	0
1	0	0	1
1	0	1	0
1	1	0	1
1	1	1	1

O tempo gasto numa análise pode render, sem dúvida, menos trabalho na solução de um problema. Acostume-se a isso. Vale a pena!

Aplicações dos Circuitos Combinacionais

As aplicações de circuitos combinacionais resumem-se, na verdade, em **projetos** de circuitos digitais com finalidades específicas.

Muitos sistemas digitais formados apenas por circuitos combinacionais são utilizados para o **controle** de um processo físico qualquer, **tomando decisões**.

Neste caso, eles podem ser considerados pequenos computadores não programáveis que você, após a compreensão deste capítulo, estará apto a projetar.

Em tempo, um computador é um sistema formado por um hardware (sistema digital) e por um software (programa). Ele tem a facilidade de executar funções diferentes através de softwares diferentes, sem necessidade de se alterar o seu hardware.

Já, este pequeníssimo computador, que será objeto de estudo a partir de agora, é formado apenas por um hardware e, portanto, seu circuito deve ser projetado de forma diferente para cada tarefa ou função que ele irá executar.

Para se projetar um circuito combinacional não existe uma seqüência determinada, mas uma **seqüência de operações** que é a mais indicada e a mais utilizada.

A seguir, apresenta-se uma **receita** que pode ser utilizada para este fim.

Receita:

1. Determinar todas as variáveis de entrada;
2. Determinar todas as variáveis de saída;
3. A partir da combinação das variáveis de entrada, montar a tabela-verdade para cada saída;
4. Obter, a partir da tabela-verdade, a expressão booleana de cada saída;
5. Implementar, a partir da expressão booleana, o circuito combinacional correspondente.

Exemplo de Aplicação: Controle de Temperatura de uma Estufa

Uma estufa deve manter a temperatura interna sempre na faixa entre 15°C e 20°C controlada automaticamente por um sistema de controle digital.

Para isso, foram instalados internamente dois sensores de temperatura que fornecem níveis lógicos 0 e 1 nas seguintes condições:

- $T_1 = 1$ para temperatura $\geq$ 15°C
- $T_2 = 1$ para temperatura $\geq$ 20°C

Projetar um circuito combinacional para fazer o controle da temperatura desta estufa através do acionamento de um aquecedor A ou um resfriador R sempre que a temperatura interna cair abaixo de 15°C ou subir acima de 20°C, conforme mostra o diagrama de blocos dado a seguir:

↓

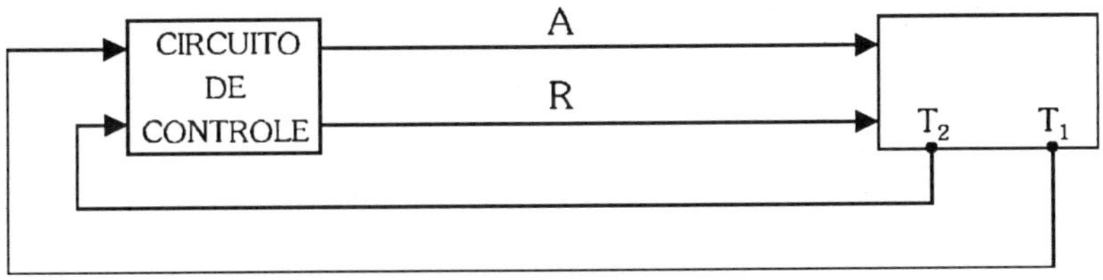

Pela análise do problema, percebe-se que, caso a temperatura interna da estufa esteja dentro da faixa desejada, os sistemas de aquecimento e resfriamento devem estar desligados, ou seja, A = R = 0.

Variáveis de entrada:

- T_1 → sensor para temperatura ≥ 15°C
- T_1 → sensor para temperatura ≥ 20°C

Variáveis de saída:

- A → sistema de aquecimento
- R → sistema de resfriamento

A partir das características dos sensores e dos sistemas de aquecimento e resfriamento, pode-se levantar a tabela-verdade deste circuito lógico.

T_1	T_2	A	R	Situação
0	0	1	0	temperatura abaixo de 15°C
0	1	X	X	condição impossível para os sensores
1	0	0	0	temperatura dentro da faixa desejada
1	1	0	1	temperatura acima de 20°C

↑

OBSERVAÇÃO:

- X é um valor irrelevante, ou seja, pode ser considerado 1 ou 0, já que a condição $T_1 = 0$ e $T_2 = 1$ é impossível, pois a temperatura não pode estar abaixo de 15°C e acima de 20°C no mesmo instante.
- Para se obter a expressão booleana das saídas A e R, a condição irrelevante precisa ser definida.

Considerando-se X = 0, têm-se as seguintes expressões booleanas:

$$A = \overline{T_1} \,.\, \overline{T_2}$$

$$R = T_1 \,.\, T_2$$

A partir destas expressões, pode-se implementar o circuito combinacional correspondente, como mostra a figura a seguir.

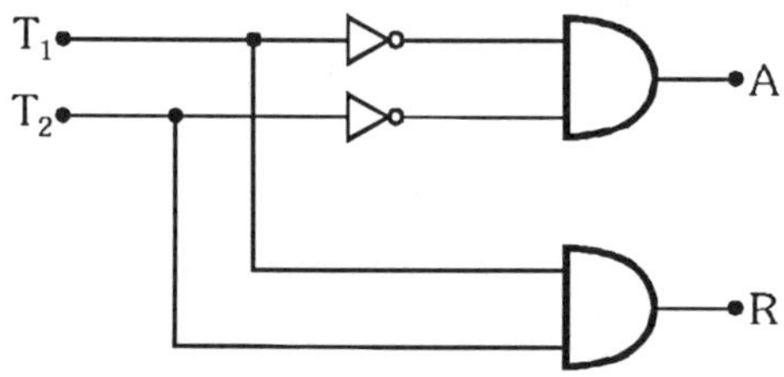

Exemplo de Aplicação: Sistema de Votação

Uma escola tem sua diretoria constituída pelos seguintes elementos: Diretor, Vice-Diretor, Secretário e Tesoureiro. Uma vez por mês esta diretoria se reúne para decidir sobre diversos assuntos, sendo que as propostas são aceitas ou não através de votação. Devido ao número de elementos da diretoria ser par, o sistema adotado é o seguinte:

1. Maioria absoluta - a proposta é aceita ou não se no mínimo três elementos são, respectivamente, a favor ou contra;
2. Empate - vence o voto dado pelo diretor.

Projetar um circuito que acenda uma lâmpada caso a proposta seja aprovada pela diretoria.

↓

↑

A resolução deste problema restringe-se à implementação de um circuito combinacional que produzirá em sua saída um nível lógico de acordo com as combinações das variáveis de entrada.

A figura a seguir mostra o diagrama de blocos deste sistema de votação.

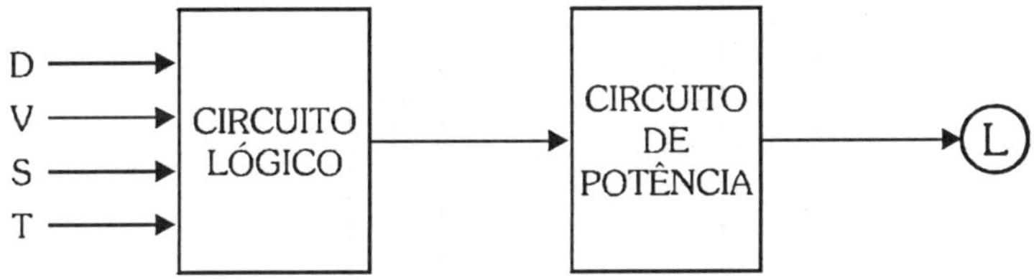

Variáveis de entrada:

D = **D**iretor

V = **V**ice-Diretor

S = **S**ecretário

T = **T**esoureiro

Variável de saída:

L = **L**âmpada

Definições para a montagem da tabela-verdade:

- Voto a favor → **D**, **V**, **S**, **T** = **1**
- Voto contra → **D**, **V**, **S**, **T** = **0**
- Proposta aceita → **L** = **1**
- Proposta rejeitada → **L** = **0**

↓

D	V	S	T	L
0	0	0	0	0
0	0	0	1	0
0	0	1	0	0
0	0	1	1	0
0	1	0	0	0
0	1	0	1	0
0	1	1	0	0
0	1	1	1	1
1	0	0	0	0
1	0	0	1	1
1	0	1	0	1
1	0	1	1	1
1	1	0	0	1
1	1	0	1	1
1	1	1	0	1
1	1	1	1	1

Para L = 1, tem-se a seguinte expressão booleana:

$$L = \overline{D}.V.S.T + D.\overline{V}.\overline{S}.T + D.\overline{V}.S.\overline{T} + D.\overline{V}.S.T + D.V.\overline{S}.\overline{T} + D.V.\overline{S}.T + D.V.S.\overline{T} + D.V.S.T$$

Com esta expressão, pode-se implementar o circuito combinacional correspondente, como mostra a figura a seguir:

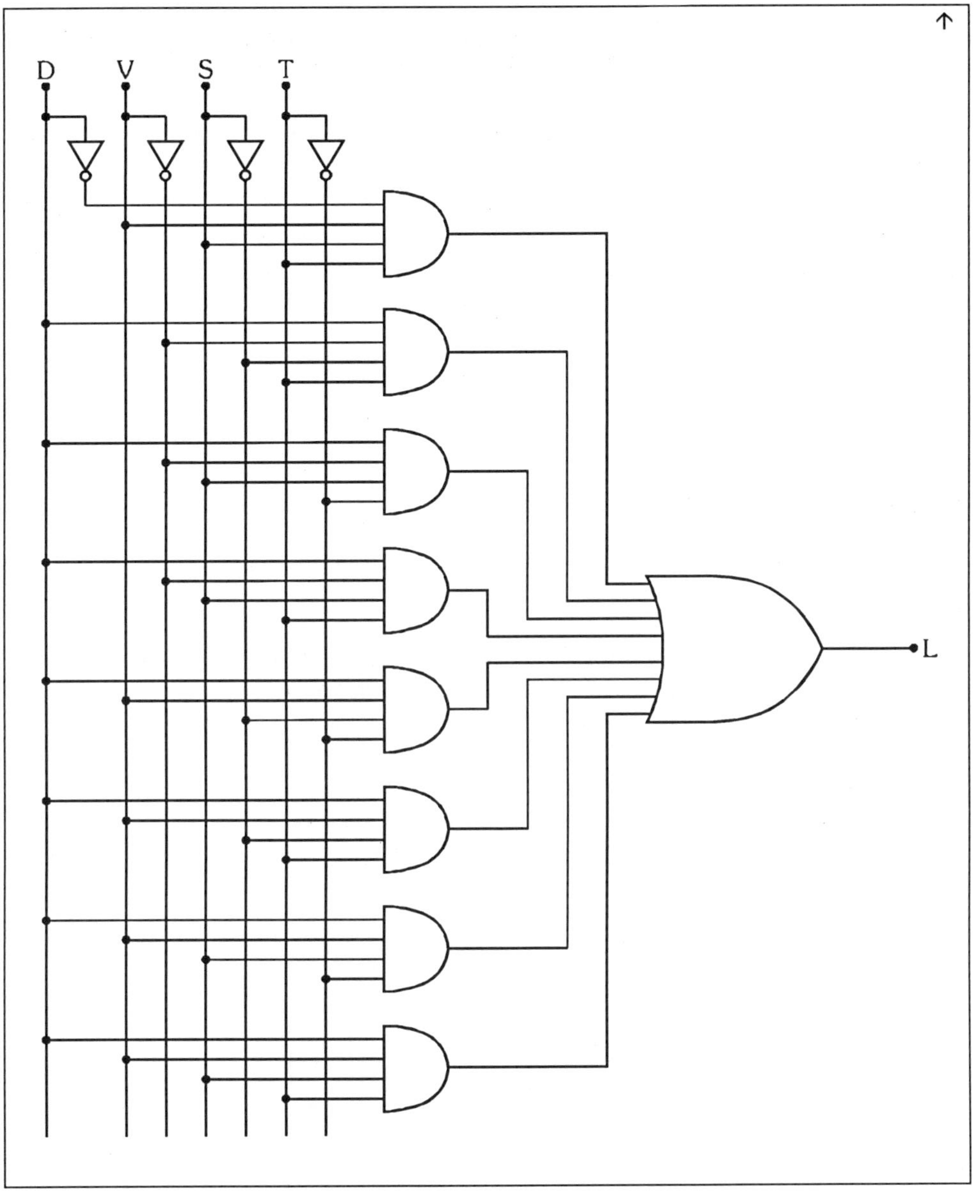
D
V
S
T
L

3.5 Simplificação de Expressões Booleanas

Vimos, até agora, que é possível obter um circuito lógico através de uma expressão booleana. No entanto, o resultado obtido nem sempre é satisfatório, visto que, às vezes, o circuito resultante pode ser muito complexo ou muito denso (vide último exemplo). Neste tópico, veremos os **métodos de simplificação** de expressões booleanas com o propósito de **minimizar** o circuito lógico equivalente.

A simplificação é um proceso de manipulação algébrica das funções lógicas com a finalidade de reduzir o número de variáveis e operações necessárias para a sua realização.

Postulados, Propriedades e Teoremas

O **objetivo** do estudo da **álgebra booleana** é a **manipulação algébrica** das funções lógicas.

Em eletrônica digital e em informática, esta manipulação visa a simplificação das expressões lógicas. A manipulação algébrica das expressões é feita tomando-se como base os postulados, teoremas e propriedades da teoria desenvolvida por Boole e Shannon. A seguir, são apresentados estes postulados, propriedades e teoremas.

Postulados	
Se A = 0 então $\overline{A} = 1$	
Se A = 1 então $\overline{A} = 0$	
$\overline{\overline{A}} = A$	
0.0 = 0	1.1 = 1
0.1 = 1.0 = 0	
0 + 0 = 0	1 + 1 = 1
0 + 1 = 1 + 0 = 1	
$\overline{0} = 1$	$\overline{1} = 0$
A . A = A	$A . \overline{A} = 0$
A + A = A	$A + \overline{A} = 1$
A . 0 = 0	A . 1 = A
A + 0 = A	A + 1 = 1

Todos estes postulados podem ser provados de forma imediata, baseados nas funções lógicas básicas: AND, OR e NOT.

Propriedades
Comutativa
$A . B = B . A$
$A + B = B + A$
Associativa
$A . (B . C) = (A . B) . C$
$A + (B + C) = (A + B) + C$
Distributiva
$A . (B + C) = A . B + A . C$
$A + (B . C) = (A + B) . (A + C)$

Na álgebra booleana, utilizam-se também os parênteses, colchetes e chaves, nesta ordem, para estabelecer uma hierarquia entre as operações.

Teoremas
Teoremas de De Morgan
$\overline{A + B} = \overline{A} . \overline{B}$
$\overline{A . B} = \overline{A} + \overline{B}$
Teoremas da Absorção
$A + A . B = A$
$A + \overline{A} . B = A + B$

Estes teoremas são genéricos e válidos para qualquer número de variáveis.

Eles podem ser facilmente demonstrados com a ajuda de suas tabelas-verdade.

Teoremas de De Morgan:

$\overline{A + B} = \overline{A} . \overline{B}$

A	B	$\overline{A + B}$	$\overline{A} . \overline{B}$
0	0	1	1
0	1	0	0
1	0	0	0
1	1	0	0

resultados equivalentes

$\overline{A . B} = \overline{A} + \overline{B}$

A	B	$\overline{A . B}$	$\overline{A} + \overline{B}$
0	0	1	1
0	1	1	1
1	0	1	1
1	1	0	0

resultados equivalentes

Teoremas da Absorção:

$A + A . B = A$

A	B	A + A . B
0	0	0
0	1	0
1	0	1
1	1	1

resultados equivalentes

$A + \overline{A} . B = A + B$

A	B	$A + \overline{A} . B$	A + B
0	0	0	0
0	1	1	1
1	0	1	1
1	1	1	1

resultados equivalentes

Simplificação de Expressões através dos Postulados, Propriedades e Teoremas

Não existe um metódo ou "receita de bolo" para realizar simplificações desta forma. É necessário um pouco de "visão lógica" e a utilização correta dos postulados, propriedades e teoremas de acordo com a necessidade, visando sempre reduzir ao máximo o número de variáveis e operações lógicas da expressão.

Exemplos:

Simplificar as expressões a seguir:

a)

$$S = \overline{X}.\overline{Y.Z}.W + X.\overline{Y.Z}.\overline{W} + X.\overline{Y.Z}.W$$

$$S = \overline{Y.Z}\ .\ (\overline{X}.W + X.\overline{W} + X.W)$$

$$S = \overline{Y.Z}\ .\ [X.\ \overline{W} + W.(\overline{X}+X)]$$

$$S = \overline{Y.Z}\ .\ (X.\overline{W} + W)$$

Pelo teorema da absorção, obtém-se:

$$S = \overline{Y.Z}\ .\ (W+X)$$

b)

$$F = \overline{(\overline{K\ .\ M} + L + N)} + M\ .\ \overline{(K\ .\ M\ .\ N)}$$

Aplicando o teorema de De Morgan aos dois termos, obtém-se:

$$F = \overline{(\overline{\overline{K}} + \overline{\overline{M}} + L + N)} + M\ .\ (\overline{K} + \overline{M} + \overline{N})$$

Aplicando De Morgan no primeiro termo e a propriedade distributiva no segundo termo, obtém-se:

$$F = K\ .\ M\ .\ \overline{L}\ .\ \overline{N} + M\ .\ \overline{K} + M\ .\ \overline{M} + M\ .\ \overline{N}$$

$$F = K\ .\ M\ .\ \overline{L}\ .\ \overline{N} + M\ .\ \overline{K} + M\ .\ \overline{N}$$

$$F = M\ .\ \overline{N}\ .\ (K\ .\ \overline{L} + 1) + M\ .\ \overline{K}$$

$$F = M\ .\ \overline{N}\ .\ 1 + M\ .\ \overline{K}$$

$$F = M\ .\ (\overline{N} + \overline{K})$$

↓

↑

c)

$U = \overline{R}.\overline{S}.\overline{T} + \overline{R}.\overline{S}.T + \overline{R}.S.\overline{T} + R.\overline{S}.\overline{T} + R.S.\overline{T}$

$U = \overline{R}.\overline{S}.T + \overline{T}.(\overline{R}.\overline{S} + \overline{R}.S + R.\overline{S} + R.S)$

$U = \overline{R}.\overline{S}.T + \overline{T}.[\overline{R}.(\overline{S} + S) + R.(\overline{S} + S)]$

$U = \overline{R}.\overline{S}.T + \overline{T}.(\overline{R}.1 + R.1)$

$U = \overline{R}.\overline{S}.T + \overline{T}$

Adaptando-se o teorema da absorção $A + \overline{A}.B = A + B$ a esta expressão, obtém-se o resultado mais simples possível:

$U = \overline{R}.\overline{S} + \overline{T}$

Mas afinal, qual a vantagem de se simplificar as expressões lógicas?

As expressões que descrevem o funcionamento de sistemas ou circuitos devem ser simplificadas, pois elas serão transformadas em circuitos eletrônicos. E quanto mais simples for a expressão, mais simples será o circuito a ser montado. Isto significa menor custo, maior confiabilidade, facilidade de manutenção, menor consumo etc. Logo, **deve-se procurar a maior simplificação possível** para todas as expressões lógicas.

Exemplo de Aplicação: Controle de Bombeamento de Água.

As expressões lógicas do sistema de controle de bombeamento de água (vide página 63) foram as seguintes:

Soma de Produtos:

$B = \overline{H}.\overline{L} + \overline{H}.L$

$A = \overline{H}.\overline{L}$

Produto das Somas:

$B = (\overline{H} + L).(\overline{H} + \overline{L})$

$A = (H + \overline{L}).(\overline{H} + L).(\overline{H} + \overline{L})$

↓

↑

Para implementar este circuito de controle, obviamente que as expressões obtidas por SOMA DE PRODUTOS devem ser as escolhidas, por serem as mais simples:

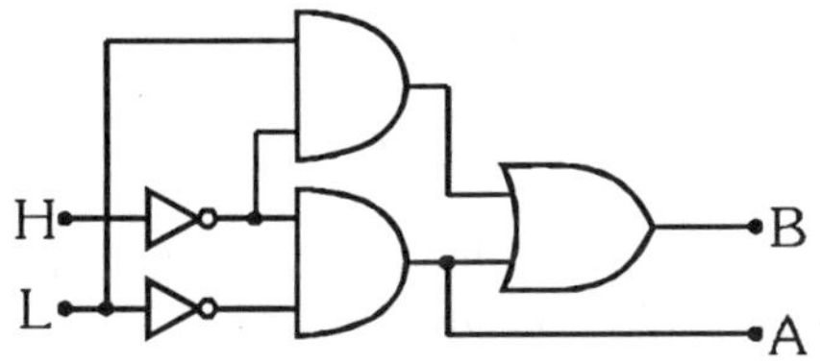

Este circuito utiliza, para sua implementação, 3 circuitos integrados: 7404, 7408 e 7432.

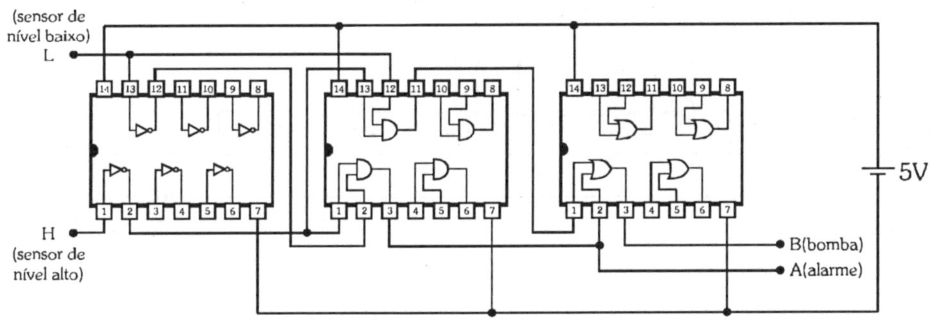

Por outro lado, a expressão de B pode ser simplificada como segue:

$$B = \overline{H} . \overline{L} + \overline{H} . L = \overline{H} . (\overline{L} + L) = \overline{H}$$

Aplicando-se o teorema de De Morgan na expressão de A, tem-se:

$$A = \overline{H} . \overline{L} = \overline{H + L}$$

↓

Agora, este circuito de controle pode ser implementado como segue:

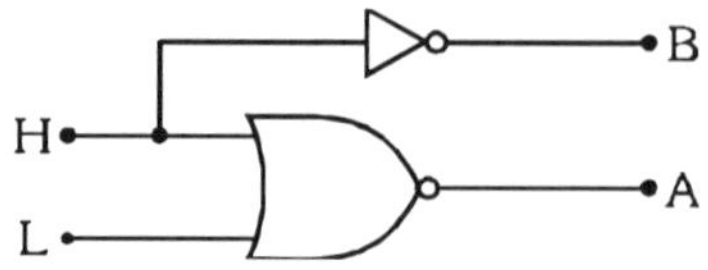

O circuito simplificado utiliza, para sua implementação, apenas 2 circuitos integrados: 7404 e 7402.

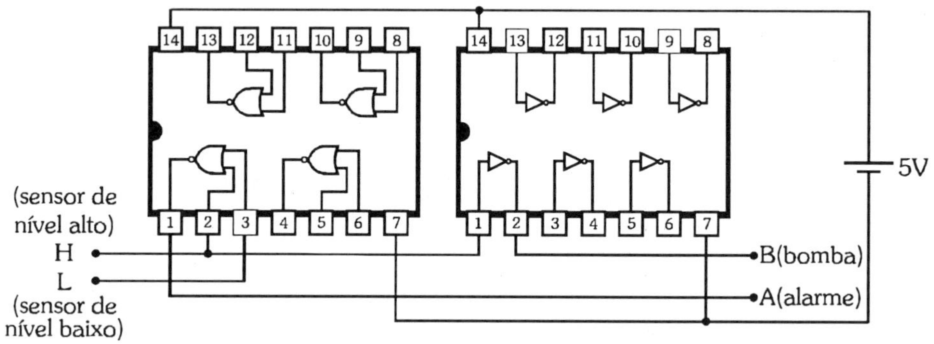

Exemplo de Aplicação: Controle de Utilização de uma Impressora

As expressões lógicas obtidas para este sistema (vide página 68) foram as seguintes:

$$CH_V = \overline{A}.\overline{P}.\overline{E}.V$$

$$CH_E = \overline{A}.\overline{P}.E.\overline{V} + \overline{A}.\overline{P}.E.V$$

$$CH_P = \overline{A}.P.\overline{E}.\overline{V} + \overline{A}.P.\overline{E}.V + \overline{A}.P.E.\overline{V} + \overline{A}.P.E.V$$

$$CH_A = A.\overline{P}.\overline{E}.\overline{V} + A.\overline{P}.\overline{E}.V + A.\overline{P}.E.\overline{V} + A.\overline{P}.E.V$$

$$A.P.\overline{E}.\overline{V} + A.P.\overline{E}.V + A.P.E.\overline{V} + A.P.E.V$$

A expressão da saída CH_V já está na forma mais simples porém, as outras expressões podem ser simplificadas. Para CH_E, tem-se:

$$CH_E = \overline{A}.\overline{P}.E.\overline{V} + \overline{A}.\overline{P}.E.V = \overline{A}.\overline{P}.E.(\overline{V} + V) = \overline{A}.\overline{P}.E$$

Para CH_P, tem-se

$$CH_P = \overline{A}.P.\overline{E}.\overline{V} + \overline{A}.P.\overline{E}.V + \overline{A}.P.E.\overline{V} + \overline{A}.P.E.V$$

$$CH_P = \overline{A}.P.(\overline{E}.\overline{V} + \overline{E}.V + E.\overline{V} + E.V)$$

$$CH_P = \overline{A}.P.[\overline{E}.(\overline{V} + V) + E.(\overline{V} + V)] = \overline{A}.P.(\overline{E} + E) = \overline{A}.P$$

Para CH_A, tem-se:

$$\begin{aligned} CH_A &= A.\overline{P}.\overline{E}.\overline{V} + A.\overline{P}.\overline{E}.V + A.\overline{P}.E.\overline{V} + A.\overline{P}.E.V + \\ &\quad A.P.\overline{E}.\overline{V} + A.P.\overline{E}.V + A.P.E.\overline{V} + A.P.E.V \\ CH_A &= A.\{\overline{P}.[\overline{E}.(\overline{V}+V)+E.(\overline{V}+V)]+P.[\overline{E}.(\overline{V}+V)+E.(\overline{V}+V)]\} \\ CH_A &= A.[\overline{P}.(\overline{E}+E) + P.(\overline{E}+E)] = A.(\overline{P}+P) = A \end{aligned}$$

Que bela simplificação hein ?!

Assim, o circuito de controle pode ser implementado da seguinte forma:

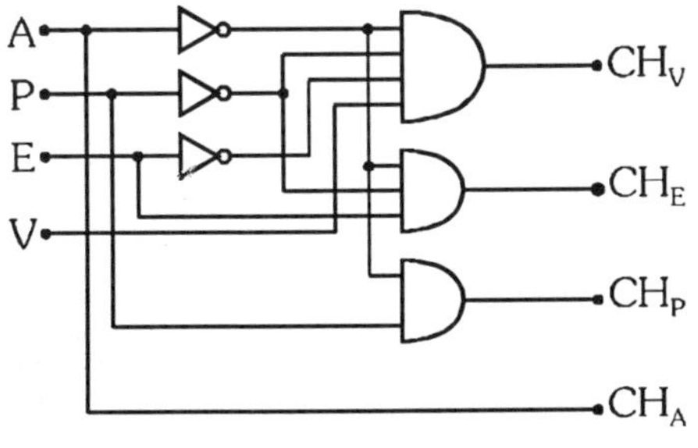

↑

Este circuito, da forma como está, utilizaria, para sua implementação, 4 circuitos integrados: 7404, 7408, 7411 e 7421, ficando todos eles subutilizados.

Veremos agora um outro recurso muito utilizado na simplificação do circuito eletrônico final de um projeto.

Equivalência entre Portas Lógicas

Em alguns circuitos, determinadas portas lógicas podem ser substituídas por um circuito equivalente, visando a redução final do circuito eletrônico, com será visto mais adiante.

As principais equivalências entre portas lógicas estão mostradas a seguir:

Obtenção de INVERSOR a partir de Porta NAND e Porta NOR

$S = \overline{A}$

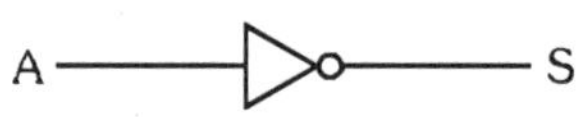

$S = \overline{A.A} = \overline{A}$

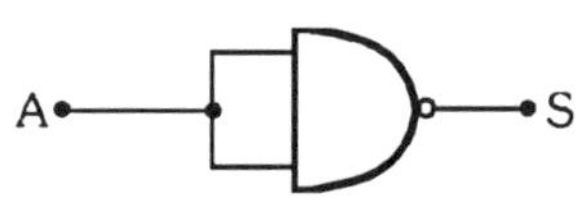

$S = \overline{A + A} = \overline{A}$

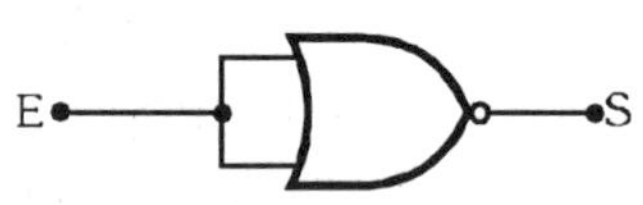

Portanto, os três circuitos acima são equivalentes.

Obtenção de Porta NAND a partir da Porta OR e INVERSORES

De acordo com o teorema de De Morgan, tem-se que:

$\overline{A} + \overline{B} = \overline{A \, . \, B}$

Desta forma, pode-se obter uma porta NAND a partir de uma porta OR e INVERSORES, como mostra a figura a seguir:

onde $S = \overline{A} + \overline{B} = \overline{A.B}$

Obtenção de Porta NOR a partir da Porta AND e INVERSORES

De acordo com o teorema de De Morgan, tem-se que:

$\overline{A}.\overline{B} = \overline{A+B}$

Esquematicamente, tem-se:

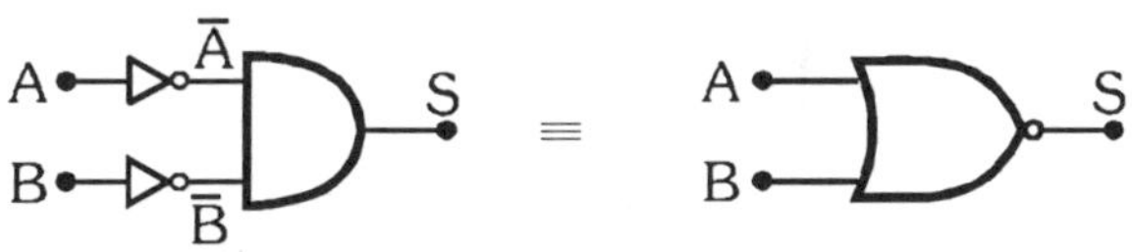

onde $S = \overline{A}.\overline{B} = \overline{A+B}$

Obtenção de Porta XOR a partir de Portas AND, OR e INVERSORES

Conforme o que foi visto, a função XOR pode ser expressa por:

$$S = \overline{A}.B + A.\overline{B} = A \oplus B$$

Desta forma, pode-se representar a porta XOR através de uma combinação de outras portas lógicas, como mostrada a seguir:

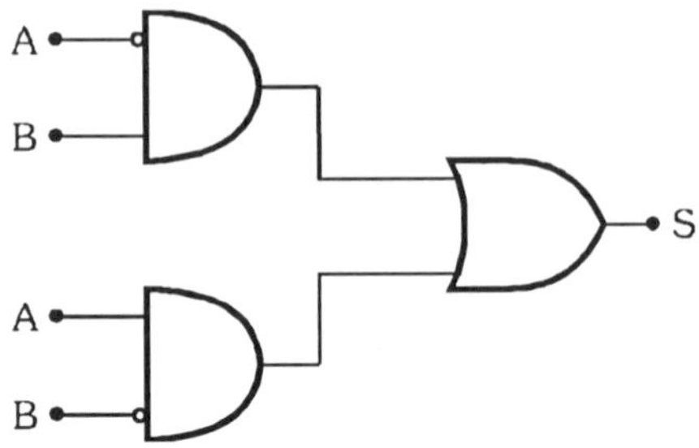

Obtenção de Porta XNOR a partir de Portas AND, OR e INVERSORES

Analogamente, consegue-se obter um circuito que executa a função XNOR utilizando outras portas lógicas. Basta lembrar que:

$$S = \overline{A}.\overline{B} + A.B = A \odot B$$

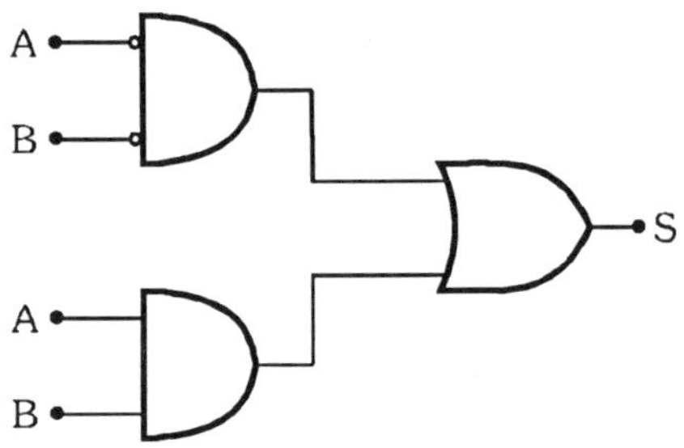

Obtenção de Porta AND de Três Entradas a partir de Portas AND de Duas Entradas

Para se obter uma porta AND de três entradas, basta combinar entre si duas portas AND de duas entradas da seguinte forma:

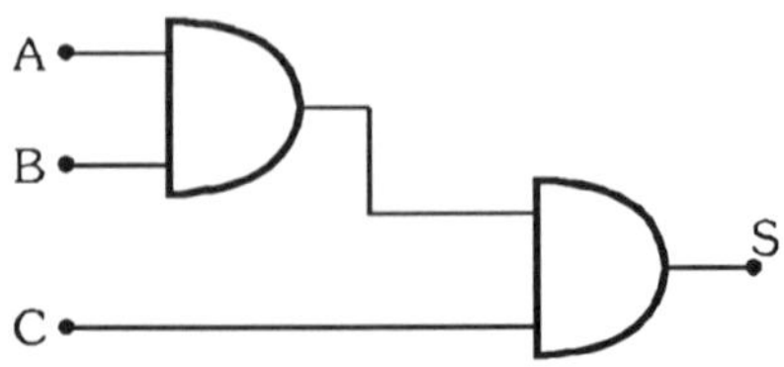

OBSERVAÇÃO:

- Analogamente, podem-se obter portas lógicas AND e OR de várias entradas, utilizando o mesmo sistema de combinação entre as portas lógicas.

A equivalência entre portas lógicas é extremamente útil no projeto de circuitos eletrônicos digitais, pois pode reduzir o número de circuitos integrados do mesmo.

Para isto, basta reduzir o número de tipos de portas diferentes de um circuito digital, otimizando a utilização das portas lógicas existentes nos circuitos integrados.

Exemplo de Aplicação: Otimização do Circuito de Controle de Bombeamento de Água

O circuito de controle de bombeamento de água (página 86) pode ser otimizado substituindo-se o inversor por uma porta NOR com as entradas curto-circuitadas, como mostra a figura a seguir:

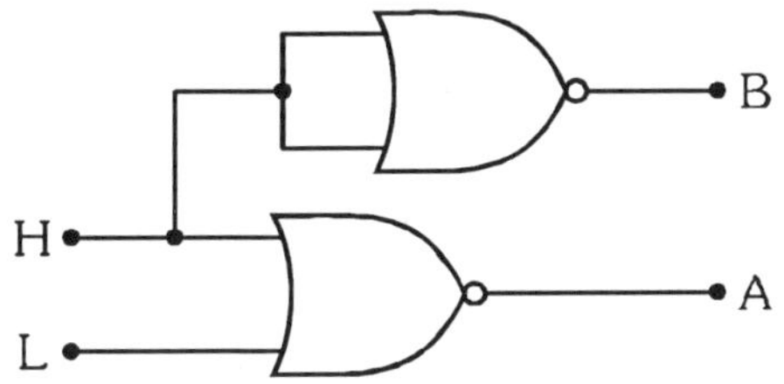

Com isto, este circuito pode ser implementado utilizando-se somente o circuito integrado 7402:

↓

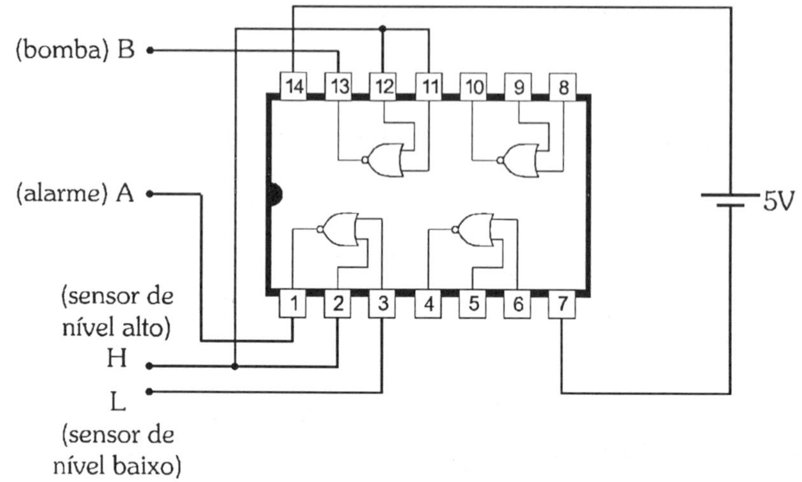

Exemplo de Aplicação: Otimização do Circuito de Controle de Temperatura da Estufa.

O circuito da página 76 pode ser otimizado substituindo-se todas as portas deste por portas NOR, como mostra a figura a seguir:

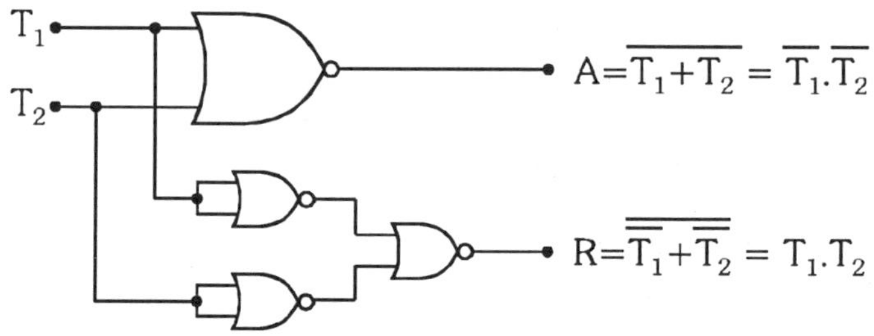

Com isto, este circuito pode ser implementado utilizando-se somente o circuito integrado 7402.

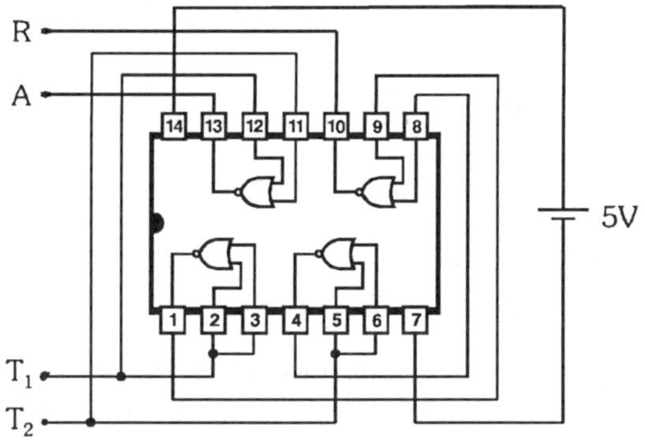

Simplificação por Mapas de Veitch-Karnaugh

O **mapa de Veitch-Karnaugh**, ou simplesmente **mapa de Karnaugh**, é uma tabela montada de forma a facilitar o processo de minimização das expressões lógicas. Ele é formado por **2^n células**, onde **n** é o **número de variáveis de entrada**. Portanto, o mapa de Karnaugh tem tantas células quanto o número de linhas de uma tabela-verdade.

Na tabela-verdade, cada linha corresponde a uma condição de entrada, estando estas linhas normalmente dispostas em ordem crescente tendo, cada uma delas, uma saída correspondente.

Exemplo:

Tabela-verdade de duas variáveis para S = A + B:

Entradas em ordem crescente

Entradas		Saídas
A	B	S
0	0	0
0	1	1
1	0	1
1	1	1

Já num mapa de Karnaugh, a representação da relação entre as variáveis de entrada e suas saídas correspondentes é feita de uma forma um pouco diferente:

- Cada célula corresponde a uma condição de entrada;
- As saídas são indicadas dentro das células correspondentes;
- A disposição das células entre si é tal que facilite o **enlace** entre **células adjacentes**.

Os conceitos de **adjacência** e **enlace** são de fundamental importância para a compreensão e aplicação do mapa de Karnaugh.

Adjacência

Duas células são **adjacentes** entre si quando apenas **uma** de suas variáveis de entrada muda de valor.

Exemplo:

A tabela-verdade de duas variáveis do exemplo anterior pode ser representada por quatro células.

AB=00	0	AB=01	1
AB=10	1	AB=11	1

Pode-se afirmar que:

- As células AB=00 e AB=01 são adjacentes (apenas B muda de valor);
- As células AB=00 e AB=10 são adjacentes (apenas A muda de valor);
- As células AB=10 e AB=11 são adjacentes (apenas B muda de valor);

↓

↑

- As células AB=01 e AB=11 são adjacentes (apenas A muda de valor);
- As células AB=01 e AB=10 **não** são adjacentes (A e B mudam de valor);
- As células AB=00 e AB=11 **não** são adjacentes (A e B mudam de valor).

OBSERVAÇÃO:

- Percebe-se, por este último exemplo, que a **adjacência** entre as células **independe das saídas** correspondentes.

Enlace

Enlace é o agrupamento de células adjacentes, **com saídas iguais**, do qual se pode extrair diretamente uma expressão booleana **simplificada**.

Esta simplificação advém da aplicação do **teorema da absorção**:

- $A.B+A.\overline{B} = A.(B+\overline{B}) = A.1 = A$ ou
- $(A+B).(A+\overline{B}) = A + A.\overline{B} + A.B = A\ .\ (1 + \overline{B} + B) = A$

Como se pode notar, independente dos valores de A e B, o resultado sempre será A, já que B e $\overline{B}$, por terem valores complementares, **não aparecem** nas expressões finais.

Assim, num **enlace** entre duas células adjacentes, pode-se extrair uma expressão booleana **simplificada** já que a variável que muda de valor **desaparece**.

A expressão de um enlace depende das saídas consideradas e das variáveis de entrada que não mudam de valor nas células, ou seja:

Saídas = 1

- cada enlace é um **produto** (**AND**) entre as variáveis que não mudam de valor;
- a operação entre enlaces é uma **soma** (**OR**).

Saídas = 0

- cada enlace é uma **soma** (**OR**) entre as variáveis que não mudam de valor;
- a operação entre enlaces é um **produto** (**AND**).

OBSERVAÇÕES:

- A resolução de um mapa pode ser realizada por saídas iguais a 1 ou 0. Como será visto mais adiante, ambas as soluções são satisfatórias, podendo-se obter expressões booleanas **iguais ou equivalentes**. Normalmente, a resolução por saídas iguais a 0 só é utilizada quando apenas um enlace é formado.
- Se o mapa possui apenas **um enlace**, a expressão da saída terá apenas **um termo** (produto ou soma).

Finalmente, com os conceitos de adjacência e enlace conhecidos, pode-se partir para a construção dos mapas de Karnaugh e sua aplicação na simplificação de expressões booleanas.

Mapa de Karnaugh de Duas Variáveis

O mapa de Karnaugh de duas variáveis é formado por quatro células ($2^2=4$) dispostas como mostra a figura 3.19.

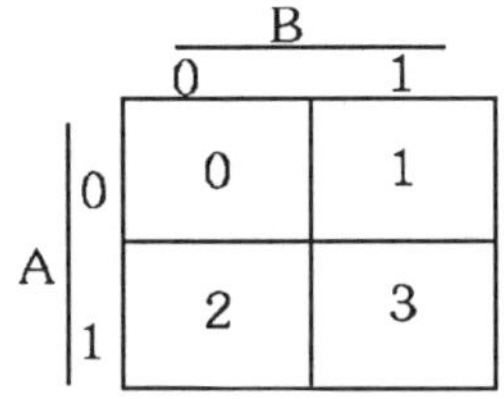

Figura 3.19 - Mapa de Karnaugh de Duas Variáveis

OBSERVAÇÃO:

- As células estão numeradas apenas para facilitar a referência a elas. Seus números correspondem ao valor das entradas convertidos para o sistema decimal.

Com este arranjo, têm-se as seguintes possibilidades de enlaces:

- **Enlaces de 2 células:**

  0-1 1-3 2-3 0-2

- **Enlace de 4 células:**

  0-1-3-2

Exemplos: Mapas de Karnaugh com Apenas Um Enlace

Dada a tabela-verdade a seguir, determinar as expressões booleanas simplificadas das saídas:

A	B	S_1	S_2	S_3	S_4	S_5	S_6
0	0	0	0	1	1	0	1
0	1	1	1	1	1	1	0
1	0	0	0	0	1	0	1
1	1	1	1	0	1	0	1

a) Mapa de Karnaugh da saída S_1:

(Enlace para saídas iguais a 1)

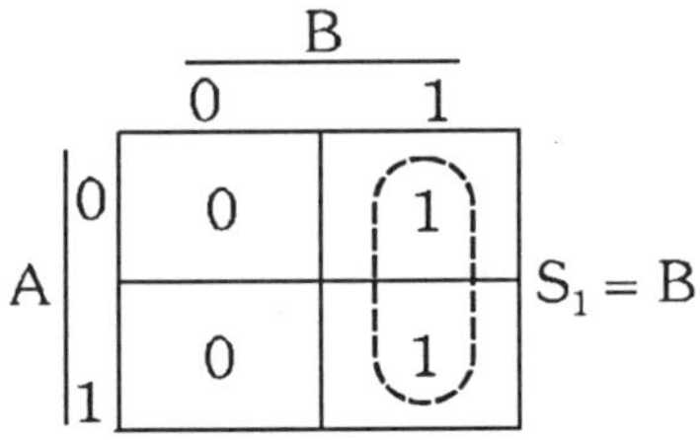

↓

b) Mapa de Karnaugh da saída S_2:

(Enlace para saídas iguais a 0)

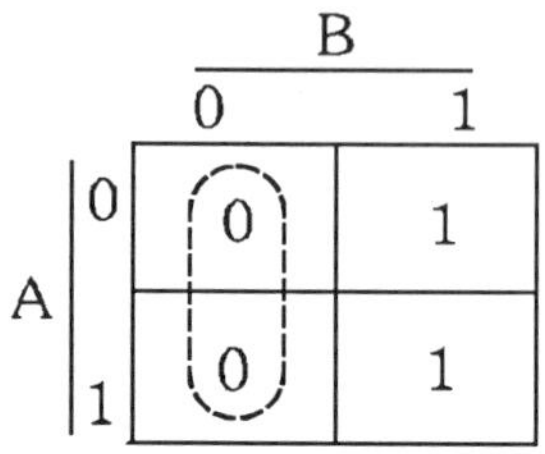

$S_2 = B$

OBSERVAÇÃO:

- Pela tabela-verdade, S_1=S_2, resultando, portanto, numa mesma expressão booleana (itens **a** e **b**), independente da forma como foram extraídas do mapa.

c) Mapa de Karnaugh da saída S_3:

(Enlace para saídas iguais a 1)

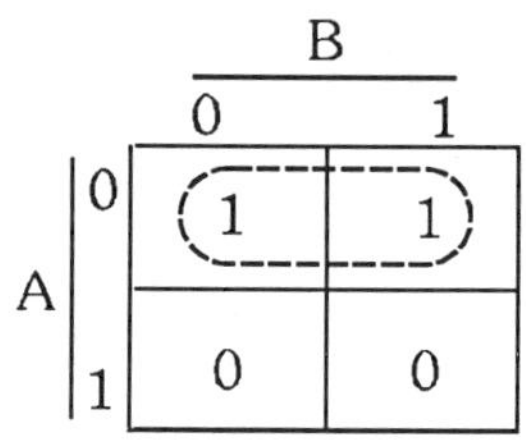

$S_3 = \overline{A}$

d) Mapa de Karnaugh da saída S_4:

(Enlace para saídas iguais a 1)

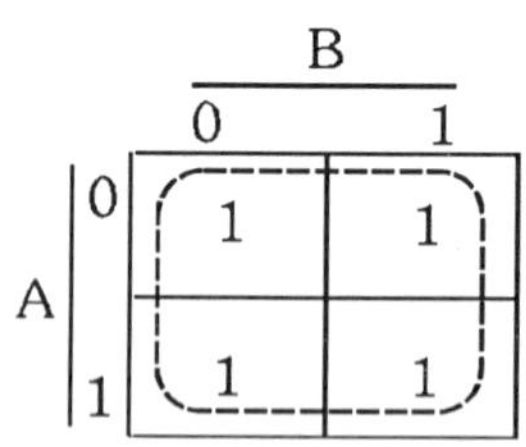

$S_4 = 1$

OBSERVAÇÃO:

- Este resultado é bastante lógico, pois significa que a saída é sempre 1 independente dos valores das entradas.

e) Mapa de Karnaugh da saída S_5:

(Enlace para saídas iguais a 1)

A \ B	0	1
0	0	(1)
1	0	0

$S_5 = \overline{A} . B$

OBSERVAÇÕES:

- Um enlace envolvendo uma **única célula** não resulta em **simplificação**;
- Como o enlace foi feito numa célula com saída igual a **1**, a expressão corresponde a um "**produto**" entre as variáveis A e B.

f) Mapa de Karnaugh da saída S_6:

(Enlace para saídas iguais a 0)

A \ B	0	1
0	1	(0)
1	1	1

$S_6 = A + \overline{B}$

OBSERVAÇÃO:

- Como o enlace foi feito numa célula com saída igual a **0**, a expressão corresponde a uma "**soma**" entre as variáveis A e B.

Se o mapa permite **dois enlaces**, o resultado será uma expressão com **dois termos**.

Exemplos: Mapas de Karnaugh com Dois Enlaces.

Dada a tabela-verdade a seguir, determinar as expressões booleanas simplificadas das saídas:

A	B	S_1	S_2	S_3	S_4	S_5	S_6
0	0	1	0	1	1	1	0
0	1	1	0	0	0	X	1
1	0	1	1	1	0	0	0
1	1	0	0	1	0	1	0

a) Mapa de Karnaugh da saída S_1:

(Enlaces para saídas iguais a 1)

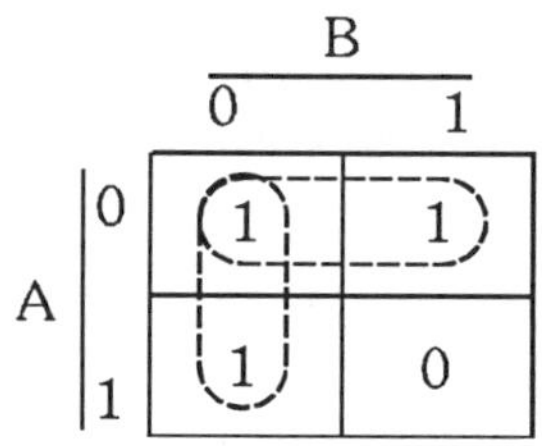

$S_1 = \overline{A} + \overline{B}$

OBSERVAÇÕES:

- Notar que dois enlaces podem ter uma célula em comum;
- Como os enlaces envolvem células com saídas iguais a **1**, a expressão corresponde a uma "**soma**" dos termos de cada enlace.

↓

b) Mapa de Karnaugh da saída S_2:

(Enlaces para saídas iguais a 0)

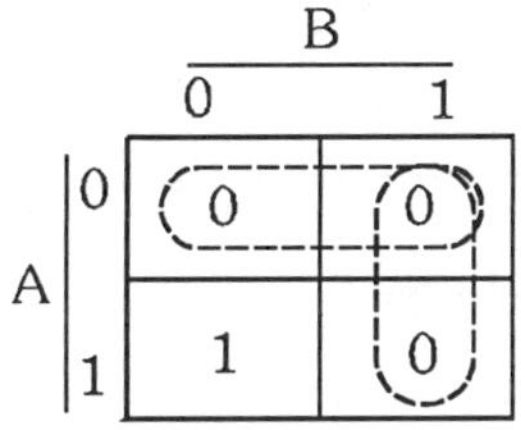

$S_2 = A \cdot \overline{B}$

OBSERVAÇÃO:

- Como os enlaces envolvem células com saídas iguais a **0**, a expressão corresponde a um "**produto**" dos termos de cada enlace.

c) Mapa de Karnaugh da saída S_3:

(Enlaces para saídas iguais a 1)

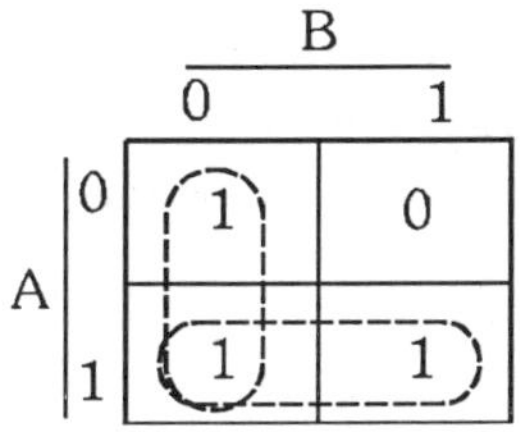

$S_3 = A + \overline{B}$

OBSERVAÇÃO:

- Comparando-se as expressões S_3 deste item com a S_6 do exemplo anterior (item **f**), verifica-se que ambas são iguais, embora obtidas de formas diferentes.

d) Mapa de Karnaugh da saída S_4:
(Enlaces para saídas iguais a 0)

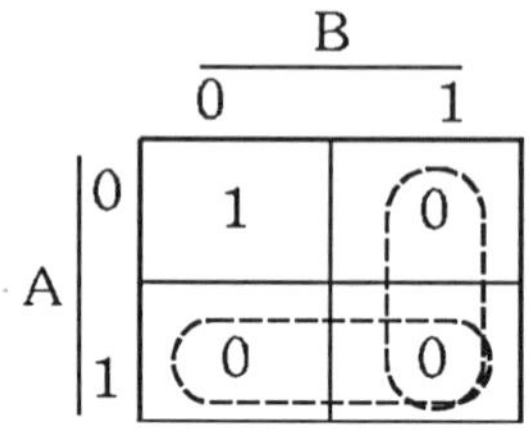

$S_4 = \overline{A} \cdot \overline{B}$

e) Mapa de Karnaugh da saída S_5:
(Enlaces para saídas iguais a 1)

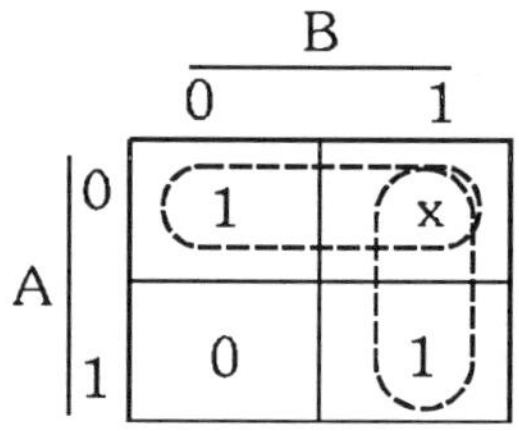

$S_5 = \overline{A} + B$

OBSERVAÇÃO:

- Neste caso, como para as entradas AB=01 a saída é **irrelevante** (pode assumir qualquer valor), o uso do irrelevante num enlace pode simplificar ainda mais a expressão booleana final.

f) Mapa de Karnaugh da saída S_6:
(Enlaces para saídas iguais a 0)

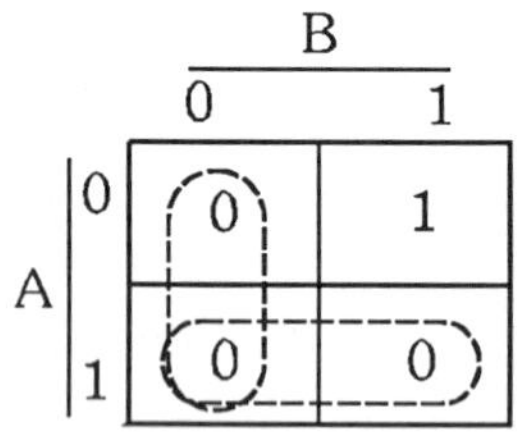

$S_6 = \overline{A} \cdot B$

OBSERVAÇÃO:

- Comparando-se as expressões S_6 deste item com a S_5 do exemplo anterior (item **e**), verifica-se que ambas são iguais, embora obtidas de formas diferentes.

Mapa de Karnaugh para Três Variáveis

O mapa de Karnaugh para três variáveis é formado por oito células ($2^3=8$) dispostas como mostra a figura 3.20.

		BC			
		00	01	11	10
A	0	0	1	3	2
	1	4	5	7	6

Figura 3.20 - Mapa de Karnaugh de Três Variáveis

A partir de três variáveis, começam a ser definidas algumas das principais características do método de simplificação por mapa de Karnaugh:

- **Extremidades Adjacentes**

Observando-se o mapa da figura 3.20, pode-se notar que as colunas correspondentes às variáveis B e C estão dispostas numa ordem não convencional, ou seja, não crescente, a saber: **00 - 01 - 11 - 10**.

Esta disposição faz com que não só as células vizinhas sejam adjacentes entre si como também suas extremidades ou bordas, ou seja, a célula 0 é adjacente à célula 2 e a célula 4 é adjacente à célula 6.

Para entender tudo isto, pense numa lata de cerveja...

Como você colocaria o rótulo da marca em torno da lata? Não é necessário juntar as duas bordas do rótulo para que este fique devidamente colocado? A mesma coisa ocorre com o ***mapa de Karnaugh,*** *como mostra a figura 3.21.*

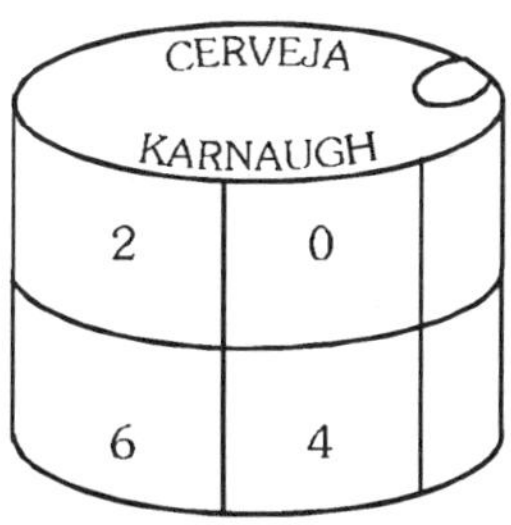

Figura 3.21 - Adjacência entre as Bordas do Mapa de Karnaugh

Isto permite fazer enlaces que envolvam tanto células vizinhas como também as células localizadas nas extremidades opostas, obtendo-se, assim, termos mais simplificados.

Exemplos:

Quais os termos correspondentes aos enlaces dos mapas de Karnaugh abaixo?

a)

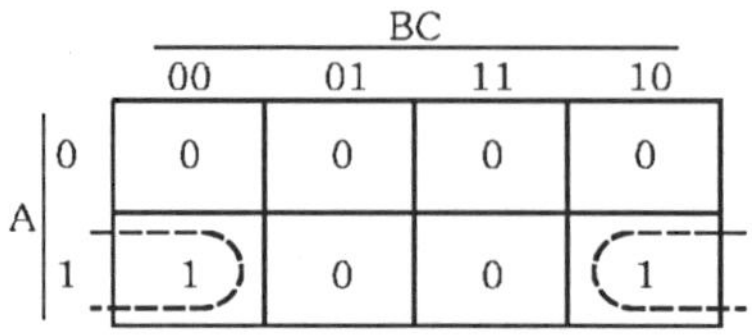

$S_1 = A \cdot \overline{C}$

b)

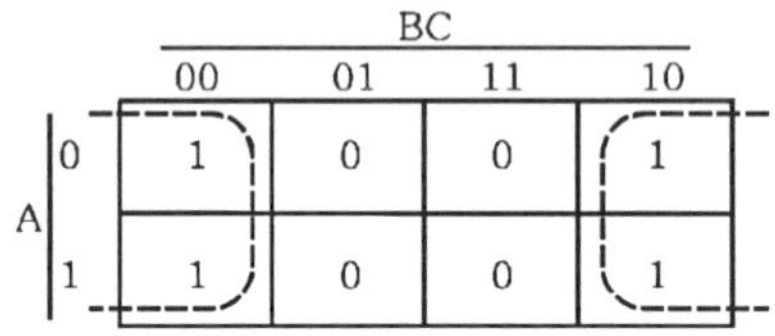

$S_2 = \overline{C}$

- **Enlaces Possíveis**

Com o arranjo mostrado na figura 3.20, são possíveis os seguintes enlaces:

- *Enlaces com 2 células:*

  0-1   1-3   3-2   2-0   (linha A=0)

  4-5   5-7   7-6   6-4   (linha A=1)

  0-4   1-5   3-7   2-6   (colunas)

- *Enlaces com 4 células:*

  0-1-3-2   (linha A=0)

  4-5-7-6   (linha A=1)

  0-1-5-4   1-3-7-5   3-2-6-7   0-2-6-4   (linhas x colunas)

- *Enlace com 8 células:*

  0-1-3-2-6-7-5-4   (linhas x colunas)

Portanto, começa-se a perceber que o **número de células** que pode fazer parte de um **enlace** está também relacionado com a equação $\mathbf{2^n}$, onde **n** varia de **0** ao **número de variáveis** do mapa considerado.

Exemplos:

Dada a tabela-verdade a seguir, determinar as expressões booleanas das saídas:

A	B	C	S_1	S_2	S_3	S_4	S_5	S_6	S_7	S_8	S_9	S_{10}
0	0	0	0	0	1	0	0	0	X	1	0	1
0	0	1	1	0	1	1	0	0	0	1	0	X
0	1	0	0	1	1	0	0	1	1	1	X	1
0	1	1	0	1	1	1	0	1	0	1	1	1
1	0	0	0	0	0	0	1	0	1	0	0	1
1	0	1	1	0	0	1	1	0	0	0	0	1
1	1	0	0	0	1	0	1	1	X	0	1	1
1	1	1	0	0	1	1	1	1	0	X	1	X

a) Mapa de Karnaugh da saída S_1:

(Enlace para saídas iguais a 1)

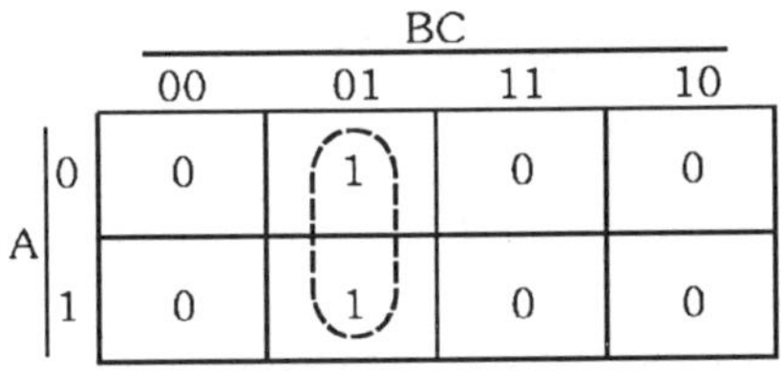

$S_1 = \overline{B} \cdot C$

b) Mapa de Karnaugh da saída S_2:

(Enlace para saídas iguais a 1)

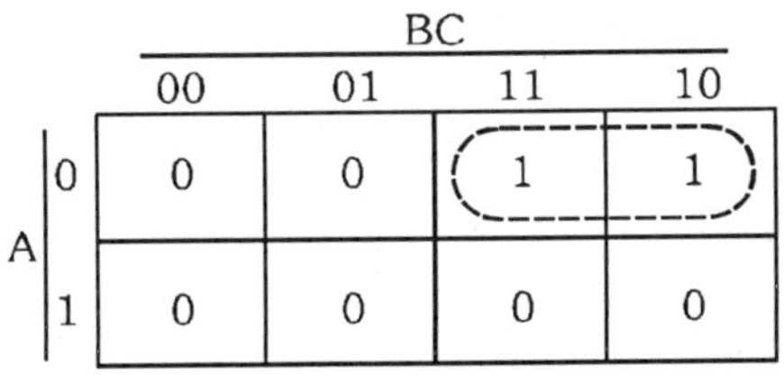

$S_2 = \overline{A} \cdot B$

↓

↑

c) Mapa de Karnaugh da saída S_3:

(Enlace para saídas iguais a 0)

A \ BC	00	01	11	10
0	1	1	1	1
1	0	0	1	1

$S_3 = \overline{A} + B$

d) Mapa de Karnaugh da saída S_4:

(Enlace para saídas iguais a 1)

A \ BC	00	01	11	10
0	0	1	1	0
1	0	1	1	0

$S_4 = C$

e) Mapa de Karnaugh da saída S_5:

(Enlace para saídas iguais a 1)

A \ BC	00	01	11	10
0	0	0	0	0
1	1	1	1	1

$S_5 = A$

f) Mapa de Karnaugh da saída S_6:

(Enlace para saídas iguais a 1)

A \ BC	00	01	11	10
0	0	0	1	1
1	0	0	1	1

$S_6 = B$

↓

g) Mapa de Karnaugh da saída S_7:

(Enlace para saídas iguais a 1)

A \ BC	00	01	11	10
0	X	0	0	1
1	1	0	0	X

$S_7 = \overline{C}$

OBSERVAÇÃO:

- Neste caso, é interessante que as duas saídas irrelevantes valham 1, para que o enlace de 4 células possa ser realizado.

h) Mapa de Karnaugh da saída S_8:

(Enlace para saídas iguais a 0)

A \ BC	00	01	11	10
0	1	1	1	1
1	0	0	X	0

$S_8 = \overline{A}$

i) Mapa de Karnaugh da saída S_9:

(Enlace para saídas iguais a 0)

A \ BC	00	01	11	10
0	0	0	1	X
1	0	0	1	1

$S_9 = B$

↑

OBSERVAÇÃO:

- Comparando-se as expressões obtidas pelas saídas S_9 e S_6, verifica-se que são iguais, embora obtidas de formas diferentes.

j) Mapa de Karnaugh da saída S_{10}:

(Enlace para saídas iguais a 1)

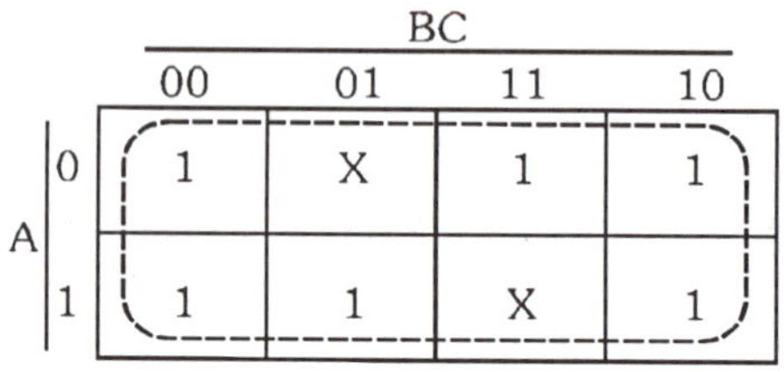

$S_{10} = 1$

1ª Conclusão Importante:

Destes exemplos, pode-se notar que quanto **maior o enlace**, **menor o termo** correspondente e, portanto, **mais simplificada** fica a expressão booleana do mapa de Karnaugh considerado.

Assim, sempre que uma ou mais saídas forem irrelevantes, cada uma delas deve ser considerada 0 ou 1 de acordo com a conveniência, ou seja, de forma que os enlaces se tornem maiores para que seus termos correspondentes se tornem menores.

Exemplos:

Dada a tabela-verdade a seguir, determinar as expressões booleanas das saídas:

↓

A	B	C	S_1	S_2	S_3	S_4	S_5	S_6	S_7	S_8	S_9	S_{10}
0	0	0	0	1	1	0	0	1	0	1	X	1
0	0	1	0	1	1	1	1	1	1	0	1	0
0	1	0	0	0	0	0	1	1	1	0	X	1
0	1	1	1	1	1	0	1	0	0	1	X	1
1	0	0	0	0	0	1	X	1	1	0	0	1
1	0	1	0	1	1	1	1	1	0	1	0	X
1	1	0	1	0	0	1	0	1	0	1	0	0
1	1	1	1	0	1	0	1	1	1	0	1	1

a) Mapa de Karnaugh da saída S_1:
(Enlace para saídas iguais a 1)

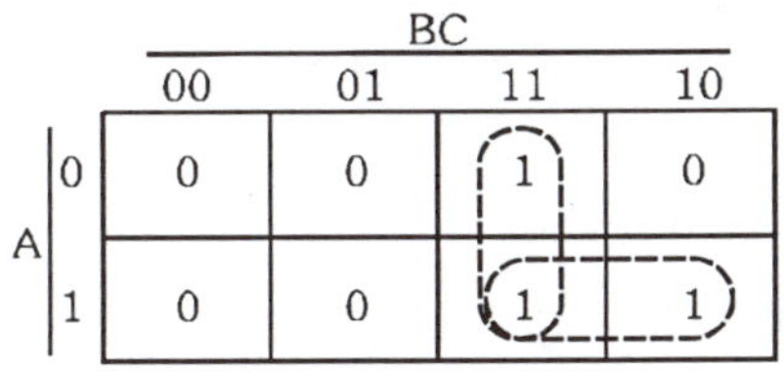

$S_1 = A \cdot B + B \cdot C$

b) Mapa de Karnaugh da saída S_2:
(Enlace para saídas iguais a 1)

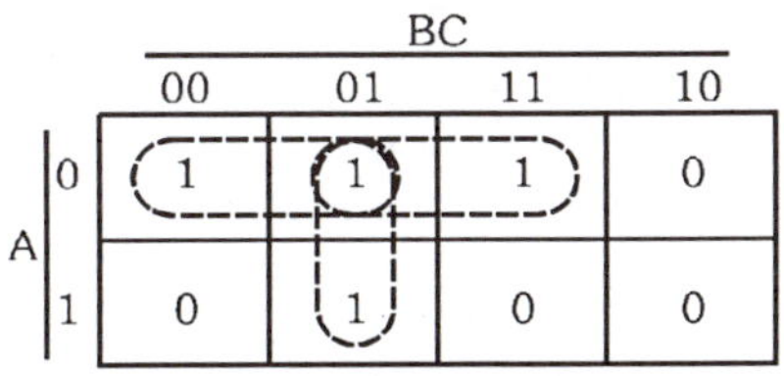

$S_2 = \overline{A} \cdot \overline{B} + \overline{A} \cdot C + \overline{B} \cdot C$

c) Mapa de Karnaugh da saída S_3:
(Enlace para saídas iguais a 0)

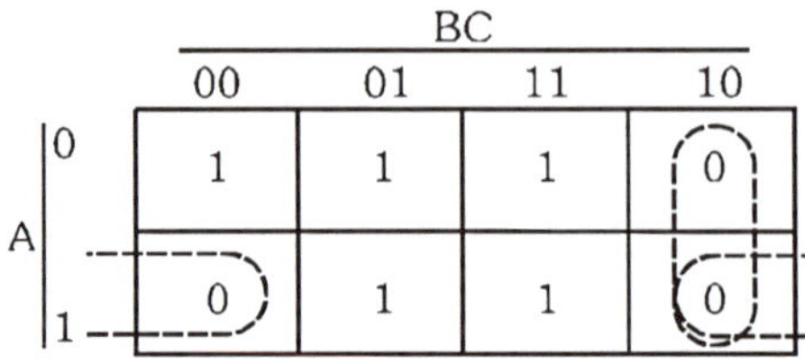

$S_3 = (\overline{B} + C) \cdot (\overline{A} + C)$

d) Mapa de Karnaugh da saída S_4:
(Enlace para saídas iguais a 1)

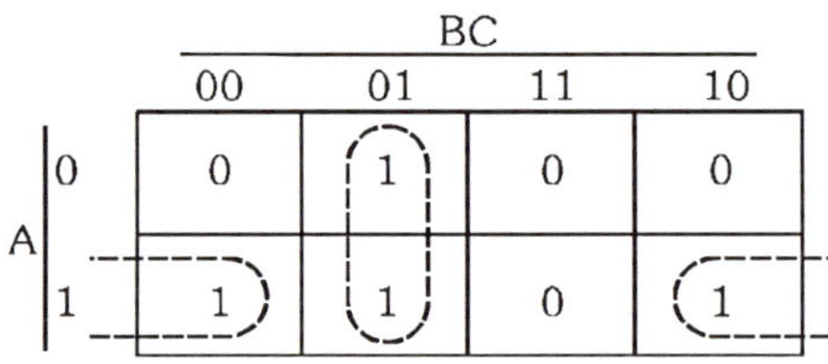

$S_4 = A \cdot \overline{C} + \overline{B} \cdot C$

e) Mapa de Karnaugh da saída S_5:
(Enlace para saídas iguais a 1)

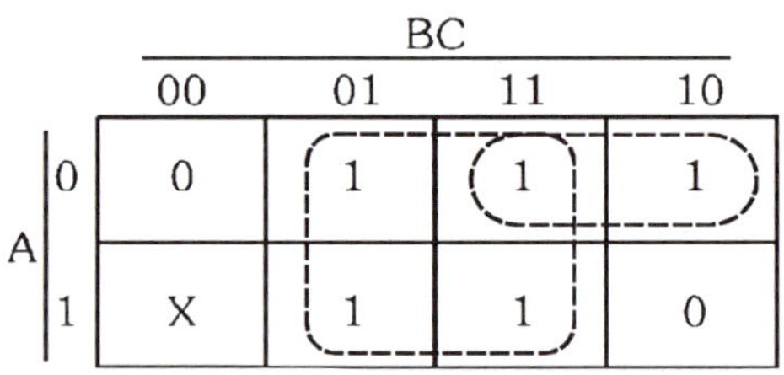

$S_5 = \overline{A} \cdot B + C$

OBSERVAÇÃO:

- Notar que, neste caso, não era interessante utilizar a célula com saída irrelevante e, portanto, X passou a valer 0.

f) Mapa de Karnaugh da saída S_6:
(Enlace para saídas iguais a 1)

A \ BC	00	01	11	10
0	1	1	0	1
1	1	1	1	1

$S_6 = A + \overline{B} + \overline{C}$

g) Mapa de Karnaugh da saída S_7:

(Enlace para saídas iguais a 1)

A \ BC	00	01	11	10
0	0	1	0	1
1	1	0	1	0

$S_7 = A \cdot \overline{B} \cdot \overline{C} + \overline{A} \cdot \overline{B} \cdot C + A \cdot B \cdot C + \overline{A} \cdot B \cdot \overline{C}$ ou
$S_7 = A \oplus B \oplus C = A \odot B \odot C$

OBSERVAÇÕES:

- Notar que esta expressão corresponde às funções XOR ou XNOR para três variáveis;
- Quando não são possíveis enlaces envolvendo mais de uma célula, significa que a expressão não pode ser simplificada algebricamente.

h) Mapa de Karnaugh da saída S_8:
(Enlace para saídas iguais a 1)

A \ BC	00	01	11	10
0	1	0	1	0
1	0	1	0	1

$S_7 = \overline{A} \cdot \overline{B} \cdot \overline{C} + A \cdot \overline{B} \cdot C + \overline{A} \cdot B \cdot C + A \cdot B \cdot \overline{C}$ ou
$S_7 = \overline{A \oplus B \oplus C} = \overline{A \odot B \odot C}$

OBSERVAÇÃO:

- Esta expressão corresponde ao complemento das funções XOR ou XNOR para três variáveis, não podendo, também, ser simplificada.

i) Mapa de Karnaugh da saída S_9:
(Enlace para saídas iguais a 1)

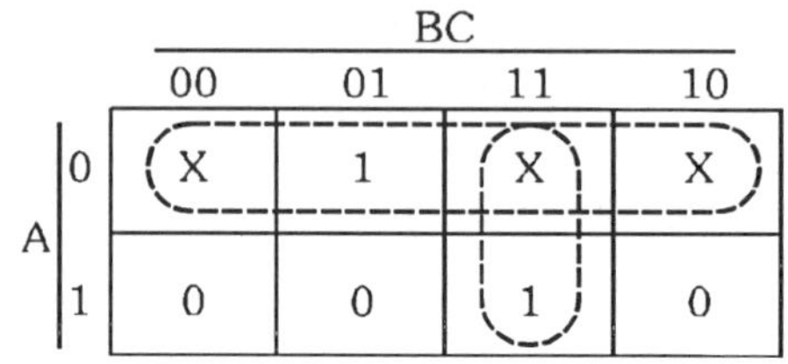

$S_9 = \overline{A} + B \cdot C$

j) Mapa de Karnaugh da saída S_{10}:
(Enlace para saídas iguais a 1)

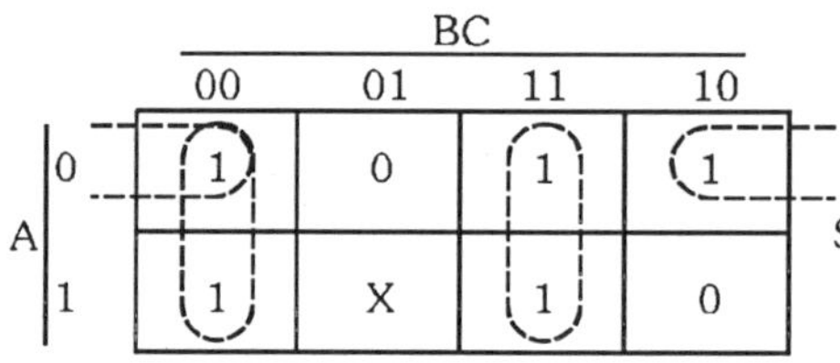

$S_{10} = \overline{B} \cdot \overline{C} + B \cdot C + \overline{A} \cdot \overline{C}$

2ª Conclusão Importante:

Destes exemplos, pode-se notar que, quanto **menor o número de enlaces**, **menos termos** tem a expressão booleana do mapa de Karnaugh considerado e, portanto, **mais simplificada** ela fica.

Mapa de Karnaugh de Quatro Variáveis

O mapa de Karnaugh de quatro variáveis é formado por dezesseis células (2^4=16) dispostas como mostra a figura 3.22.

AB \ CD	00	01	11	10
00	0	1	3	2
01	4	5	7	6
11	12	13	15	14
10	8	9	11	10

Figura 3.22 - Mapa de Karnaugh de Quatro Variáveis

Pela figura 3.22, nota-se que o mesmo recurso utilizado para o mapa de três variáveis é utilizado aqui para que as extremidades sejam adjacentes, ou seja, tanto as variáveis A e B (correspondentes às linhas) quanto as variáveis C e D (correspondentes às colunas) têm seus valores dispostos na seqüência **00 - 01 - 11 - 10**.

Assim, não só as bordas são adjacentes entre si, como também os cantos do mapa, isto é, existe adjacência entre as células 0-2-10-8.

Num mapa de Karnaugh de quatro variáveis, o número possível de enlaces é muito grande, podendo envolver **uma**, **duas**, **quatro**, **oito** ou **dezesseis células**, mas sua utilização em nada difere do mapa de três variáveis analisado anteriormente. Portanto, nada melhor que os exemplos para ilustrar algumas das possíveis situações que podem ser encontradas.

Exemplos:

Resolver os mapas de Karnaugh a seguir, utilizando os maiores enlaces possíveis e o menor número de enlaces possível.

a)

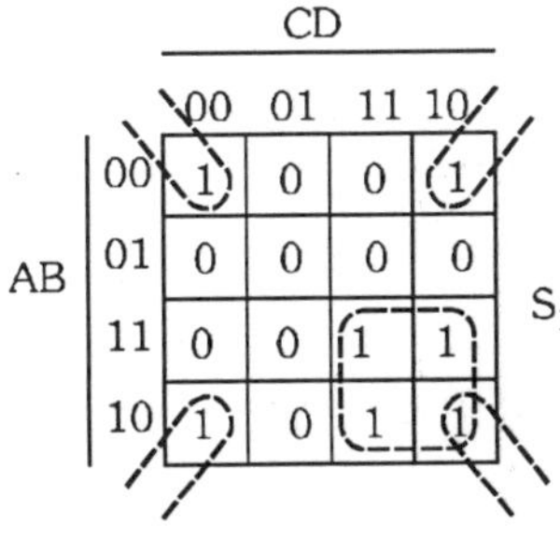

$S_1 = A \cdot C + \overline{B} \cdot \overline{D}$

↓

b)

AB \ CD	00	01	11	10
00	1	0	0	1
01	X	0	1	1
11	1	0	0	1
10	1	0	0	1

$S_2 = \overline{A} . B . C + \overline{D}$

c)

AB \ CD	00	01	11	10
00	0	1	0	1
01	1	0	0	1
11	1	0	0	1
10	0	0	0	1

$S_3 = B . \overline{D} + C . \overline{D} + \overline{A} . \overline{B} . \overline{C} . D$

d)

AB \ CD	00	01	11	10
00	0	0	1	0
01	0	0	0	0
11	1	1	1	1
10	1	1	1	1

$S_4 = A + \overline{B} . C . D$

e)

AB \ CD	00	01	11	10
00	0	1	1	0
01	1	1	1	1
11	1	1	1	1
10	0	1	1	0

$S_5 = B + D$

f)

AB \ CD	00	01	11	10
00	0	1	1	0
01	1	1	1	1
11	1	1	1	1
10	0	1	0	0

$S_6 = (B + D) \,.\, (\overline{A} + B + \overline{C})$

Mapa de Karnaugh de Cinco Variáveis

O mapa de Karnaugh de cinco variáveis é formado por trinta e duas células ($2^5 = 32$) e pode ser obtido por dois mapas de quatro variáveis, codificados pela quinta variável, como mostra a figura 3.23.

A= 0

BC \ DE	00	01	11	10
00	0	1	3	2
01	4	5	7	6
11	12	13	15	14
10	8	9	11	10

A= 1

BC \ DE	00	01	11	10
00	16	17	19	18
01	20	21	23	22
11	28	29	31	30
10	24	25	27	26

Figura 3.23 - Mapa de Karnaugh de Cinco Variáveis

Neste caso, além das adjacências em cada um dos mapas, têm-se, também, as adjacências resultantes da **superposição** dos dois mapas, como mostra a figura 3.24.

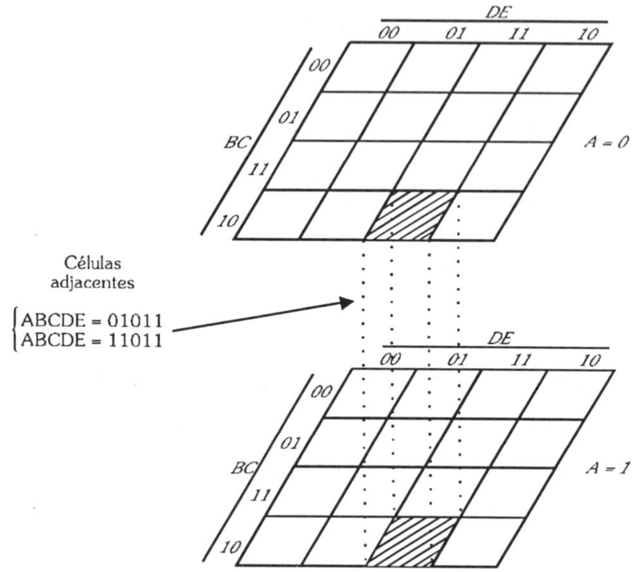

Figura 3.24 - Adjacências da Superposição dos Mapas de Karnaugh

Assim, um mapa de Karnaugh de cinco variáveis pode ter enlaces envolvendo **uma**, **duas**, **quatro**, **oito**, **dezesseis** ou **trinta e duas células**.

Um mapa de Karnaugh de cinco variáveis pode, também, ser representado num único plano, conforme a configuração da figura 3.25.

AB \ CDE	000	001	011	010	110	111	101	100
00	0	1	3	2	6	7	5	4
01	8	9	11	10	14	15	13	12
11	24	25	27	26	30	31	29	28
10	16	17	19	18	22	23	21	20

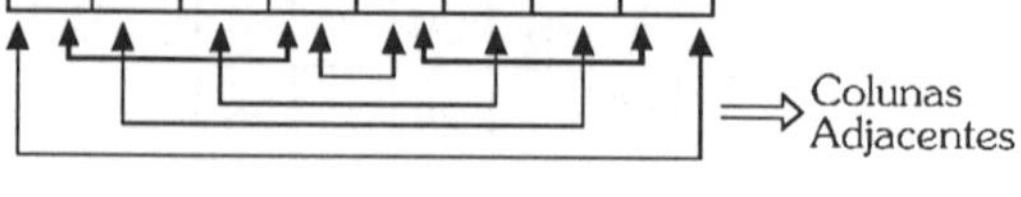

Figura 3.25 - Mapa de Karnaugh de Cinco Variáveis

Nesta configuração, percebe-se que as adjacências oriundas da superposição dos dois mapas de quatro variáveis, transformam-se em adjacências entre diversas colunas, a saber:

- colunas: CDE = 000 e CDE = 100
- colunas: CDE = 000 e CDE = 010
- colunas: CDE = 010 e CDE = 110
- colunas: CDE = 110 e CDE = 100
- colunas: CDE = 001 e CDE = 101
- colunas: CDE = 011 e CDE = 111
- todas as demais colunas vizinhas

Exemplos:

a)

AB \ CDE	000	001	011	010	110	111	101	100
00	1	0	0	1	1	0	0	1
01	1	0	0	1	1	0	0	1
11	1	0	0	1	1	0	0	1
10	1	0	0	1	1	0	0	1

$S_1 = \overline{E}$

b)

AB \ CDE	000	001	011	010	110	111	101	100
00	1	0	0	0	0	0	0	1
01	0	1	1	0	0	1	1	0
11	0	1	1	0	1	1	1	0
10	1	0	0	0	0	0	0	1

$S_2 = A . B . C . D + \overline{B} . \overline{D} . \overline{E} + B . E$

OBSERVAÇÕES:

- A resolução de um mapa de Karnaugh com enlaces menores do que os possíveis ou com um número de enlaces maior do que o necessário, resulta, também, numa expressão booleana correta, porém, **não totalmente simplificada**.

Isto significa que o método de simplificação por mapa de Karnaugh não está sendo bem utilizado.

Portanto, antes de resolver um mapa, pare e pense...

- Não esquecer que a simplificação por mapa de Karnaugh só fica correta se **todas** as saídas consideradas (1 ou 0) fazem parte dos enlaces.

- É fácil perceber que para mais de cinco variáveis, o processo de minimização utilizando mapas de Karnaugh fica difícil de ser executado, pois, a montagem do mapa é trabalhosa e a visualização das adjacências é um pouco mais complicada. Para estas situações, utilizam-se outros métodos ou, então, outros dispositivos eletrônicos que são capazes de implementar circuitos lógicos sem a necessidade de minimização da expressão booleana correspondente.

Agora que você já está craque em mapas de Karnaugh, que tal voltarmos a dois projetos realizados anteriormente?

Exemplo de Aplicação: Sistema de Controle de Temperatura de uma Estufa

A tabela-verdade que havia sido obtida para este sistema era a seguinte:

T_1	T_2	A	R
0	0	1	0
0	1	X	X
1	0	0	0
1	1	0	1

↓

↑

Transportando as saídas da tabela-verdade para mapas de Karnaugh de duas variáveis, tem-se:

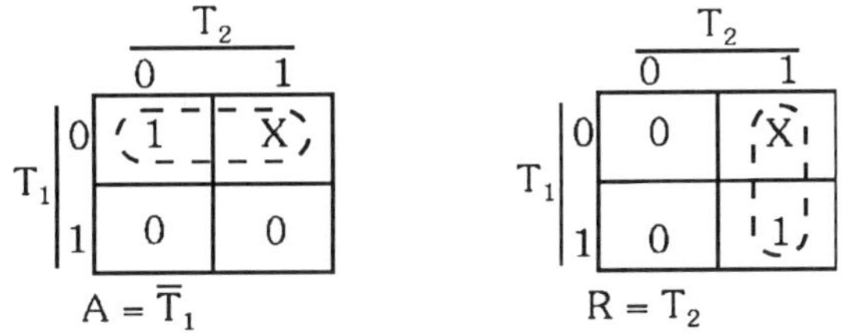

Assim, as expressões booleanas obtidas através dos enlaces são as seguintes:

$$A = \overline{T_1} \qquad e \qquad R = T_2$$

Através desta expressão simplificada pode-se implementar o novo circuito lógico do sistema de controle de temperatura da estufa, como segue:

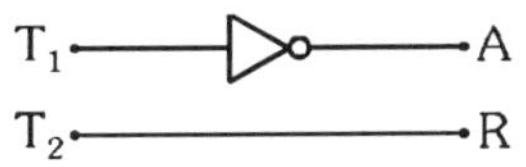

Exemplo de Aplicação: Sistema de Votação.

Naquela oportunidade, a expressão booleana que havia sido obtida pela tabela-verdade era a seguinte:

$$L = \overline{D}.V.S.T + D.\overline{V}.\overline{S}.T + D.\overline{V}.S.\overline{T} + D.\overline{V}.S.T + D.V.\overline{S}.\overline{T} + D.V.\overline{S}.T + D.V.S.\overline{T} + D.V.S.T$$

Transportando esta expressão ou as saídas da sua tabela-verdade correspondente para um mapa de Karnaugh de quatro variáveis, tem-se o seguinte:

↓

DV \ ST	00	01	11	10
00	0	0	0	0
01	0	0	1	0
11	1	1	1	1
10	0	1	1	1

Finalmente, a expressão booleana pode ser obtida diretamente dos enlaces, como segue:

$$L = D.V + D.S + D.T + V.S.T$$

Através desta expressão simplificada pode-se Implementar o novo circuito lógico do sistema de votação:

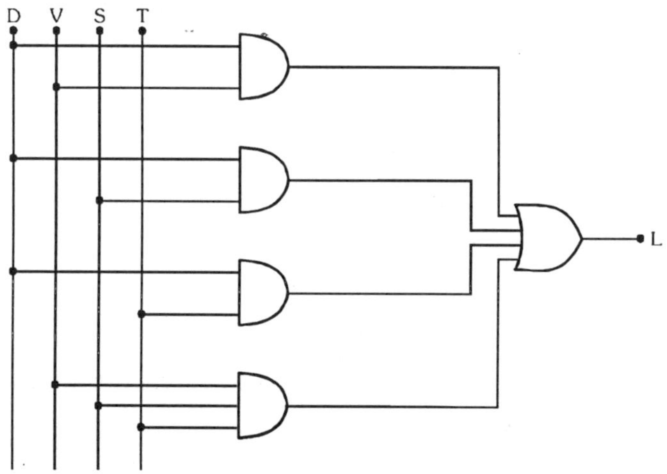

Compare este circuito com o apresentado na página 79 que ficará clara a necessidade de se simplificar as expressões lógicas antes de implementá-las.

Agora, acreditamos que ficou claro o porquê do Mapa de Karnaugh!

E então você, com olhar frustrado, mas ávido de curiosidade, nos questiona:

- E o porquê de ter aprendido toda aquela parafernália algébrica se não me foi útil agora?

Por que aqueles conceitos são de fundamental importância, não só para a compreensão dos mapas de Karnaugh, mas, também, de tudo o que está por vir no estudo da Eletrônica Digital.

Exercícios Propostos

3.1 Obtenha a tabela-verdade de uma porta AND de 3 entradas.

3.2 Obtenha a tabela-verdade de uma porta OR de 3 entradas.

3.3 Dados os blocos lógicos abaixo, pedem-se suas tabelas-verdade correspondentes.

a)

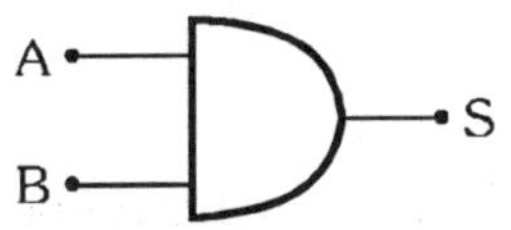

b)

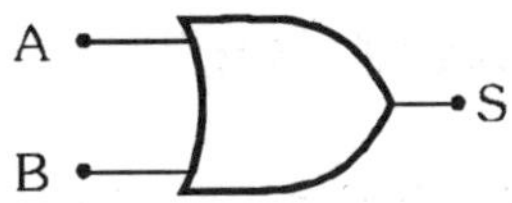

c)

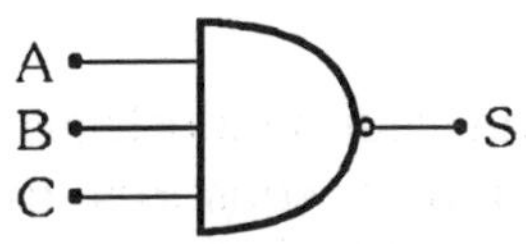

d)

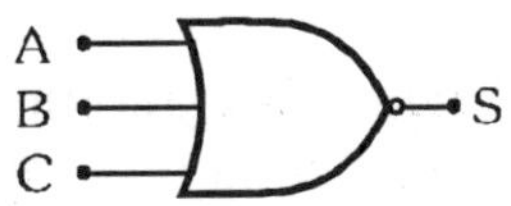

3.4 Obtenha as expressões das saídas a partir das tabelas-verdade a seguir:

a)

A	B	C	S1	S2
0	0	0	1	0
0	0	1	0	1
0	1	0	1	0
0	1	1	1	1
1	0	0	0	1
1	0	1	1	0
1	1	0	0	1
1	1	1	0	0

b)

F	G	H	W	Y
0	0	0	1	1
0	0	1	1	1
0	1	0	0	1
0	1	1	1	0
1	0	0	1	0
1	0	1	0	0
1	1	0	0	0
1	1	1	1	1

OBSERVAÇÃO:

Os exercícios a seguir mostram situações baseadas em processos reais, mas, para torná-los adequados foi preciso fazer algumas simplificações. Portanto, estes exercícios são apenas exemplos de aplicação da álgebra booleana.

3.5 A figura a seguir mostra uma esteira industrial na qual estão mecanicamente montados dois sensores de passagem (barreira ótica). A função deste sistema é verificar se as peças que passam pela esteira estão com o tamanho correto.

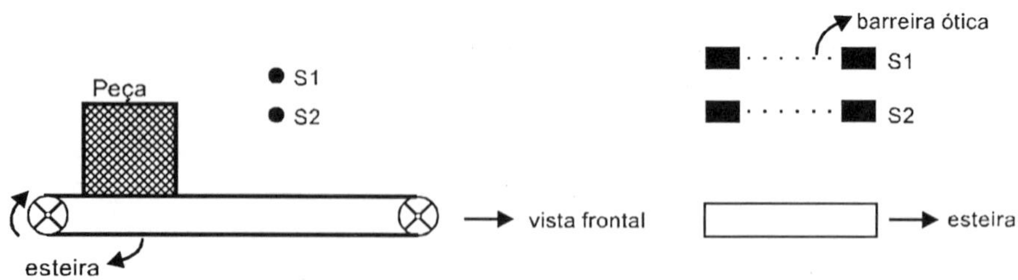

A peça tem o tamanho correto quando sua altura está entre as alturas dos dois sensores. Se a peça estiver fora do padrão, uma lâmpada vermelha deve acender.

Determine as entradas e saídas, monte a tabela-verdade para este sistema e obtenha a expressão lógica que descreve o funcionamento da lâmpada vermelha.

Adote você mesmo o nome das variáveis de saída e de entrada e considere:

- barreira ótica interrompida → sensor = 0
- lâmpada acesa → 1

3.6 Uma empresa capta a água que necessita de um rio próximo ao seu reservatório. Esta água é transferida ao reservatório, passando antes por uma estação de tratamento.

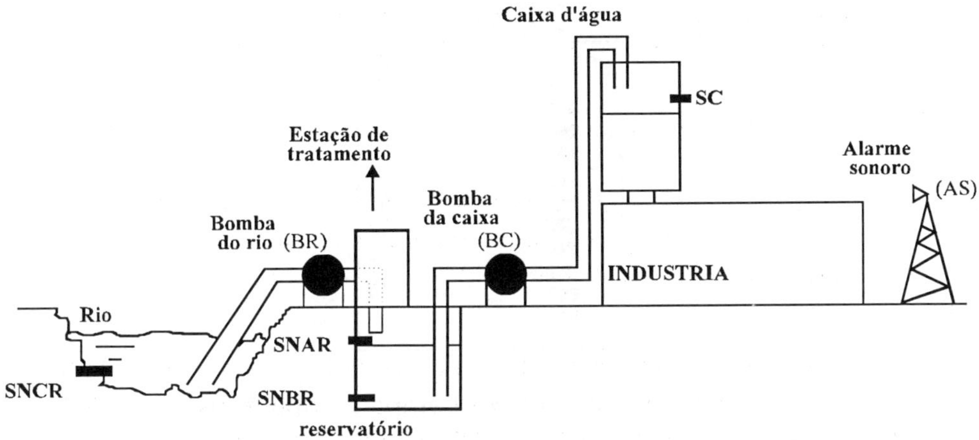

Sempre que o sensor de nível alto do reservatório estiver desacionado (SNAR = 0), a bomba do rio deve ser ligada (BR = 1) para encher o reservatório até o sensor de nível alto ser acionado (SNAR = 1).

A empresa está numa região de baixo índice pluviométrico e o rio, às vezes, fica tão baixo que não é possível captar a água. Então, se o sensor de nível crítico do rio estiver desacionado (SNCR = 0),um alarme sonoro (AS = 1) deve avisar o operador do sistema e a bomba do rio deve ficar desligada (BR =0).

Ao mesmo tempo, a caixa d'água da indústria deve ficar com seu nível sobre o sensor SC.

Se o nível da caixa d'água ficar abaixo de SC (SC=0) a bomba da caixa deve ser ligada (BC = 1), mas somente se SNBR = 1.

Analisando este processo, identifique as variáveis de entrada e saída, monte a tabela-verdade e obtenha as expressões lógicas que descrevem o funcionamento deste sistema.

3.7 O sistema mostrado a seguir, é uma balança escalonada (só indica intervalos de massas) que acende lâmpadas conforme a massa colocada no prato varia de 0 a 1000 gramas.

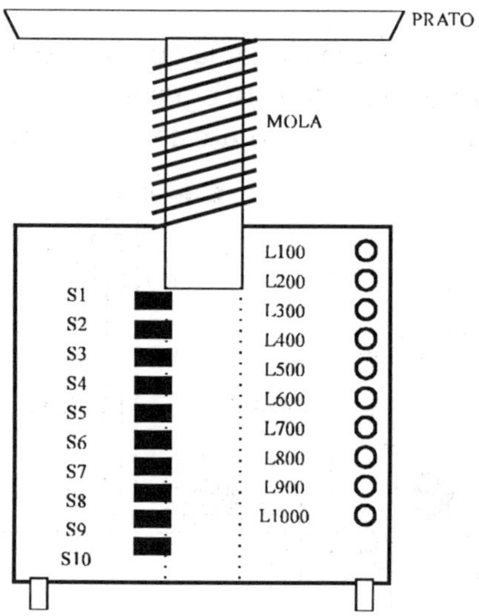

De 0 a 100 gramas → Lâmpadas apagadas;

De 101 a 200 gramas → L100 e L200 acesas;

De 201 a 300 gramas → L200 e L300 acesas;

De 301 a 400 gramas → L300 e L400 acesas;

. . . . . .

. . . . . .

. . . . . .

De 901 a 1000 gramas → L900 e L1000 acesas;

Acima de 1000 gramas → L1000 acesa.

Para isto foram colocados 10 sensores ao longo do braço da balança (S1 a S10). Conforme o braço desce, os sensores são acionados (S=1).

Determine as variáveis de entrada e de saída, monte a tabela-verdade e obtenha as expressões lógicas que descrevem o funcionamento de cada lâmpada.

Dica: não é necessário montar uma tabela-verdade de 1024 linhas, pois a maioria das combinações são irrelevantes.

3.8 Implemente os circuitos lógicos das funções a seguir:

a) $S = (A.\overline{C} + B) . C$

b) $S = (A + \overline{B}) . (\overline{C} + D)$

c) $S = \overline{X.Y} + Z + Z.\overline{W}$

d) $S = X.Y+[(Z \otimes Y)+(X.Y.Z)].X.Y$

3.9 Obtenha a expressão booleana e a tabela-verdade dos circuitos lógicos a seguir:

a)

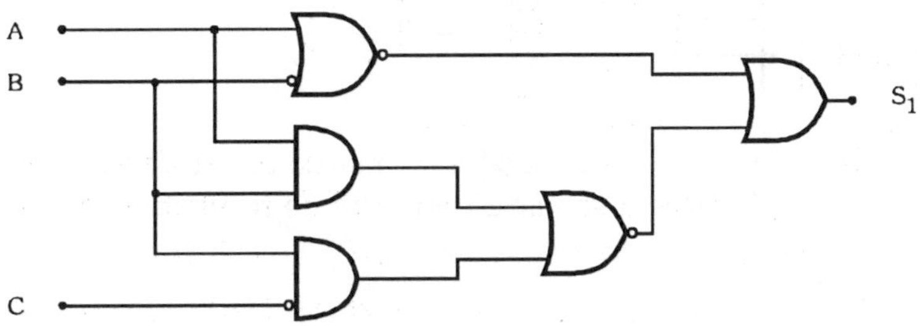

b)

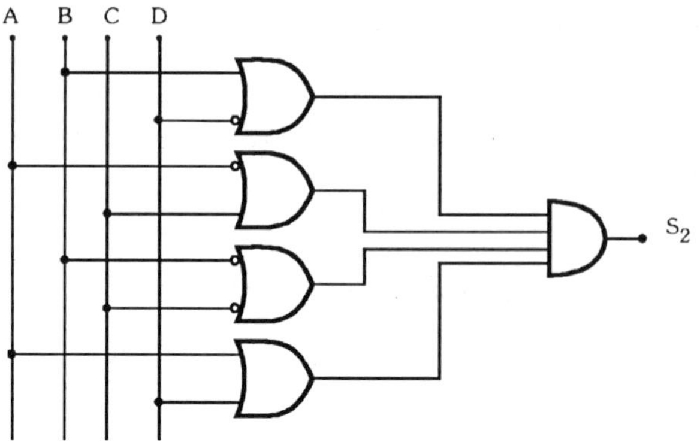

c)

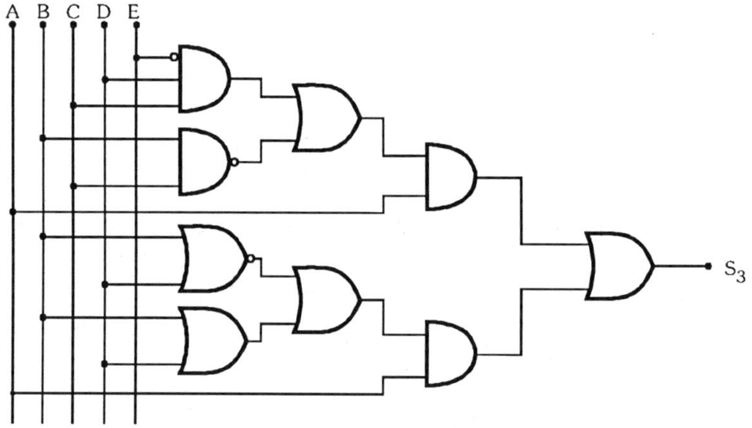

3.10 Escreva as equações, construa as tabelas-verdade dos circuitos a seguir e compare os resultados obtidos:

a)

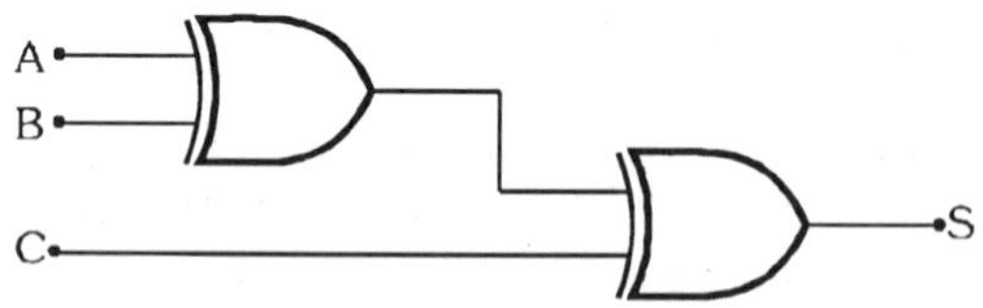

b)

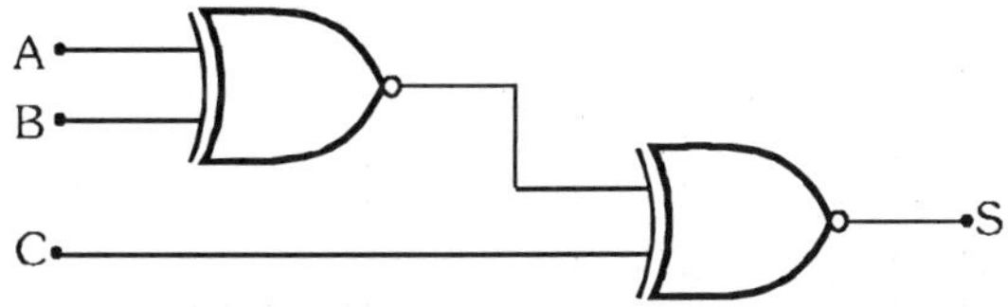

3.11 Prove que estas identidades satisfazem o teorema da absorção:

a) $\overline{X} + Y \,.\, \overline{X} = \overline{X}$

b) $\overline{B} \,.\, A + \overline{A} = \overline{B} + \overline{A}$

c) $\overline{X} \,.\, Y + \overline{Y} = \overline{X} + \overline{Y}$

3.12 Prove por álgebra booleana que:

$$A \oplus B = \overline{A \odot B}$$

3.13 O diretor de uma empresa solicitou ao departamento de Recursos Humanos a contratação de um funcionário que atenda a um dos requisitos abaixo:

- sexo masculino com curso superior

  ou
- sexo feminino com curso superior e idade mínima 25 anos

  ou
- sem curso superior com experiência na área

  ou
- sexo feminino, menor de 25 anos, com curso superior.

O gerente de Recursos Humanos, lendo tais requisitos, observou que os mesmos estavam confusos. Usando seus conhecimentos de lógica, ele resolveu simplificá-los considerando cada característica como uma variável lógica:

A = sexo masculino	→ $\overline{A}$	=	sexo feminino
B = com curso superior	→ $\overline{B}$	=	sem curso superior
C = com experiência na área	→ $\overline{C}$	=	sem experiência na área
D = idade mínima 25 anos	→ $\overline{D}$	=	menor de 25 anos

a) Com estes dados, descubra a expressão lógica que ele utilizou para resolver o problema;

b) A que conclusão ele chegou simplificando a expressão?

3.14 Simplifique, através dos teoremas, propriedades e postulados, as expressões do exercício 3.8 e reimplemente os circuitos lógicos.

3.15 Simplifique, por mapas de Karnaugh, a expressão do exercício 3.5 e implemente o circuito lógico.

3.16 Simplifique, por mapas de Karnaugh, as expressões do exercício 3.6 e implemente o circuito lógico.

3.17 Reimplemente o circuito do exercício 3.16 utilizando apenas portas NAND de duas entradas e desenhe o esquema elétrico com CIs 7400.

3.18 Simplifique, por mapas de Karnaugh, as expressões booleanas obtidas no exercício 3.9 e reimplemente os circuitos lógicos correspondentes.

Projetos

3.1 O animador SS deseja implementar um sistema digital para seu programa de televisão. Cinco cabines isoladas devem possuir chaves (A, B, C, D, E) que poderão ser ou não acionadas. Cinco compradores de seu carnê serão colocados nas cabines. O comprador A será o presidente e o comprador E será o pária. O circuito desejado deve comandar um painel luminoso que acender-se-á quando:

- o presidente acionar obrigatoriamente a chave A, o pária não acionar obrigatoriamente a chave E e, dos outros três compradores, pelo menos dois acionarem as chaves B, C ou D de suas cabines;
- o presidente não acionar obrigatoriamente a chave A, o pária acionar obrigatoriamente a chave E e, dos outros três compradores, pelo menos dois não acionarem as chaves B, C ou D de suas cabines;

Nestes casos, os compradores ganharão prêmios.

Projetar o circuito lógico do controle do painel luminoso, usando circuitos integrados comerciais com tecnologia TTL.

3.2 Um estacionamento possui apenas um portão para entrada e saída de carros. Seu dono pretende instalar um sistema de informação luminosa de liberação ou impedimento de passagem e um portão automático que abre ou fecha segundo as condições a seguir:

- Abre quando um carro estiver querendo sair, acendendo a luz verde interna de liberação de saída;
- Abre quando um carro estiver querendo entrar, acendendo a luz verde externa de liberação de entrada;
- Se existe um carro querendo entrar e outro sair, o portão abre acendendo a luz vermelha externa de impedimento de entrada e a luz verde interna de liberação de saída;
- Fecha quando nenhum carro estiver querendo entrar ou sair, acendendo as luzes vermelhas externa e interna de impedimento de entrada e saída.

Para isso, o dono contratou uma empresa especializada que montou os sistemas de acionamento das luzes e do motor do portão, além do sistema de detecção de veículos na entrada e saída do estacionamento, todos ativos em 12 V, conforme o esquema a seguir:

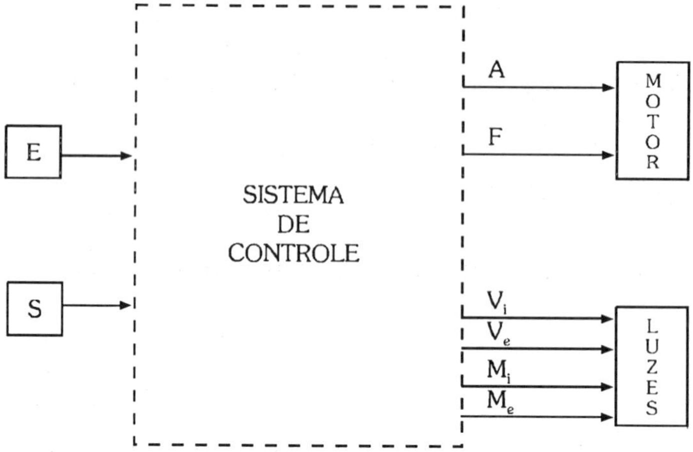

Variáveis:

E → detector de entrada

S → detector de saída

A → abertura do portão

F → fechamento do portão

Vi → luz verde interna

Ve → luz verde externa

Mi → luz vermelha interna

Me → luz vermelha externa

Por outro lado, a empresa deixou de implementar o sistema digital de controle devido ao aumento abusivo da segunda parcela do contrato, o que levou o dono do estacionamento a contratar um estudante de nossa escola para terminar o projeto.

Como você foi escolhido pelo professor para solucionar este caso, projete o sistema de controle, utilizando circuitos integrados comerciais com tecnologia CMOS.

Capítulo 4 Circuitos Combinacionais Dedicados

Um circuito combinacional executa eletronicamente uma função booleana através da interligação de portas lógicas.

Neste capítulo, vamos estudar diversos circuitos combinacionais que são utilizados constantemente em projetos de sistemas digitais devido às funções lógicas que executam, tanto é que eles são encontrados já prontos em circuitos integrados comerciais e, por isso, são chamados de **circuitos combinacionais dedicados**.

Desta forma, você começará a compreender, por exemplo, como uma calculadora eletrônica, que internamente só trabalha com níveis lógicos 0 e 1, pode mostrar diversos números e letras no visor, ou como ela executa operações aritméticas no sistema binário, ou ainda, como uma comunicação entre diversos computadores pode ser realizada.

Obviamente, começaremos aprendendo como estes circuitos são projetados para que possamos saber utilizar os circuitos integrados nos quais eles já vêm prontos, afinal, *você não aprende a jogar xadrez sabendo apenas o que é um xeque-mate, certo?*

4.1 Codificadores e Decodificadores

Uma grande parte dos sistemas digitais trabalham com níveis lógicos representando informações que, portanto, devem ser **codificadas**.

Exemplos:

- A calculadora trabalha com informações numéricas;
- O computador trabalha com informações alfanuméricas;
- O sistema de telefonia digital trabalha com canais de voz;
- O Disco Laser trabalha com sinais sonoros.

Estes exemplos correspondem a sistemas digitais que, na realidade, não entendem números, letras, canais de voz ou sinais sonoros mas, sim, **códigos binários** que possuem apenas dois níveis lógicos para representar qualquer tipo de informação.

Devido à grande diversidade de informações e ao desenvolvimento da eletrônica digital, vários códigos foram criados e, conseqüentemente, vários circuitos se fizeram necessários para a **codificação** e **decodificação** destas informações.

Código BCD 8421

O **código BCD 8421** ou, simplesmente, **BCD** (**B**inary **C**oded **D**ecimal), que significa Decimal Codificado em Binário, é um dos mais comuns nos sistemas digitais.

Ele é composto por **quatro bits,** tendo cada bit um **peso** equivalente ao do **sistema numérico binário**, ou seja, **1** para o primeiro bit à direita que é chamado de **bit menos significativo** (**LSB** - **L**east **S**ignificant **B**it), **2** para o segundo bit, **4** para o terceiro bit e **8** para o quarto bit que é chamado de **bit mais significativo** (**MSB** - **M**ost **S**ignificant **B**it).

Desta forma, este código representa os números decimais de 0 a 9 no sistema binário, como mostra a tabela da figura 4.1.

DECIMAL	BCD			
	8	4	2	1
0	0	0	0	0
1	0	0	0	1
2	0	0	1	0
3	0	0	1	1
4	0	1	0	0
5	0	1	0	1
6	0	1	1	0
7	0	1	1	1
8	1	0	0	0
9	1	0	0	1

Figura 4.1 - Código BCD 8421

Assim, ao invés de se converter um número formado por diversos dígitos para o sistema binário, os sistemas digitais que trabalham com este código fazem a conversão de cada dígito do número para o código BCD.

Exemplo:

O número 2538 no sistema decimal pode ser representado das seguintes formas:

- No sistema binário: $(100111101010)_2$
- No código BCD : (0010 0101 0011 1000)

Código BCH

O **código BCH** (**B**inary **C**oded **H**exadecimal), que significa Hexadecimal Codificado em Binário, é análogo ao código BCD, porém, representa os algarismos do sistema hexadecimal através das combinações possíveis com quatro bits, como mostra a tabela da figura 4.2.

DECIMAL	BCD			
0	0	0	0	0
1	0	0	0	1
2	0	0	1	0
3	0	0	1	1
4	0	1	0	0
5	0	1	0	1
6	0	1	1	0
7	0	1	1	1
8	1	0	0	0
9	1	0	0	1
A	1	0	1	0
B	1	0	1	1
C	1	1	0	0
D	1	1	0	1
E	1	1	1	0
F	1	1	1	1

Figura 4.2 - Código BCH

Código Excesso 3

O **código excesso 3** é composto por quatro bits que correspondem aos números decimais no código BCD **acrescidos** de **3 (0011)**, por isso o seu nome. Ele foi criado para facilitar as operações de subtração no sistema binário devido ao fato do **complemento de um algarismo do sistema decimal** corresponder ao **complemento bit a bit do código excesso 3**, como mostra a tabela da figura 4.3.

DECIMAL	EXCESSO 3			
0	0	0	1	1
1	0	1	0	0
2	0	1	0	1
3	0	1	1	0
4	0	1	1	1
5	1	0	0	0
6	1	0	0	1
7	1	0	1	0
8	1	0	1	1
9	1	1	0	0

Figura 4.3 - Código Excesso 3

Exemplo:

- No sistema decimal:
complemento de 6 é 3
- No código excesso 3:
complemento bit a bit de 1001 é 0110

OBSERVAÇÃO:

- Atualmente, com o desenvolvimento dos circuitos integrados que executam operações lógicas e aritméticas, principalmente os microprocessadores que internamente também contêm estes circuitos, o **código excesso 3** deixou de ter grande aplicação prática.

Código Gray

O **código Gray** apresenta como característica principal o fato de apenas **um bit variar** na mudança de um número para outro subseqüente, como mostra a tabela da figura 4.4.

DECIMAL	GRAY			
0	0	0	0	0
1	0	0	0	1
2	0	0	1	1
3	0	0	1	0
4	0	1	1	0
5	0	1	1	1
6	0	1	0	1
7	0	1	0	0
8	1	1	0	0
9	1	1	0	1
10	1	1	1	1
11	1	1	1	0
12	1	0	1	0
13	1	0	1	1
14	1	0	0	1
15	1	0	0	0

Figura 4.4 - Código Gray

Exemplo:

O código Gray do número 7 é (0100) e do número 8 é (1100), ou seja, apenas o bit mais significativo mudou.

OBSERVAÇÕES:

- Esta mudança de apenas um bit ocorre também entre os números extremos (0 e 15) e entre vários pares de números internos (1 e 14, 2 e 13, 4 e 7 etc);
- Esta característica é chamada de **adjacência**, sendo muito útil no processo de simplificação por mapas de Karnaugh, como já foi analisado no capítulo anterior.

O código Gray pode ser montado de duas formas diferentes:

1) Partindo-se de um número no sistema binário, somam-se dois a dois os seus bits e acrescenta-se o seu bit mais significativo.

Exemplo:

O número 13 em binário vale 1101, portanto:

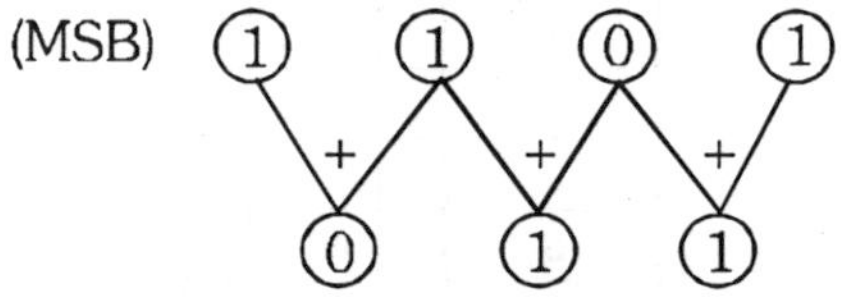

Então, o número 13 no código Gray corresponde a (1011).

2) Como mostra a figura 4.5, partindo-se dos bits 0 e 1, faz-se a reflexão deles (como se estivessem em frente de um espelho), acrescentando-se 0 à esquerda destes bits e 1 à esquerda de seus reflexos, obtendo-se uma seqüência de quatro números de dois bits cada (a), repetindo, então, o processo para estes quatro números, obtendo-se oito números de três bits (b) e, finalmente, repetindo uma última vez o processo, obtendo-se os dezesseis números de quatro bits que formam o código Gray (c), também denominado código refletido de Gray.

0	0
0	1
1	1
1	0

(a)

0	0 0
0	0 1
0	1 1
0	1 0
1	1 0
1	1 1
1	0 1
1	0 0

(b)

0	0 0 0
0	0 0 1
0	0 1 1
0	0 1 0
0	1 1 0
0	1 1 1
0	1 0 1
0	1 0 0
1	1 0 0
1	1 0 1
1	1 1 1
1	1 1 0
1	0 1 0
1	0 1 1
1	0 0 1
1	0 0 0

(c)

Figura 4.5 - Formação do Código Gray por Reflexão

Código ASCII

O **código ASCII** (**A**merican **S**tandard **C**ode for **I**nformation **I**nterchange) que significa Código Americano Padrão para Intercâmbio de Informações, foi criado para padronizar a troca de informações ou dados entre computadores e seus periféricos (teclado, monitor etc).

Ele é composto por **sete** bits que codificam várias informações diferentes: **números**, **letras**, **símbolos matemáticos, símbolos especiais** e **sinais de controle de transmissão**, **sinais de controle de formatação** e **sinais de controle de dispositivos**, como mostra a tabela da figura 4.6.

				B_7	0	0	0	0	1	1	1	1
				B_6	0	0	1	1	0	0	1	1
				B_5	0	1	0	1	0	1	0	1
B_4	B_3	B_2	B_1	HEXADECIMAL	0	1	2	3	4	5	6	7
0	0	0	0	0	NUL	(TC7)DLE	SP	0	@	P	`	p
0	0	0	1	1	(TC1)SDH	DC1	!	1	A	Q	a	q
0	0	1	0	2	(TC2)STX	DC2	"	2	B	R	b	r
0	0	1	1	3	(TC3)ETX	DC3	#	3	C	S	c	s
0	1	0	0	4	(TC4)EDT	DC4	$	4	D	T	d	t
0	1	0	1	5	(TC5)ENQ	(TC8)NAK	%	5	E	U	e	u
0	1	1	0	6	(TC6)ACK	(TC9)ETB	&	6	F	V	f	v
0	1	1	1	7	BEL	(TC10)ETB	'	7	G	W	g	w
1	0	0	0	8	FEO(BS)	CAN	(	8	H	X	h	x
1	0	0	1	9	FE1(HT)	EM	)	9	I	Y	i	y
1	0	1	0	A	FE2(LF)	SUB	*	:	J	Z	j	z
1	0	1	1	B	FE3(VT)	ESC	+	;	K	[	k	{
1	1	0	0	C	FE4(FF)	IS4(FS)	,	<	L	\	l	|
1	1	0	1	D	FE5(CR)	IS3(6S)	-	=	M	]	m	}
1	1	1	0	E	SD	IS2(RS)	.	>	N	^	n	~
1	1	1	1	F	SI	IS1(GS)	/	?	O	_	o	DEL

Figura 4.6 - Código ASCII

Exemplos:

- Pressionando-se a tecla M do teclado de um computador, internamente é gerado o código (1001101).
- Pressionando-se a barra de espaços do teclado de um computador, internamente é gerado o código (0100000), que corresponde ao sinal de controle SP (Space).

Codificadores

Os **codificadores** são circuitos lógicos que convertem informações alfanuméricas ou de controle para um código determinado, como mostra o diagrama genérico da figura 4.7.

Figura 4.7 - Diagrama Genérico de um Codificador

A maior aplicação dos codificadores está na conversão de dados oriundos de um teclado para o código de trabalho do sistema digital a ele conectado.

Exemplo de Aplicação - Codificador Decimal-BCD:

Um teclado decimal é composto por dez chaves que devem ser codificadas em BCD, como mostra a figura 4.8.

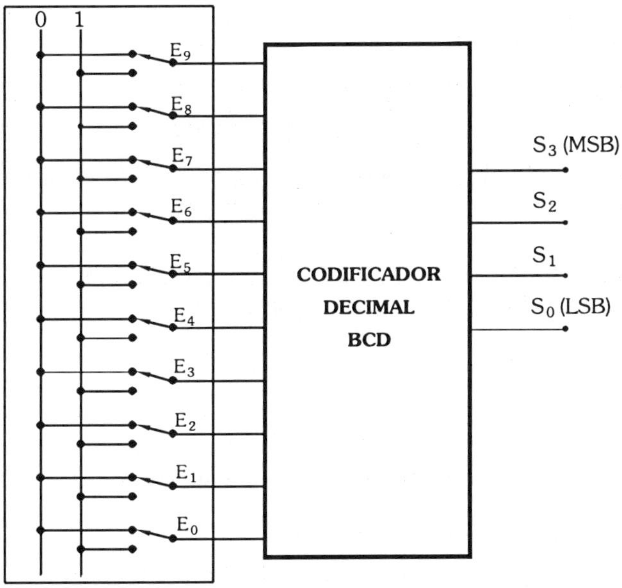

Figura 4.8 - Sistema Teclado - Codificador BCD

Pela figura 4.8, verifica-se que as chaves, quando acionadas, fornecem nível lógico 1 às entradas do codificador e, quando desacionadas, fornecem nível lógico 0.

Desta forma, pode-se montar a tabela-verdade do codificador, como mostra a figura 4.9.

↓

E_9	E_8	E_7	E_6	E_5	E_4	E_3	E_2	E_1	E_0	S_3	S_2	S_1	S_0
0	0	0	0	0	0	0	0	0	1	0	0	0	0
0	0	0	0	0	0	0	0	1	0	0	0	0	1
0	0	0	0	0	0	0	1	0	0	0	0	1	0
0	0	0	0	0	0	1	0	0	0	0	0	1	1
0	0	0	0	0	1	0	0	0	0	0	1	0	0
0	0	0	0	1	0	0	0	0	0	0	1	0	1
0	0	0	1	0	0	0	0	0	0	0	1	1	0
0	0	1	0	0	0	0	0	0	0	0	1	1	1
0	1	0	0	0	0	0	0	0	0	1	0	0	0
1	0	0	0	0	0	0	0	0	0	1	0	0	1

Figura 4.9 - Tabela-Verdade do Codificador Decimal-BCD

Esta tabela-verdade, embora tenha dez entradas (E_9 a E_0), das 1024 possibilidades de valores que elas podem assumir ($2^{10} = 1024$), apenas dez são utilizadas, uma vez que as teclas são acionadas uma de cada vez.

Assim, as expressões booleanas referentes às saídas S_3, S_2, S_1 e S_0 podem ser obtidas diretamente da seguinte forma:

$\mathbf{S_3}$ é igual a **1** quando a entrada $\mathbf{E_8}$ **OU** $\mathbf{E_9}$ é igual a **1**, ou seja:

$S_3 = E_8 + E_9$

Da mesma forma obtêm-se as expressões das demais saídas:

$S_2 = E_4 + E_5 + E_6 + E_7$

$S_1 = E_2 + E_3 + E_6 + E_7$

$S_0 = E_1 + E_3 + E_5 + E_7 + E_9$

O circuito lógico deste codificador está mostrado na figura 4.10.

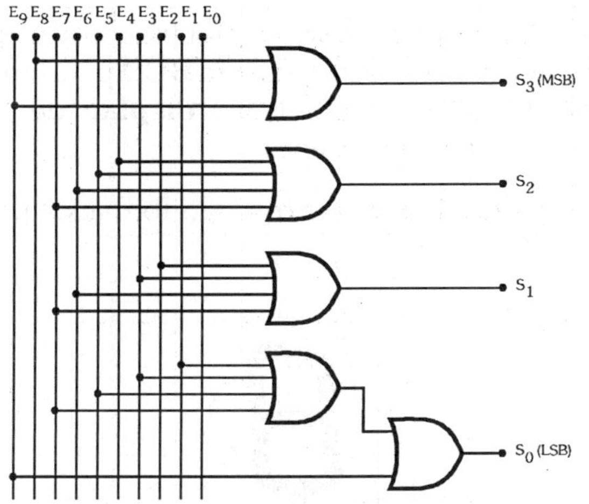

Figura 4.10 - Circuito Lógico do Codificador Decimal-BCD

Decodificadores

Os **decodificadores** são circuitos lógicos que convertem informações de um código para outro, como mostra o diagrama genérico da figura 4.11.

Figura 4.11 - Diagrama Genérico de um Decodificador

Uma das maiores aplicações dos decodificadores está na conversão de informações de um código para o acionamento de **displays,** de forma que os algarismos ou letras codificadas digitalmente sejam mais compreensíveis aos usuários.

Imagine se, durante uma prova de Física, você estivesse utilizando uma calculadora que mostrasse os números das operações em código binário. Imagine, agora, a nota que você tiraria...

Exemplo de Aplicação - Decodificador BCD - 7 Segmentos:

Este é um dos decodificadores mais utilizados em sistemas digitais porque converte informações codificadas em **BCD** para um código especial que, aplicado ao dispositivo denominado **display de 7 segmentos**, fornece visualmente estas informações.

Os **displays de 7 segmentos**, são formados por 7 leds, como mostra a figura 4.12.

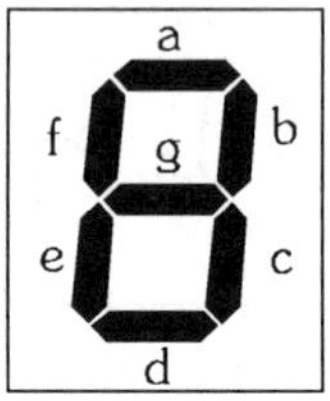

Figura 4.12 - Display de 7 Segmentos

Os **displays** podem ser **catodo comum**, cujos segmentos acendem quando recebem nível lógico **1** ou, então, **anodo comum**, cujos segmentos acendem quando recebem nível lógico **0**.

Para este exemplo de aplicação, será utilizado o display catodo comum.

Assim, para o código **0000** em BCD, sendo o seu equivalente decimal o algarismo **0** (zero), conclui-se que apenas o segmento **g** do display deve permanecer **apagado**, isto é, a saída **g** deve estar em **nível lógico 0** e as demais em nível lógico **1**, obtendo-se, desta forma, o resultado visual mostrado na figura 4.13.

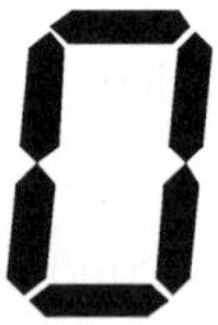

Figura 4.13 - Representação Visual do Algarismo 0 no Display

↓

↑

Este mesmo raciocínio deve ser feito para todos os demais algarismos do código BCD, levando-se em conta que neste código não existem algarismos maiores que 9 e que, portanto, as saídas da tabela-verdade, para estes casos, podem ser consideradas irrelevantes.

A figura 4.14 mostra a tabela-verdade do decodificador BCD-7 Segmentos para display catodo comum.

D	C	B	A	a	b	c	d	e	f	g
0	0	0	0	1	1	1	1	1	1	0
0	0	0	1	0	1	1	0	0	0	0
0	0	1	0	1	1	0	1	1	0	1
0	0	1	1	1	1	1	1	0	0	1
0	1	0	0	0	1	1	0	0	1	1
0	1	0	1	1	0	1	1	0	1	1
0	1	1	0	1	0	1	1	1	1	1
0	1	1	1	1	1	1	0	0	0	0
1	0	0	0	1	1	1	1	1	1	1
1	0	0	1	1	1	1	1	0	1	1
1	0	1	0	X	X	X	X	X	X	X
1	0	1	1	X	X	X	X	X	X	X
1	1	0	0	X	X	X	X	X	X	X
1	1	0	1	X	X	X	X	X	X	X
1	1	1	0	X	X	X	X	X	X	X
1	1	1	1	X	X	X	X	X	X	X

Figura 4.14 - Tabela-Verdade do Decodificador BCD -7 Segmentos para Display Catodo Comum

Para maior simplificação do circuito lógico, as expressões das sete saídas podem ser obtidas por mapas de Karnaugh de quatro variáveis:

↓

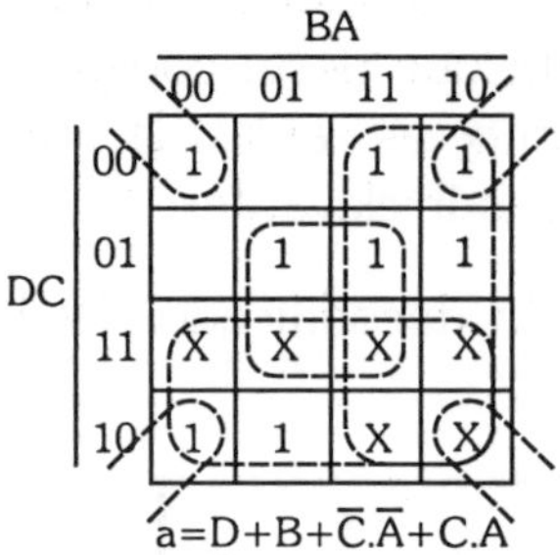

$a = D + B + \overline{C}.\overline{A} + C.A$

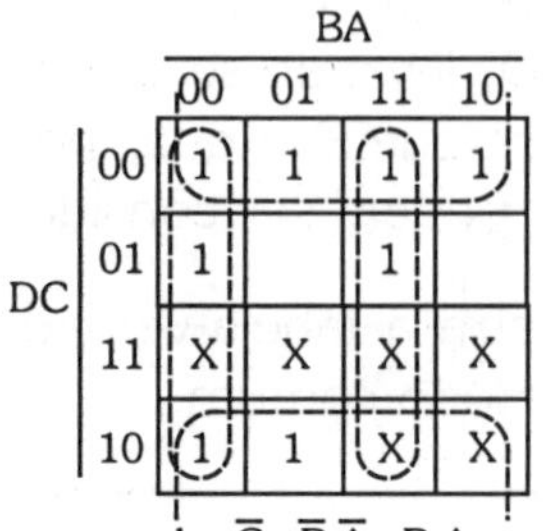

$b = \overline{C} + \overline{B}.\overline{A} + B.A$

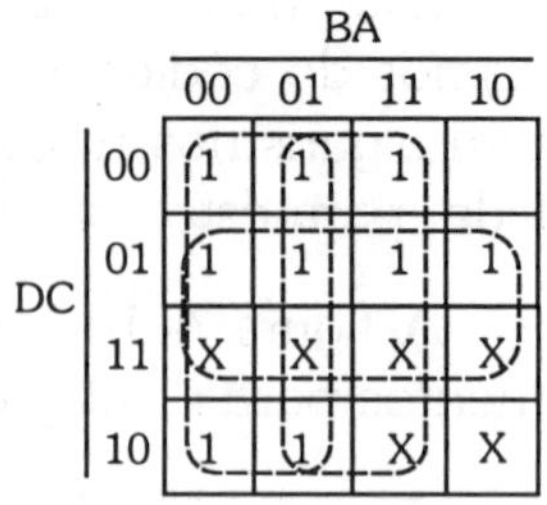

$c = C + \overline{B} + A$

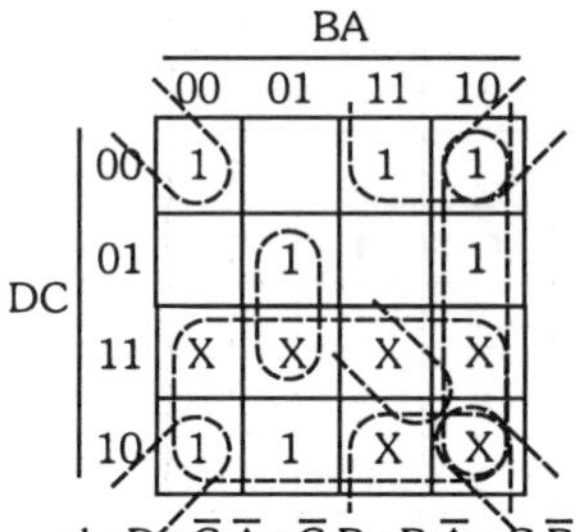

$d = D + \overline{C}.\overline{A} + \overline{C}.B + B.\overline{A} + C.\overline{B}.A$

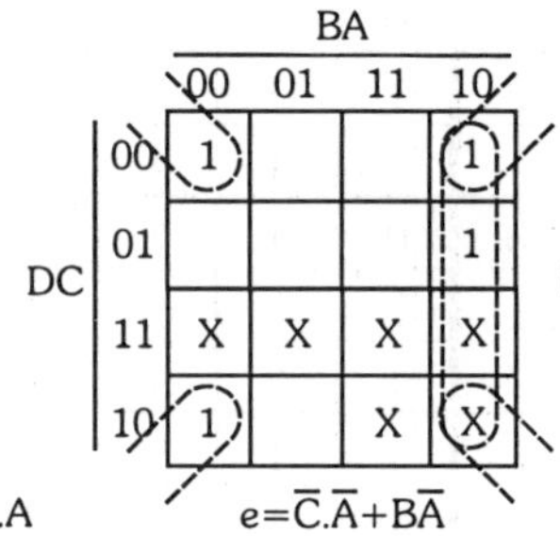

$e = \overline{C}.\overline{A} + B\overline{A}$

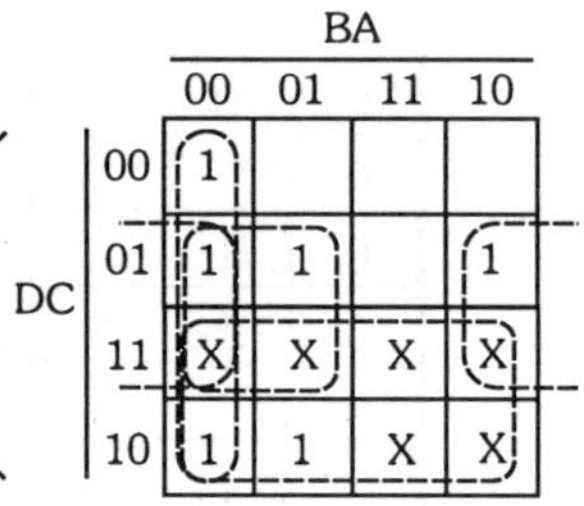

$f = D + \overline{B}.\overline{A} + C.\overline{B} + C.\overline{A}$

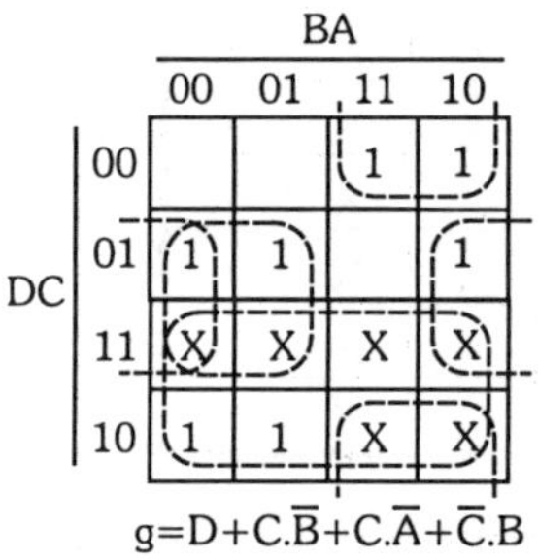

$g = D + C.\overline{B} + C.\overline{A} + \overline{C}.B$

Finalmente, com as expressões, pode-se implementar o circuito lógico deste decodificador, como mostra a figura 4.15.

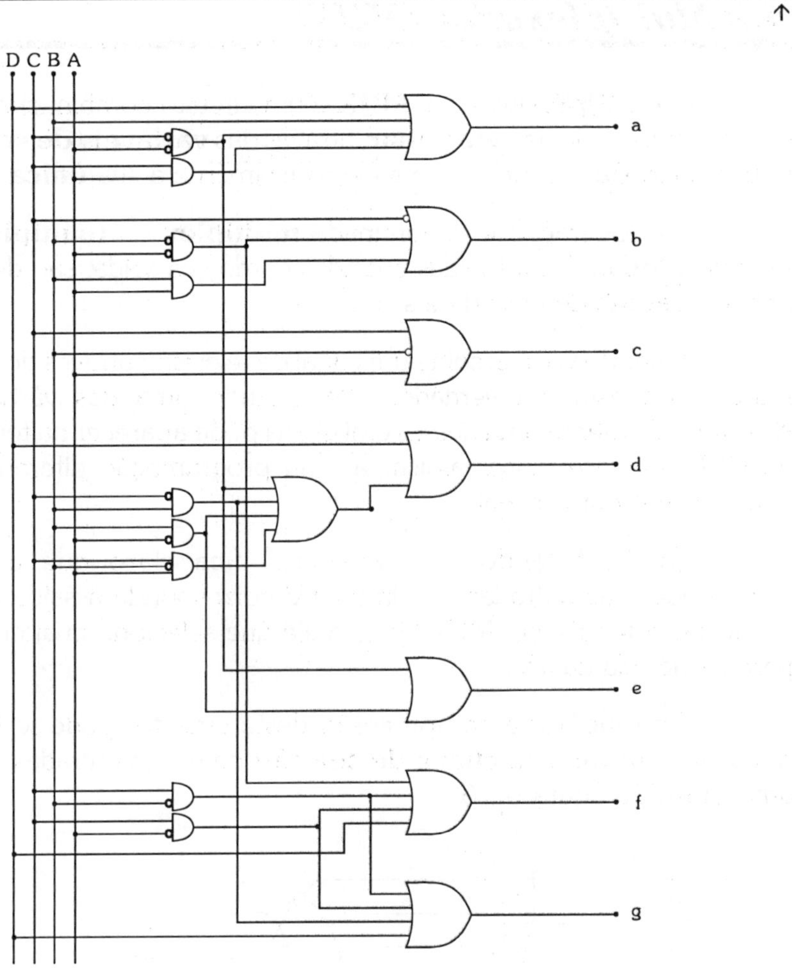

Figura 4.15 - Circuito Lógico do Decodificador BCD-7 Segmentos para Display Catodo Comum

4.2 Multiplexador (MUX)

O **multiplexador** ou **MUX** é um circuito combinacional dedicado que tem a finalidade de **selecionar**, através das **variáveis de seleção**, **uma** de suas **entradas**, conectando-a eletronicamente à sua **única saída**.

Esta operação é denominada **multiplex** ou **multiplexação** que significa **seleção** e, tanto suas entradas como sua saída, são denominadas, também, **canais** de entrada e saída.

Quando você escolhe um canal de televisão através do seu controle remoto você está, na verdade, selecionando uma das várias emissoras existentes . Somente uma dessas emissoras pode aparecer na tela da sua TV, não é? E, se você quiser assistir a uma programação diferente, terá que selecionar um outro canal.

Então, fazendo uma analogia, fica claro que as emissoras correspondem às entradas, a tela da TV corresponde à saída e o controle remoto faz a função do MUX, pois é ele que seleciona qual emissora deve aparecer na tela da TV.

Para facilitar a compreensão deste circuito, pode-se fazer, ainda, uma analogia com uma **chave de seleção** de várias entradas e uma saída, como mostra a figura 4.16.

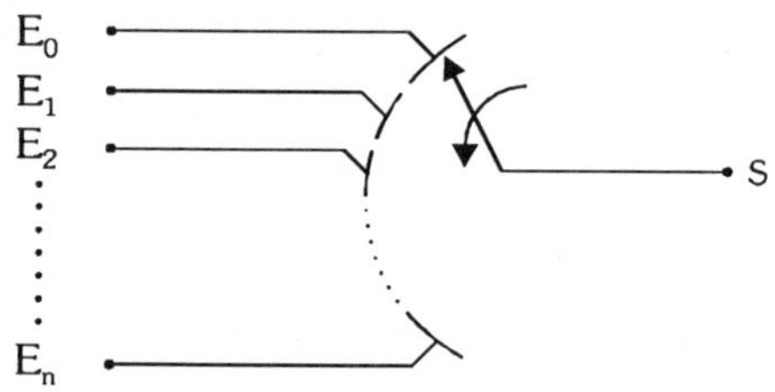

Figura 4.16 - Chave de Seleção de n Entradas

Genericamente, um MUX pode ser representado pelo modelo mostrado na figura 4.17.

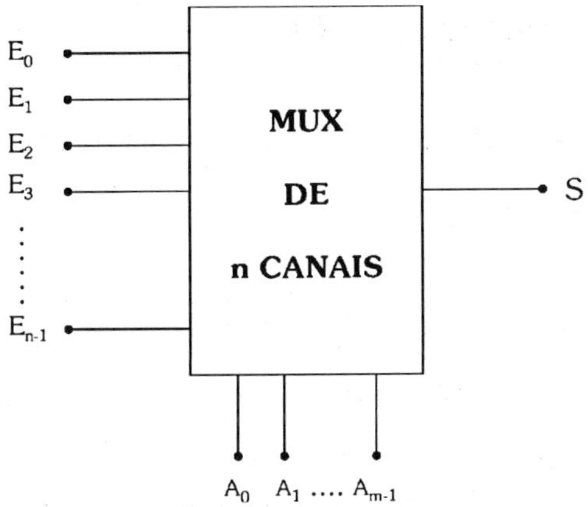

Figura 4.17 - Modelo Genérico de um MUX

Como trata-se de um circuito digital, o número de entradas está logicamente relacionado com o número de variáveis de seleção, ou seja:

$$\mathbf{n = 2^m}$$

onde:

n → número de canais de entrada

m → número de variáveis de seleção

Exemplos:

a) Um MUX com duas variáveis de seleção **(m = 2)** pode ser codificado de quatro modos diferentes **(00 - 01 - 10 - 11)** e, portanto, ele possui quatro canais de entrada **(**$\mathbf{n = 2^2 = 4}$**)**.

b) Um MUX com três variáveis de seleção **(m = 3)** pode ser codificado de oito modos diferentes **(000 - 001 - 010 - 011 - 100 - 101 - 110 - 111)** e, portanto, ele possui oito canais de entrada **(**$\mathbf{n = 2^3 = 8}$**)**.

O MUX tem inúmeras aplicações nos sistemas digitais, porém, as principais são:

- Seleção de informações digitais para um determinado circuito;
- Seleção de informações digitais para serem transmitidas a um outro sistema digital;
- Serialização de informações de vários bits;
- Implementação de expressões booleanas.

Estas aplicações serão analisadas mais adiante neste capítulo, pois, antes de tudo, é necessário estudar o funcionamento e o projeto dos circuitos multiplexadores.

MUX de Dois Canais

Um MUX de dois canais ou entradas (n = 2) precisa de apenas uma variável de seleção (m = 1), pois:

$$\mathbf{n = 2^m = 2^1 = 2}$$

Como a seleção das entradas não depende do nível lógico das mesmas, a tabela-verdade que representa o funcionamento deste multiplexador deve ter na coluna da saída, ao invés de níveis lógicos, o nome das variáveis de entrada, como mostra a figura 4.18.

A	S
0	E_0
1	E_1

onde:

E_n → entradas

A → variável de seleção

S → saída

Figura 4.18 - Tabela-Verdade do MUX de Dois Canais

Desta forma, a expressão booleana da saída pode ser escrita como segue:

$$\mathbf{S = \overline{A}.E_0 + A.E_1}$$

Sendo assim, o circuito lógico do MUX de dois canais, fica como está mostrado na figura 4.19.

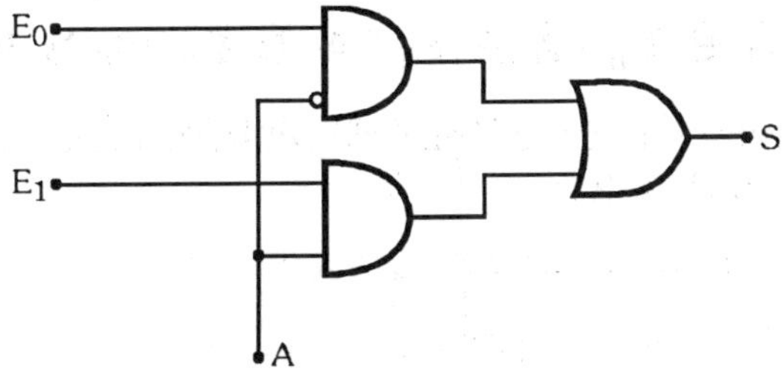

Figura 4.19 - Circuito Lógico do MUX de Dois Canais

OBSERVAÇÃO:

- Os índices das entradas representam, no sistema decimal, os códigos das variáveis de seleção correspondentes no sistema binário e, portanto, é importante sempre destacar qual variável é a mais significativa (MSB) e qual é a menos significativa (LSB).

MUX de Quatro Canais

Um MUX de quatro canais ou entradas (n = 4) precisa de duas variáveis de seleção (m = 2), pois:

$$\mathbf{n = 2^m = 2^2 = 4}$$

Neste caso, a tabela-verdade que representa o funcionamento deste multiplexador fica, como mostra a figura 4.20.

A	B	C
0	0	E_0
0	1	E_1
1	0	E_2
1	1	E_3

Onde:

E_n → entradas

A e B → variáveis de seleção

S → saída

Figura 4.20 - Tabela-Verdade do MUX de Quatro Canais

Desta forma, a expressão booleana da saída pode ser escrita como segue:

$$S = \overline{A}.\overline{B}.E_0 + \overline{A}.B.E_1 + A.\overline{B}.E_2 + A.B.E_3$$

Sendo assim, o circuito lógico do MUX de quatro canais, fica como está mostrado na figura 4.21.

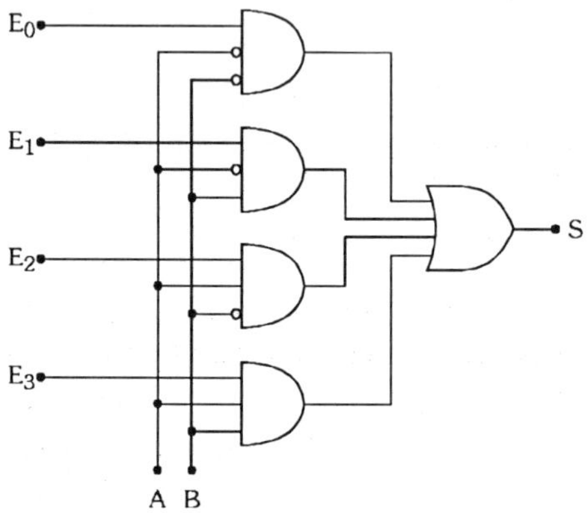

Figura 4.21 - Circuito Lógico do MUX de Quatro Canais

MUX de Oito e Dezesseis Canais

O processo para o projeto dos multiplexadores de oito e dezesseis canais é exatamente o mesmo que o utililizado nos anteriores, não sendo, portanto, necessário repeti-lo aqui.

Porém, o multiplexador, por ser um circuito muito importante, é considerado um subsistema digital com uma representação característica, como mostram as figuras 4.22 e 4.23, que correspondem aos multiplexadores de oito e dezesseis canais com suas respectivas tabelas-verdade.

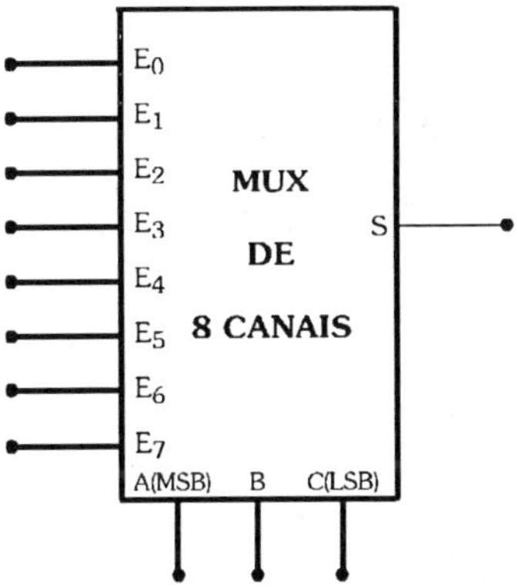

A	B	C	S
0	0	0	E_0
0	0	1	E_1
0	1	0	E_2
0	1	1	E_3
1	0	0	E_4
1	0	1	E_5
1	1	0	E_6
1	1	1	E_7

Figura 4.22 - Bloco Lógico e Tabela-Verdade do MUX de Oito Canais

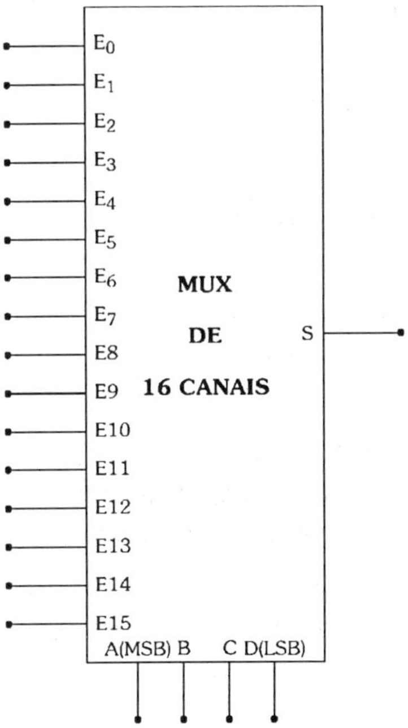

A	B	C	D	S
0	0	0	0	E_0
0	0	0	1	E_1
0	0	1	0	E_2
0	0	1	1	E_3
0	1	0	0	E4
0	1	0	1	E_5
0	1	1	0	E_6
0	1	1	1	E_7
1	0	0	0	E_8
1	0	0	1	E_9
1	0	1	0	E_{10}
1	0	1	1	E_{11}
1	1	0	0	E_{12}
1	1	0	1	E_{13}
1	1	1	0	E_{14}
1	1	1	1	E_{15}

Figura 4.23 - Bloco Lógico e Tabela-Verdade do MUX de Dezesseis Canais

Exemplo de Aplicação - Sistema de Seleção de Computadores:

No Laboratório de Eletrônica de uma escola técnica existem quatro computadores para elaboração de relatórios, material didático, esquemas elétricos, lay-out para circuito impresso, nota de provas etc. Todos utilizam uma única impressora para a impressão dos trabalhos realizados. O estagiário de eletrônica Rosesberto, recentemente contratado para acompanhar o técnico eletrônico Belarmino, cansado de conectar e desconectar o cabo da impressora dos computadores, sugeriu um sistema eletrônico de seleção de computadores para ligação à impressora controlado por um teclado, como mostra o seguinte diagrama de blocos:

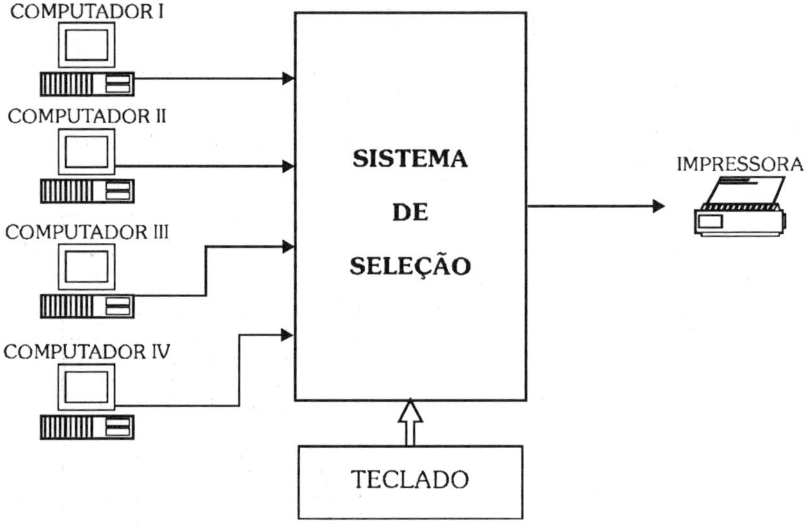

OBSERVAÇÕES:

- Apenas para efeito didático, supõe-se que a conexão entre o computador e a impressora seja realizada por um único fio.
- Mais adiante, ficará claro que isto pode ser feito mesmo para cabos com vários fios, através da associação de multiplexadores.

Belarmino aceitou a idéia, mas teve dificuldades em pensar num circuito simples e barato que pudesse resolver o problema e incumbiu o estagiário para a realização deste projeto.

Como Rosesberto acabara de estudar este capítulo, não só aceitou o desafio, como de imediato começou a pensar no projeto:

↓

↑

"Ora, se eu utilizar um multiplexador de quatro canais, tendo como sinais de entrada as informações digitais que os computadores enviam à impressora, deixando-a constantemente ligada na saída, basta projetar um circuito codificador que liga o teclado às variáveis de seleção deste multiplexador."

Entusiasmado com sua perspicácia, Rosesberto redesenhou o diagrama de blocos proposto inicialmente:

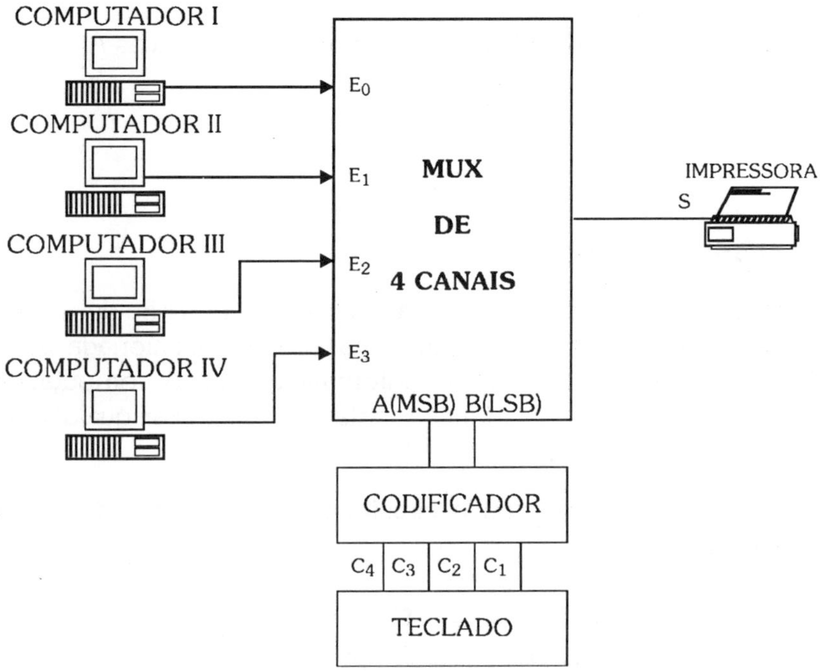

Rosesberto iniciou, então, o projeto, preocupando-se inicialmente com o codificador do teclado de seleção, formado por quatro chaves as quais chamou de C_1, C_2, C_3 e C_4 correspondentes aos quatro computadores, e montou a seguinte tabela-verdade.

↓

↑

C_4	C_3	C_2	C_1	A	B
0	0	0	1	0	0
0	0	1	0	0	1
0	1	0	0	1	0
1	0	0	0	1	1

Da tabela-verdade, ele tirou as expressões das saídas A e B, como seguem:

$$A = C_3 + C_4$$

$$B = C_2 + C_4$$

OBSERVAÇÃO:

Pelas expressões das saídas, verifica-se que elas não dependem da variável de entrada C_1, ou seja, se nenhuma tecla estiver acionada, as saídas A e B estarão em 0, conectando automaticamente o computador I à impressora. A tecla C_1 tem a função, então, de destravar qualquer outra tecla que estiver acionada.

Com isso, ele montou o circuito lógico correspondente, como mostra a figura a seguir:

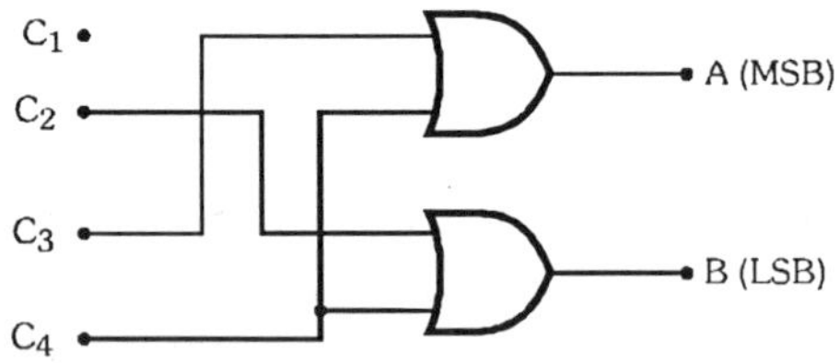

↓

↑

Rosesberto pegou o circuito do MUX de quatro canais, solicitou alguns circuitos integrados ao almoxarife e montou o circuito mostrado na figura a seguir:

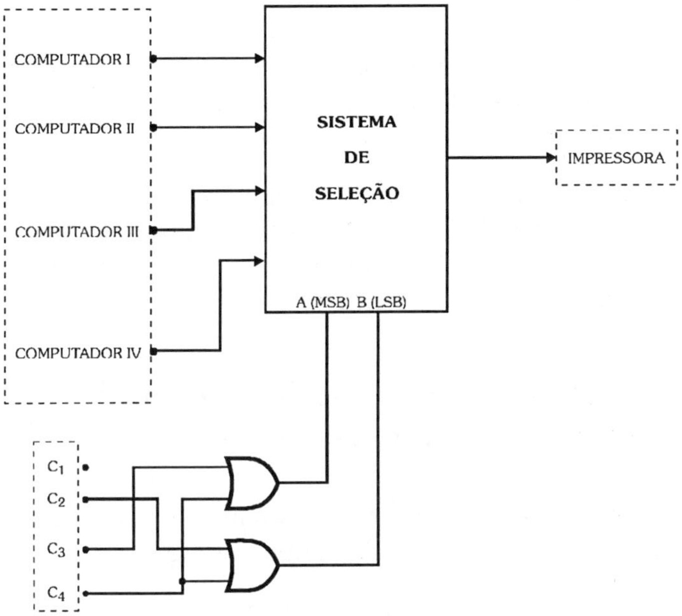

Associação de Multiplexadores

Os multiplexadores podem ser encontrados já prontos em circuitos integrados comerciais, porém, o número de canais de entrada é limitado pela tecnologia de fabricação.

O que podemos fazer quando necessitamos de um MUX com uma quantidade de canais de entrada maior do que os encontrados comercialmente ou quando necessitamos multiplexar vários canais simultaneamente?

A solução é bastante simples: basta fazer a associação conveniente de vários multiplexadores de forma a ampliar o número de canais de entrada para uma única saída ou ampliar o número de saídas para se obter mais de um canal de entrada ativos simultaneamente.

Associação Paralela de Multiplexadores (Ampliação de Canais Simultâneos de Entrada)

Esta associação é importante quando se necessita selecionar informações digitais de vários bits simultaneamente.

Para isto, basta utilizar MUX com um número de canais de entrada igual ao número de informações a serem multiplexadas sendo o número de MUX igual ao número de bits destas informações.

Exemplo:

Deseja-se multiplexar 4 informações diferentes (I_1, I_2, I_3 e I_4), cada uma composta de 3 bits (I_{11} , I_{12} , I_{13} ; I_{21} , I_{22} , I_{23} ; ...), para que apenas uma informação de 3 bits esteja na saída.

Assim, o circuito de multiplexação pode ser implementado com 3 MUX de 4 entradas, como mostra a figura 4.24.

↓

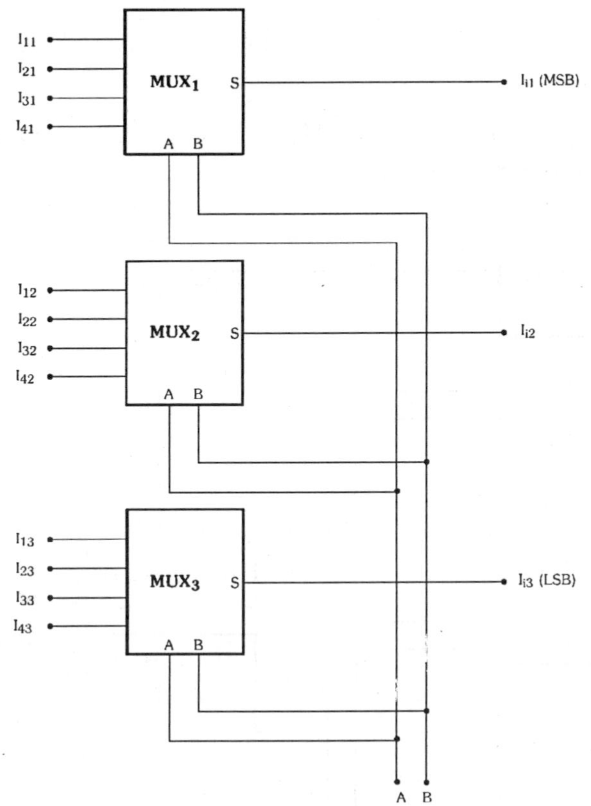

Figura 4.24 - Multiplexação de 4 Informações de 3 Bits

OBSERVAÇÃO:

- A comunicação entre computador e impressora é feita, normalmente, com informações de vários bits e, portanto, o Sistema de Seleção de Computadores projetado anteriormente, poderia ser reprojetado utilizando-se o conceito de associação paralela de multiplexadores.

Associação Série de Multiplexadores (Ampliação da Capacidade de Canais de Entrada)

A associação série de multiplexadores é uma variação da associação paralela analisada anteriormente, pois, para ampliar a capacidade de canais de entrada, basta multiplexar os MUX de entrada através de um MUX de saída.

Exemplo:

Deseja-se obter um MUX de 16 canais utilizando apenas MUX de 4 canais.

Para isto, basta utilizar um MUX de saída multiplexando 4MUX de entrada, como mostra a figura 4.25.

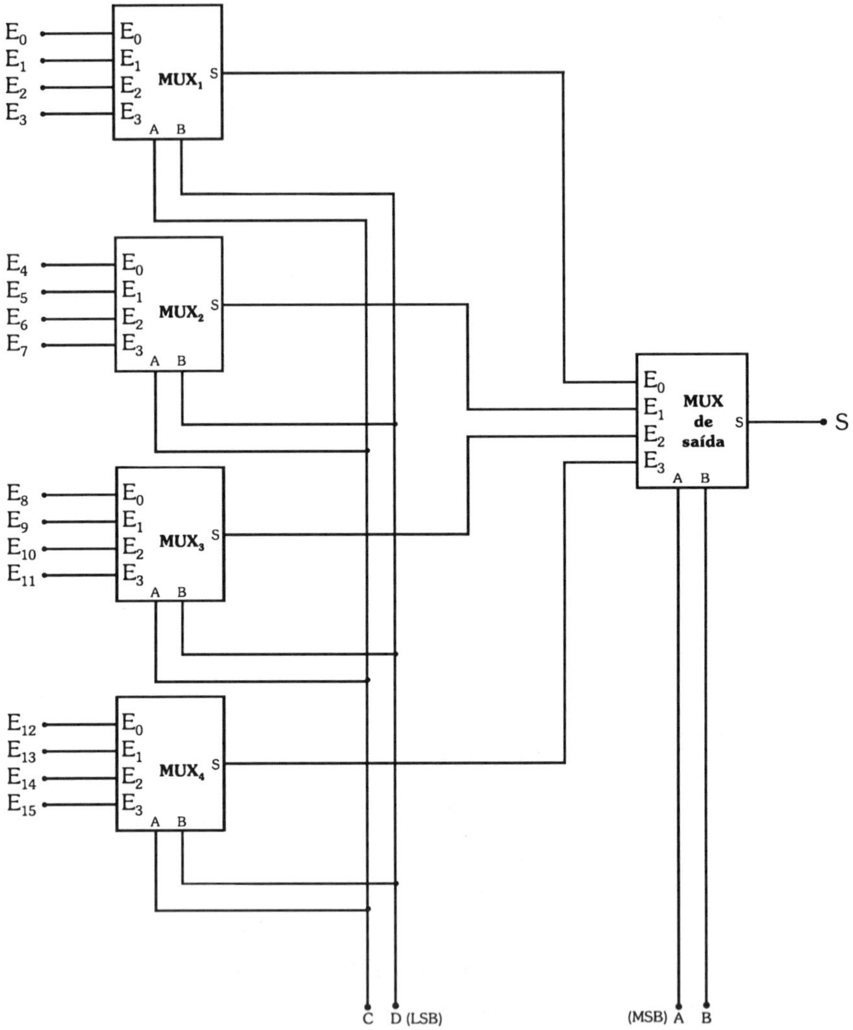

Figura 4.25 - MUX de 16 Canais obtido por Associação Série

↓

Note que as variáveis de seleção do MUX resultante são A, B, C e D, sendo a variável A o bit mais significativo (MUX de saída) e a variável D o bit menos significativo (MUX de entrada).

Desta forma, a tabela-verdade correspondente é mostrada na figura a seguir:

	A	B	C	D	S
MUX_1	0	0	0	0	E_0
	0	0	0	1	E_1
	0	0	1	0	E_2
	0	0	1	1	E_3
MUX_2	0	1	0	0	E_4
	0	1	0	1	E_5
	0	1	1	0	E_6
	0	1	1	1	E_7
MUX_3	1	0	0	0	E_8
	1	0	0	1	E_9
	1	0	1	0	E_{10}
	1	0	1	1	E_{11}
MUX_4	1	1	0	0	E_{12}
	1	1	0	1	E_{13}
	1	1	1	0	E_{14}
	1	1	1	1	E_{15}

Implementação de Expressões Booleanas por MUX

Para encerrar este assunto sobre multiplexadores, vamos explorá-lo ainda um pouquinho, para mostrar como é possível , com um único MUX, isto é, um único circuito integrado, implementar uma expressão booleana cujo circuito lógico necessitaria de várias portas lógicas, isto é, vários circuitos integrados para ser implementado.

Exemplo de Aplicação - Implementação de Circuito Combinacional com MUX:

Deseja-se implementar o circuito lógico correspondente à expressão booleana $S = \overline{X} \cdot \overline{Y} + \overline{X} \cdot Y$

Como esta expressão apresenta apenas duas variáveis (X e Y), pode-se implementá-la utilizando-se um MUX de duas variáveis de seleção, bastando para isso, associá-las às variáveis de entrada da expressão booleana e fixar as entradas do MUX de acordo com a saída correspondente a cada combinação de entrada.

Assim, primeiramente deve-se levantar a tabela-verdade relativa à expressão que se deseja implementar, relacionando sua saída com a entrada do MUX:

X	Y	S	Entrada do MUX
0	0	1	E_0
0	1	1	E_1
1	0	0	E_2
1	1	0	E_3

Desta forma, o circuito lógico correspondente fica como segue:

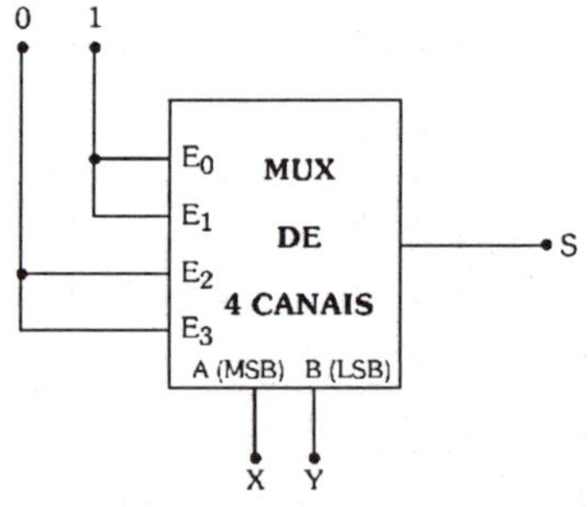

Fácil, não é?

Mas, e quando a expressão que se deseja implementar tem um número de variáveis de entrada maior que o número de variáveis de seleção do MUX disponível?

Para tudo dá-se um jeitinho!

É muito comum num projeto de sistema digital subutilizar-se os circuitos integrados, principalmente aqueles relativos às portas lógicas, já que nem sempre todas elas são necessárias.

Caso seja necessário implementar um circuito combinacional com um número de entradas superior ao número de variáveis de seleção do MUX disponível, pode-se utilizar de um artifício chamado **variável auxiliar**, que permite esta implementação usando, no máximo, um INVERSOR, além do MUX disponível.

Exemplo de Aplicação - Implementação de Circuito Combinacional com MUX e um INVERSOR:

Deseja-se implementar o circuito correspondente à expressão booleana a seguir utilizando-se apenas um MUX de oito canais e, no máximo, uma porta INVERSORA:

$$S = X.\overline{Z}.\overline{W} + \overline{X}.Y.\overline{W} + X.\overline{Y}.W + \overline{X}.\overline{Z}.W$$

A tabela-verdade correspondente a esta expressão está mostra a seguir:

X	Y	Z	W	S
0	0	0	0	0
0	0	0	1	1
0	0	1	0	0
0	0	1	1	0
0	1	0	0	1
0	1	0	1	1
0	1	1	0	1
0	1	1	1	0
1	0	0	0	1
1	0	0	1	1
1	0	1	0	0
1	0	1	1	1
1	1	0	0	1
1	1	0	1	0
1	1	1	0	0
1	1	1	1	0

↓

Como a expressão booleana apresenta **quatro** variáveis de entrada e o MUX de oito canais disponível possui **três** variáveis de seleção, relacionam-se as três variáveis de entrada mais significativas da expressão (X, Y e Z) às variáveis de seleção do MUX e considera-se a variável de entrada menos significativa (W) uma **variável auxiliar** do circuito.

Então, compara-se, para cada duas linhas subseqüentes da tabela-verdade, o valor da saída com o valor da variável auxiliar W, obtendo-se uma relação lógica, como mostra a seguinte tabela-verdade.

Variável Auxiliar ⇓

X	Y	Z	W	S	S = F(W)
0	0	0	0	0	S=W (E_0)
0	0	0	1	1	
0	0	1	0	0	S=0 (E_1)
0	0	1	1	0	
0	1	0	0	1	S=1 (E_2)
0	1	0	1	1	
0	1	1	0	1	S=$\overline{W}$ (E_3)
0	1	1	1	0	
1	0	0	0	1	S=1 (E_4)
1	0	0	1	1	
1	0	1	0	0	S=W (E_5)
1	0	1	1	1	
1	1	0	0	1	S=$\overline{W}$ (E_6)
1	1	0	1	0	
1	1	1	0	0	S=0 (E_7)
1	1	1	1	0	

↑

Desta forma, pode-se obter o circuito lógico correspondente, utilizando-se um MUX de três variáveis de seleção e um INVERSOR:

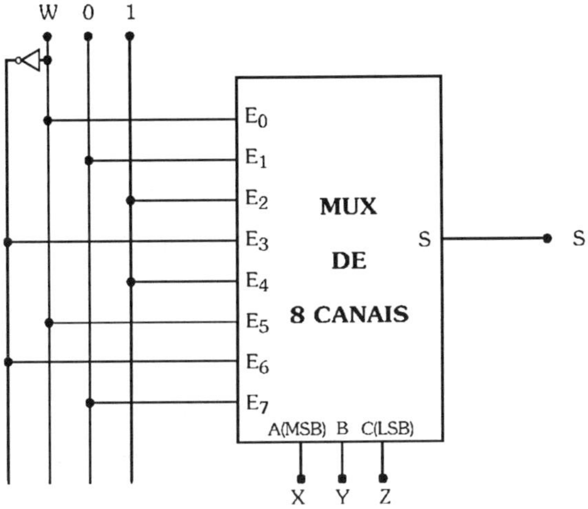

4.3 Demultiplexador (DEMUX)

O **demultiplexador** ou **DEMUX** é um circuito combinacional dedicado que tem a finalidade de **selecionar**, através das **variáveis de seleção**, qual de suas **saídas** deve receber a informação presente em sua **única entrada**.

Ele faz, portanto, a operação inversa da realizada pelo MUX.

Para facilitar a compreensão deste circuito, pode-se fazer, ainda, uma analogia com uma **chave de seleção** de uma entrada e várias saídas, como mostra a figura 4.26.

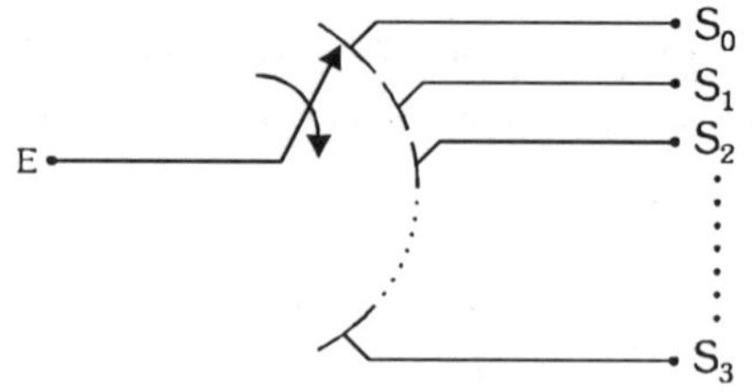

Figura 4.26 - Chave de Seleção de n Saídas

Genericamente, um DEMUX pode ser representado pelo modelo mostrado na figura 4.27.

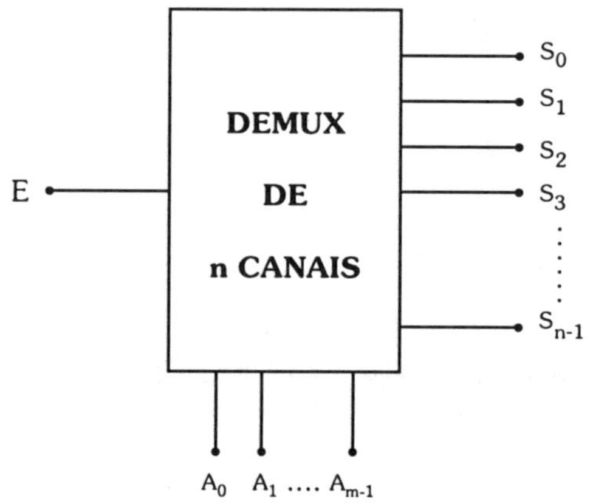

Figura 4.27 - Modelo Genérico de um DEMUX

Como trata-se de um circuito digital, o número de saídas está logicamente relacionado com o número de variáveis de seleção, ou seja:

$$\mathbf{n = 2^m}$$

onde:

n → número de canais de saída

m → número de variáveis de seleção

Exemplos:

a) Um DEMUX com duas variáveis de seleção **(m = 2)** pode ser codificado de quatro modos diferentes **(00 - 01 - 10 - 11)** e, portanto, ele possui quatro canais de saída **(n = 2^2 = 4)**.

b) Um DEMUX com três variáveis de seleção **(m = 3)** pode ser codificado de oito modos diferentes **(000 - 001 - 010 - 011 - 100 - 101 - 110 - 111)** e, portanto, ele possui oito canais de saída **(n = 2^3 = 8)**.

O DEMUX tem inúmeras aplicações nos sistemas digitais, porém, as principais são:

- Seleção de circuitos que devem receber uma determinada informação digital;
- Conversão de informação serial em paralela;
- Recepção e demultiplexação de informações de forma compatível com o sistema de multiplexação.

Estas aplicações serão analisadas mais adiante neste capítulo pois, antes de tudo, é necessário estudar o funcionamento e o projeto dos circuitos demultiplexadores.

DEMUX de Dois Canais

Um DEMUX de dois canais ou saídas (n = 2) precisa de apenas uma variável de seleção (m = 1), pois:

$$\mathbf{n = 2^m = 2^1 = 2}$$

Como a seleção das saídas não depende do nível lógico de entrada, a tabela-verdade que representa o funcionamento deste demultiplexador deve ter nas colunas das saídas, um nível lógico fixo quando a saída não é a selecionada (normalmente 0) e o nome da variável de entrada caso seja a saída selecionada, como mostra a figura 4.28.

A	S_0	S_1
0	E	0
1	0	E

onde:

E → entrada

A → variável de seleção

S_n → saídas

Figura 4.28 - Tabela-Verdade do DEMUX de Dois Canais

Desta forma, as expressões booleanas das saídas podem ser escritas como seguem:

$$\mathbf{S_0 = E.\overline{A}}$$
$$\mathbf{S_1 = E.A}$$

Sendo assim, o circuito lógico do DEMUX de dois canais, fica como está mostrado na figura 4.29.

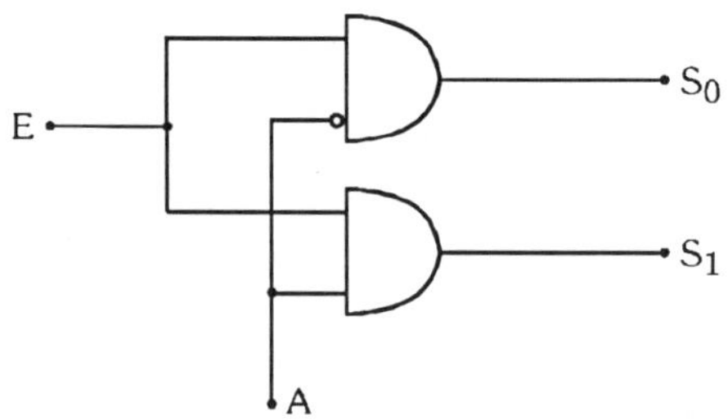

Figura 4.29 - Circuito Lógico do DEMUX de Dois Canais.

OBSERVAÇÃO:

- Os índices das saídas representam, no sistema decimal, os códigos das variáveis de seleção correspondentes no sistema binário e, portanto, é importante sempre destacar qual variável é a mais significativa (MSB) e qual é a menos significativa (LSB).

DEMUX de Quatro Canais

Um DEMUX de quatro canais ou saídas (n = 4) precisa de duas variáveis de seleção (m = 2), pois:

$$n = 2^m = 2^2 = 4$$

Neste caso, a tabela-verdade que representa o funcionamento deste demultiplexador fica, como mostra a figura 4.30.

A	B	S_0	S_1	S_2	S_3
0	0	E	0	0	0
0	1	0	E	0	0
1	0	0	0	E	0
1	1	0	0	0	E

Figura 4.30 - Tabela-Verdade do DEMUX de Quatro Canais

Desta forma, as expressões booleanas das saídas podem ser escritas como seguem:

$$\mathbf{S_0 = E.\overline{A}.\overline{B}}$$

$$\mathbf{S_1 = E.\overline{A}.B}$$

$$\mathbf{S_2 = E.A.\overline{B}}$$

$$\mathbf{S_3 = E.A.B}$$

Sendo assim, o circuito lógico do DEMUX de quatro canais, fica como está mostrado na figura 4.31.

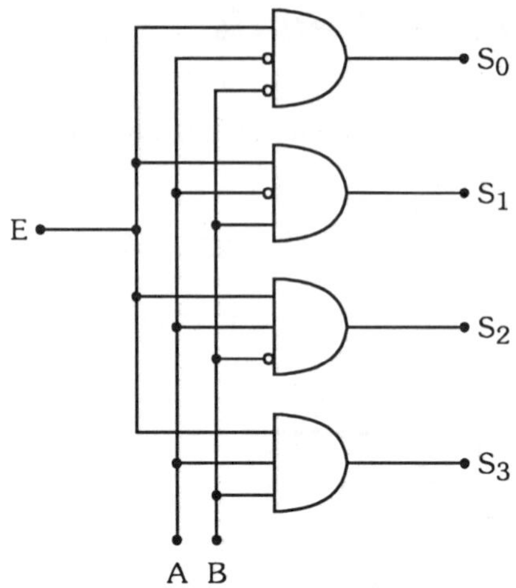

Figura 4.31 - Circuito Lógico do DEMUX de Quatro Canais

DEMUX de Oito e Dezesseis Canais

O processo para o projeto dos demultiplexadores de oito e dezesseis canais é exatamente o mesmo que o utililizado nos anteriores, não sendo, portanto, necessário repeti-lo aqui.

Porém, o demultiplexador, por ser um circuito muito importante, é considerado um subsistema digital com uma representação característica, como mostram as figuras 4.32 e 4.33, que correspondem aos demultiplexadores de oito e dezesseis canais com suas respectivas tabelas-verdade.

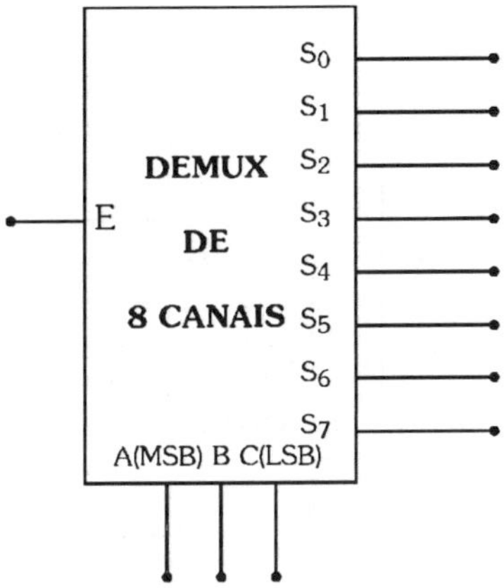

A	B	C	S_0	S_1	S_2	S_3	S_4	S_5	S_6	S_7
0	0	0	E	0	0	0	0	0	0	0
0	0	1	0	E	0	0	0	0	0	0
0	1	0	0	0	E	0	0	0	0	0
0	1	1	0	0	0	E	0	0	0	0
1	0	0	0	0	0	0	E	0	0	0
1	0	1	0	0	0	0	0	E	0	0
1	1	0	0	0	0	0	0	0	E	0
1	1	1	0	0	0	0	0	0	0	E

Figura 4.32 - Bloco Lógico e Tabela-Verdade do DEMUX de Oito Canais

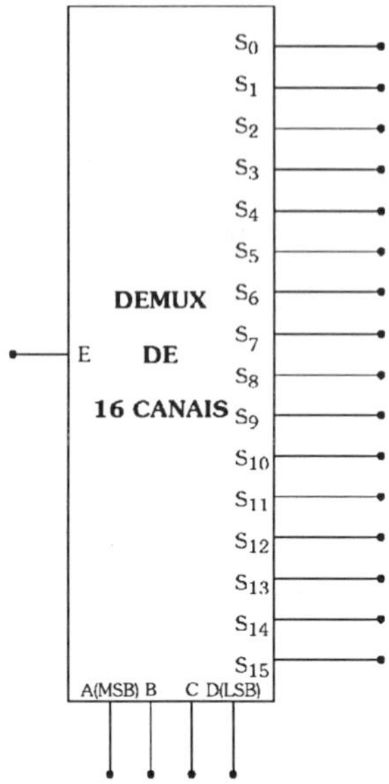

A	B	C	D	S_0	S_1	S_2	S_3	S_4	S_5	S_6	S_7	S_8	S_9	S_{10}	S_{11}	S_{12}	S_{13}	S_{14}	S_{15}
0	0	0	0	E	0	0	0	0	0	0	0	0	0	0	0	0	0	0	0
0	0	0	1	0	E	0	0	0	0	0	0	0	0	0	0	0	0	0	0
0	0	1	0	0	0	E	0	0	0	0	0	0	0	0	0	0	0	0	0
0	0	1	1	0	0	0	E	0	0	0	0	0	0	0	0	0	0	0	0
0	1	0	0	0	0	0	0	E	0	0	0	0	0	0	0	0	0	0	0
0	1	0	1	0	0	0	0	0	E	0	0	0	0	0	0	0	0	0	0
0	1	1	0	0	0	0	0	0	0	E	0	0	0	0	0	0	0	0	0
0	1	1	1	0	0	0	0	0	0	0	E	0	0	0	0	0	0	0	0
1	0	0	0	0	0	0	0	0	0	0	0	E	0	0	0	0	0	0	0
1	0	0	1	0	0	0	0	0	0	0	0	0	E	0	0	0	0	0	0
1	0	1	0	0	0	0	0	0	0	0	0	0	0	E	0	0	0	0	0
1	0	1	1	0	0	0	0	0	0	0	0	0	0	0	E	0	0	0	0
1	1	0	0	0	0	0	0	0	0	0	0	0	0	0	0	E	0	0	0
1	1	0	1	0	0	0	0	0	0	0	0	0	0	0	0	0	E	0	0
1	1	1	0	0	0	0	0	0	0	0	0	0	0	0	0	0	0	E	0
1	1	1	1	0	0	0	0	0	0	0	0	0	0	0	0	0	0	0	E

Figura 4.33 - Bloco Lógico e Tabela-Verdade do DEMUX de Dezesseis Canais

Associação de Demultiplexadores

Os demultiplexadores podem ser encontrados já prontos em circuitos integrados comerciais, porém, o número de canais de saída é limitado pela tecnologia de fabricação.

O que podemos fazer quando necessitamos de um DEMUX com uma quantidade de canais de saida maior do que os encontrados comercialmente ou quando necessitamos demultiplexar informações de vários bits?

A solução é bastante simples: basta fazer a associação conveniente de vários demultiplexadores de forma a ampliar o número de canais de saída para uma única entrada ou ampliar o número de entradas para se obter mais de um canal de saída ativas simultaneamente.

Associação Paralela de Demultiplexadores (Ampliação de Canais Simultâneos de Saída)

Esta associação é importante quando se necessita demultiplexar informações digitais de vários bits simultaneamente.

Para isto, basta utilizar DEMUX com um número de canais de saída igual ao número de informações a serem demultiplexadas sendo o número de DEMUX igual ao número de bits destas informações.

Exemplo:

Deseja-se demultiplexar 4 informações diferentes (I_1, I_2, I_3 e I_4)), cada uma composta de 3 bits (I_{11} , I_{12} , I_{13} ; I_{21} , I_{22} , I_{23} ; ...).

Assim, o circuito de demultiplexação pode ser implementado com 3 DEMUX de 4 saídas, como mostra a figura 4.34.

↓

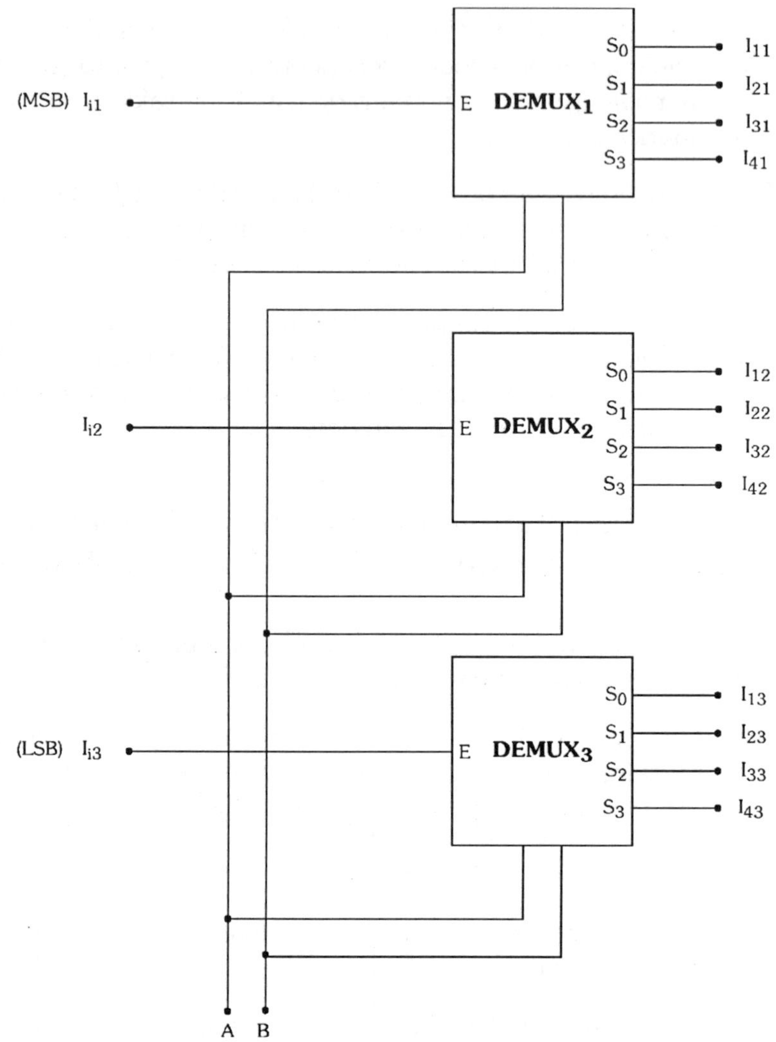

Figura 4.34 - Demultiplexação de 4 Informações de 3 Bits

Associação Série de Demultiplexadores (Ampliação da Capacidade de Canais de Saída)

A associação série de demultiplexadores é uma variação da associação paralela analisada anteriormente pois, para ampliar a capacidade de canais de saída, basta ligar os DEMUX de saída em um DEMUX de entrada.

Exemplo:

Deseja-se obter um DEMUX de 8 canais utilizando DEMUX de 4 canais e de 2 canais.

Para isto, basta utilizar um DEMUX de entrada demultiplexando a informação de entrada para 2 DEMUX de saída, como mostra a figura 4.35.

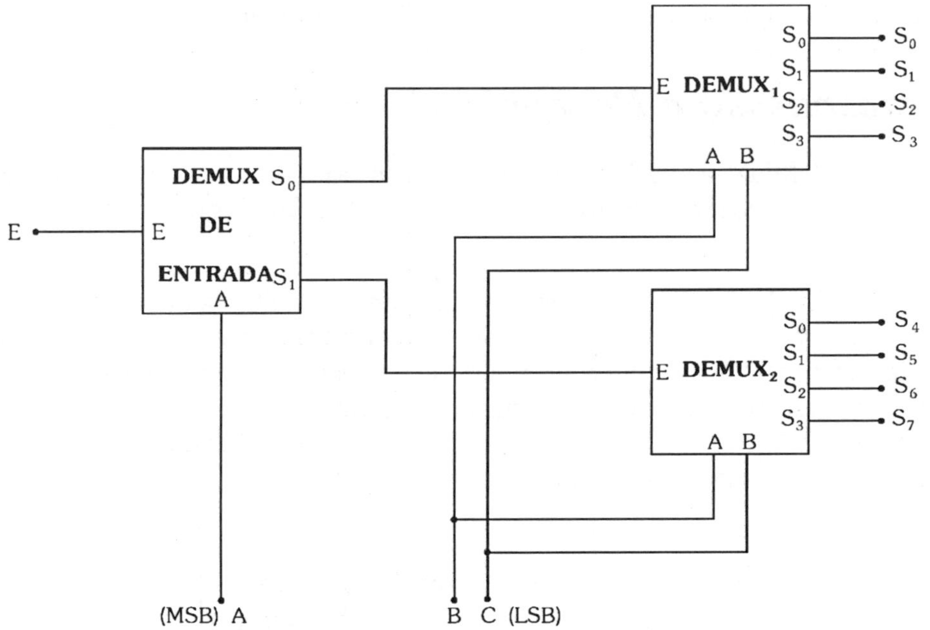

Figura 4.35 - DEMUX de 8 Canais obtido por Associação Série

Desta forma, a tabela-verdade correspondente é mostrada na figura a seguir:

↓

	A	B	C	S_0	S_1	S_2	S_3	S_4	S_5	S_6	S_7
$DEMUX_1$	0	0	0	E	0	0	0	0	0	0	0
	0	0	1	0	E	0	0	0	0	0	0
	0	1	0	0	0	E	0	0	0	0	0
	0	1	1	0	0	0	E	0	0	0	0
$DEMUX_2$	1	0	0	0	0	0	0	E	0	0	0
	1	0	1	0	0	0	0	0	E	0	0
	1	1	0	0	0	0	0	0	0	E	0
	1	1	1	0	0	0	0	0	0	0	E

Note que as variáveis de seleção do DEMUX resultante são A, B e C, sendo a variável A o bit mais significativo (DEMUX de entrada) e a variável C o bit menos significativo (DEMUX de saída).

Transmissão e Recepção de Dados

O MUX e o DEMUX são muito importantes para realização de transmissão e recepção de informações digitais (ou dados, como também são chamadas).

Esta importância se justifica pelo fato de, muitas vezes, se dispor de um único canal de comunicação para a **transmissão** de informações de fontes diferentes, o que pode ser realizada pelo **MUX**, e **recepção** de várias informações, em intervalos de tempo diferentes, por um único canal de comunicação, que podem ser separadas por um **DEMUX** para serem enviadas à sistemas digitais diferentes, como mostra a figura 4.36.

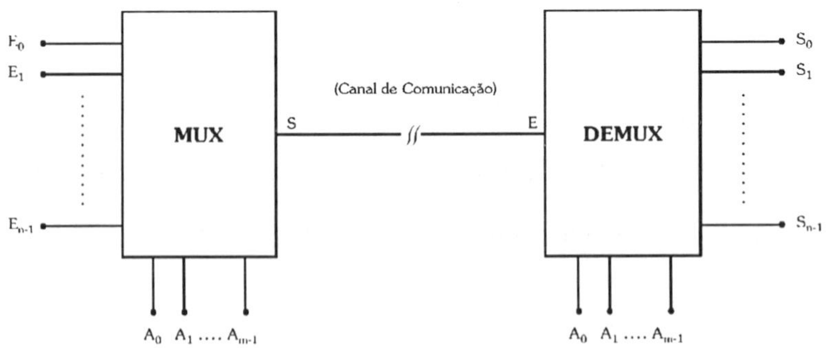

Figura 4.36 - Transmissão e Recepção de Dados por um Único Canal

Pela figura 4.36, pode-se notar que o dado presente na entrada E_0 do multiplexador deve ser transmitido, num determinado momento, pelo canal de comunicação para ser recebido pelo sistema conectado à saída S_0, o mesmo ocorrendo com E_1 em relação a S_1 e assim sucessivamente.

O mesmo ocorre quando se tem uma informação de vários bits para ser transmitida por um único canal de comunicação, ou seja, ela deve ser serializada pelo MUX e recuperada pelo DEMUX na forma original, isto é, paralela.

Em ambos os casos, as variáveis de seleção do MUX e do DEMUX devem estar sincronizadas para que uma informação chegue ao destino certo ou para que a recuperação de uma informação transmitida serialmente seja correta.

Fica claro, também, que a variável tempo é importante quando se pensa em transmissão e recepção de informações multiplexadas.

Exemplo:

A figura a seguir mostra uma informação de oito bits serializada por um MUX de oito canais com os valores que as variáveis de seleção devem assumir em cada instante.

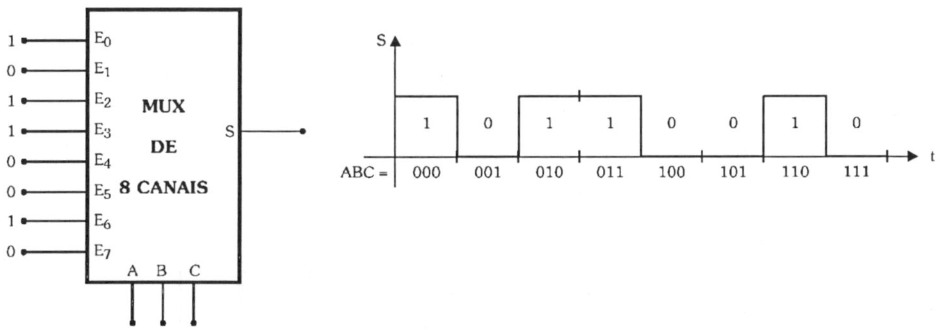

Para encerrar este assunto, vejamos um sistema de transmissão e recepção muito comum para comunicação de dados.

Exemplo de Aplicação - Comunicação entre Teclado e Computador:

A figura a seguir mostra o diagrama de blocos de um sistema de transmissão e recepção de dados entre um teclado e um computador.

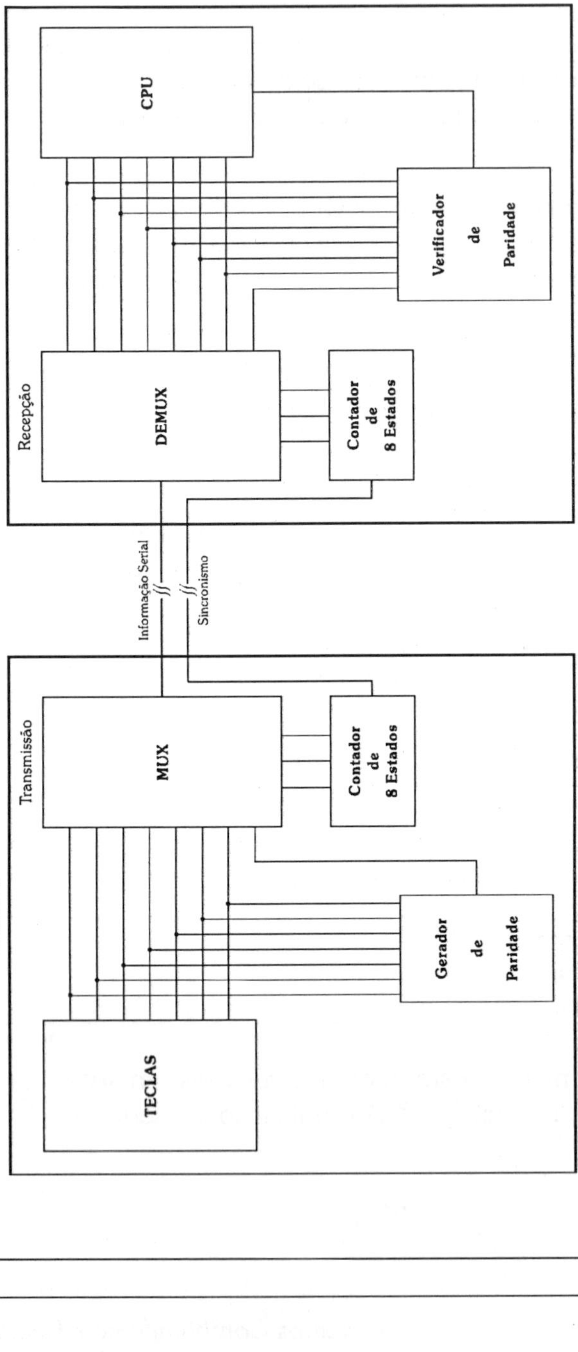

↓

↑

O **teclado** converte o acionamento das teclas para uma informação codificada em sete bits (ASCII).

Estas informações são transmitidas serialmente por um MUX para um computador, que as converte novamente para o modo paralelo por um DEMUX, para que elas possam ser processadas internamente pela CPU (Unidade Central de Processamento).

Porém, durante a transmissão de uma informação, pode ocorrer, por algum problema de interferência no cabo de comunicação, a inversão de um bit, ou seja, de 1 passar para 0 ou vice-versa, o que causaria um erro no seu processamento.

Para evitar que o computador processe incorretamente uma informação recebida, é comum utilizar no sistema de transmissão um circuito **gerador de paridade**, que fornece nível lógico **1** sempre que o número de bits 1 da informação é **ímpar** e fornece nível lógico **0** sempre que o número de bits 1 da informação é **par**, de forma que o **total de bits 1** a ser transmitido (informação + bit do gerador de paridade) seja **sempre par**.

Já, no computador, existe no sistema de recepção um circuito **verificador de paridade**, que fornece nível lógico **0** se o número de bits 1 da informação recebida é **par** e fornece nível lógico **1** se o número de bits 1 da informação recebida é **ímpar**. Este último caso corresponde a uma informação incorreta recebida pelo DEMUX, já que o gerador de paridade garante sempre um número par de bits 1.

Quando isto acontece, a CPU não processa a informação recebida, enviando ao monitor algum sinal de erro de recepção para que o usuário repita a operação.

Este bit de paridade é, portanto, incorporado à informação a ser transmitida pelo teclado ao computador, formando uma informação de oito bits (1 byte).

Além disso, tanto o sistema de transmissão como o de recepção têm um gerador seqüencial de níveis lógicos ligados às variáveis de seleção do MUX e do DEMUX.

↓

↑

Estes circuitos são denominados **contadores** e fornecem seqüencialmente em suas três saídas os códigos (000 - 001 - 010 - 011 - 100 - 101 - 110 - 111), ou seja, são contadores de oito estados, fazendo com que todos os bits presentes nas entradas do MUX cheguem às saídas do DEMUX.

Porém, deve-se garantir o sincronismo entre os dois contadores para que a multiplexação e demultiplexação sejam feitas coerentemente. Isto pode ser feito através de uma ligação entre os dois contadores através do canal de comunicação.

4.4 Somadores e Subtratores

Somadores e **subtratores** são circuitos combinacionais dedicados que executam, respectivamente, as operações aritméticas de **adição** e **subtração** no **sistema binário**. Estes circuitos fazem parte de um subsistema denominado ULA (**U**nidade **L**ógica e **A**ritmética) que, por sua vez, é a parte principal de uma calculadora eletrônica ou, ainda, do microprocessador, que é o cérebro de um computador. *Como você é bastante curioso, temos certeza que não perderá a oportunidade de aprender, mais tarde, o funcionamento destes preciosos dispositivos (ULA e microprocessador).*

Inicialmente, é necessário relembrar alguns conceitos estudados no capítulo 2.

Adição no Sistema Binário

A adição entre dois números binários pode ser representada como mostra a figura 4.37.

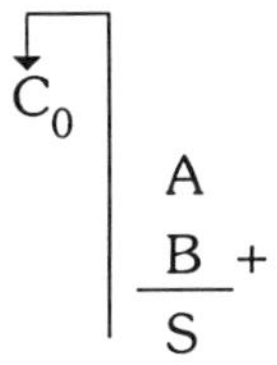

A	B	S	C_0
0	0	0	0
0	1	1	0
1	0	1	0
1	1	0	1

onde:

- A e B são as variáveis a serem somadas;
- S é o resultado da soma;
- C_o é o vai-um de saída ou carry-out.

Figura 4.37 - Representação e Tabela-Verdade da Adição no Sistema Numérico Binário

Exemplos:

a)
```
 1 1
   0 1
   1 1 +
 -------
 1 0 0
```

b)
```
 1 1 1 1 1 1 1 1
   1 0 1 1 1 0 0 1 1
   1 1 0 0 0 1 1 1 0 +
 -------------------
 1 1 0 0 0 0 0 0 0 1
```

Subtração no Sistema Binário

A subtração entre dois números binários pode ser representada como mostra a figura 4.38.

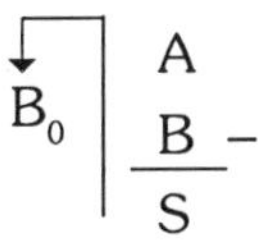

A	B	S	B_0
0	0	0	0
0	1	1	1
1	0	1	0
1	1	0	0

onde:

- A é o minuendo;
- B é o subtraendo;
- S é o resultado da subtração;
- B_o é o vem-um de saída ou borrow-out.

Figura 4.38 - Representação e Tabela-Verdade da Subtração no Sistema Numérico Binário

Exemplo:

$$\begin{array}{r} 1\ 0\ 1\ 1\ 1\ 0\ 1 \\ {}^{1}\ \ \ \ \ \ \ {}^{1}\ \ \ \ \ \ \\ 0\ 1\ 0\ 0\ 0\ 1\ 1\ - \\ \hline 0\ 1\ 1\ 1\ 0\ 1\ 0 \end{array}$$

OBSERVAÇÃO:

- Notar que as colunas que mostram os resultados das operações de adição e subtração nas suas respectivas tabelas-verdade são iguais, havendo diferença, apenas, nas colunas de carry-out (vai-um) e borrow-out (vem-um).

Circuito Meio Somador (Half Adder)

O circuito **meio somador (half adder)** básico é composto por duas entradas binárias A e B que representam os bits a serem somados, uma saída S que representa o resultado da soma e uma saída C_0 que representa o vai-um ou carry-out. O nome meio somador se origina do fato dele não realizar a soma do carry-out vindo de uma possível operação anterior.

A tabela-verdade e o diagrama de blocos da figura 4.39, representam esta operação.

A	B	S	C_0
0	0	0	0
0	1	1	0
1	0	1	0
1	1	0	1

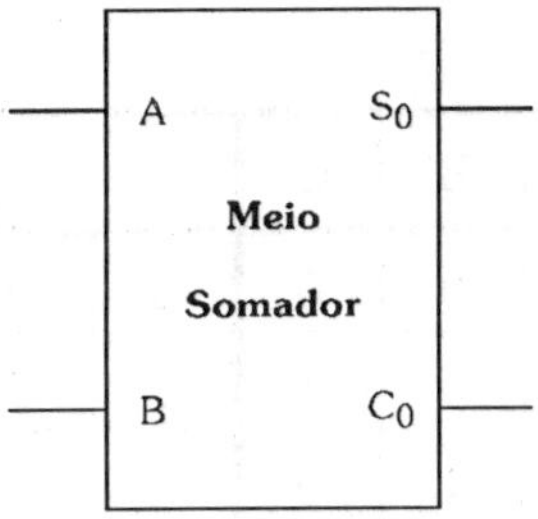

Figura 4.39 - Tabela-Verdade e Diagrama de Blocos do Meio Somador

Analisando a tabela-verdade do meio somador, obtém-se as seguintes expressões booleanas para a soma (S) e o carry-out (C_0):

$$S = \overline{A}.B + A.\overline{B} = A \oplus B \qquad e \qquad C_o = A.B$$

A implementação do circuito do meio somador, de acordo com as expressões booleanas obtidas, é mostrado na figura 4.40.

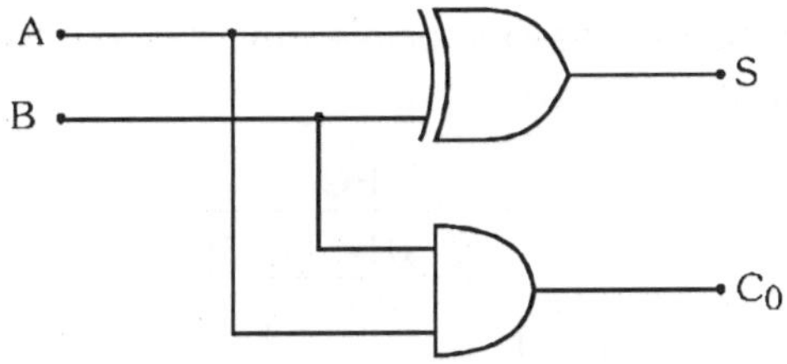

Figura 4.40 - Circuito Lógico do Meio Somador

Circuito Somador Completo (Full Adder)

O circuito **somador completo (full adder)** é composto por três entradas binárias A, B e C_i que representam os bits a serem somados, sendo C_i (carry-in) o correspondente ao vai-um (carry-out) de uma possível operação anterior. Possui também duas saídas, uma que representa o resultado da soma (S) e outra (C_0) que representa o vai-um ou carry-out desta operação.

A tabela-verdade e o diagrama de blocos da figura 4.41, representam esta operação.

A	B	C_i	S	C_0
0	0	0	0	0
0	0	1	1	0
0	1	0	1	0
0	1	1	0	1
1	0	0	1	0
1	0	1	0	1
1	1	0	0	1
1	1	1	1	1

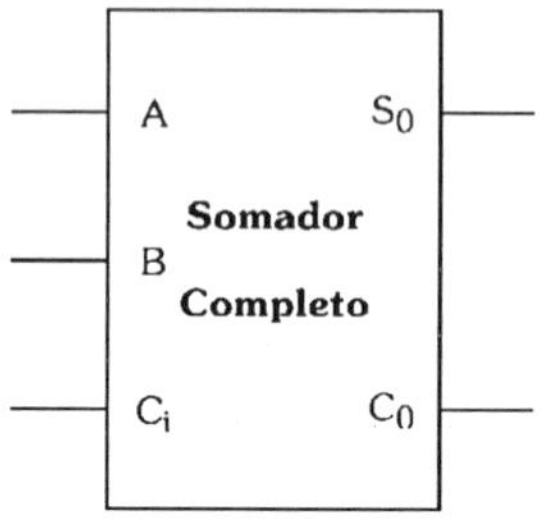

Figura 4.41 - Tabela-Verdade e Diagrama de Blocos do Somador Completo

Obtendo-se as expressões booleanas das saídas S e C_0 por mapas de Karnaugh, tem-se o seguinte:

A \ BC_i	00	01	11	10
0	0	1	0	1
1	1	0	1	0

$S = \overline{A}.\overline{B}.C_i + \overline{A}.B.\overline{C_i} + A.\overline{B}.\overline{C_i} + A.B.C_i$ ou

$S = A \oplus B \oplus C_i$

A \ BC_i	00	01	11	10
0	0	0	1	0
1	0	1	1	1

$C_0 = A.B + A.C_i + B.C_i$

A implementação do circuito do somador completo, de acordo com as expressões booleanas obtidas, é mostrado na figura 4.42.

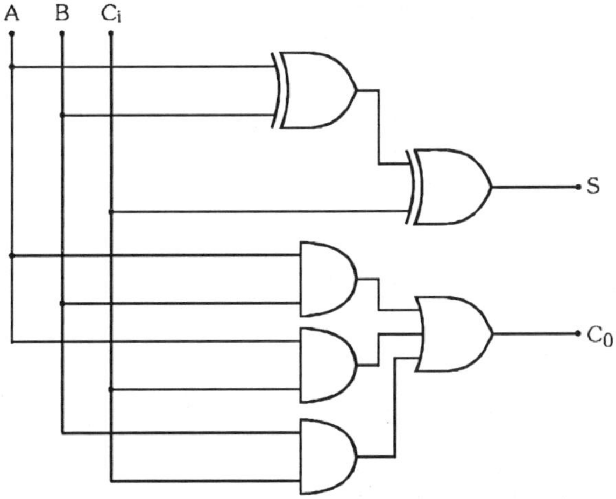

Figura 4.42 - Circuito Lógico do Somador Completo

Associação de Somadores

Associando-se os blocos do meio somador e do somador completo em série, pode-se, então, obter somadores de vários bits.

Exemplo:

Deseja-se obter um somador binário de quatro bits. Para isto, basta utilizar um meio somador para a operação com os bits menos significativos e três somadores completos para a operação com os demais bits, como mostra a figura 4.43.

↓

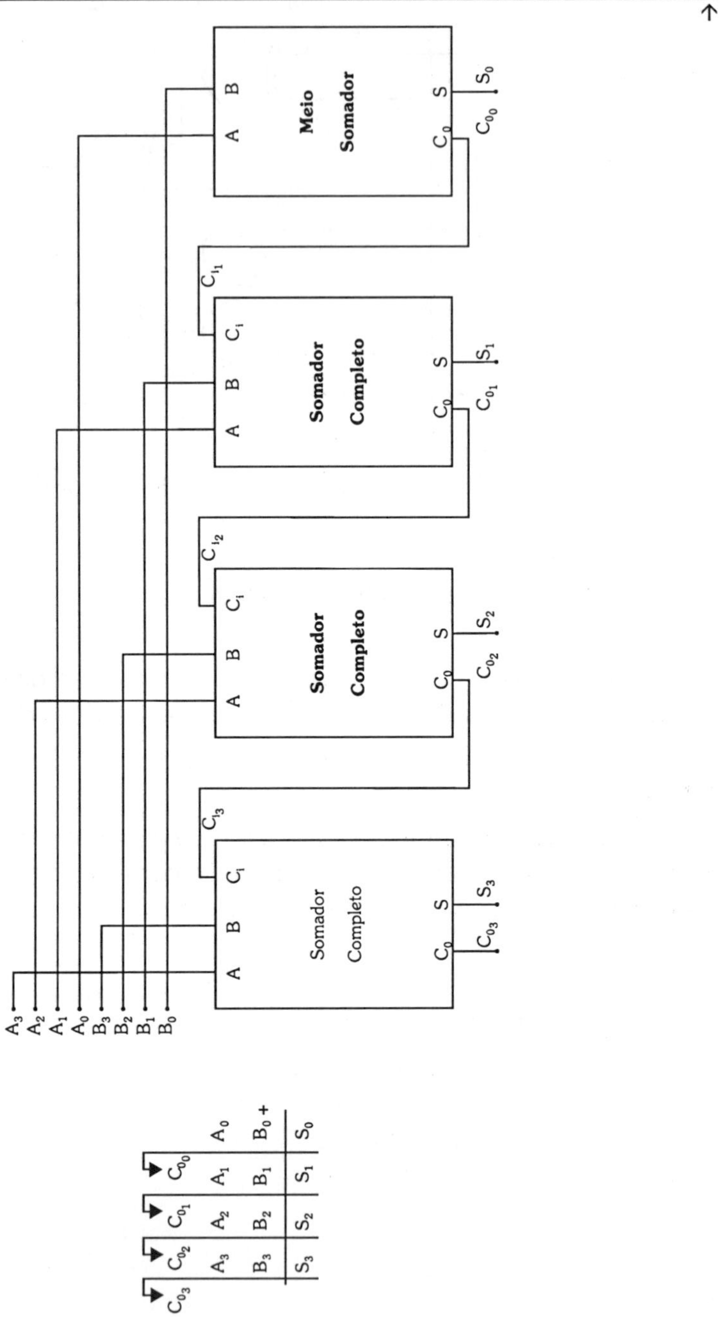

Figura 4.43 - Diagrama de Blocos de um Somador Binário de Quatro Bits

Circuito Meio Subtrator (Half Subtractor)

O circuito **meio subtrator (half subtractor)** básico é composto por duas entradas binárias A e B que representam os bits minuendo e subtraendo, uma saída S que representa o resultado da subtração e uma saída B_0 que representa o vem-um ou borrow-out. O nome meio subtrator se origina do fato dele não considerar o borrow-out vindo de uma possível operação anterior.

A tabela-verdade e o diagrama de blocos da figura 4.44, representam esta operação.

A	B	S	B_0
0	0	0	0
0	1	1	1
1	0	1	0
1	1	0	0

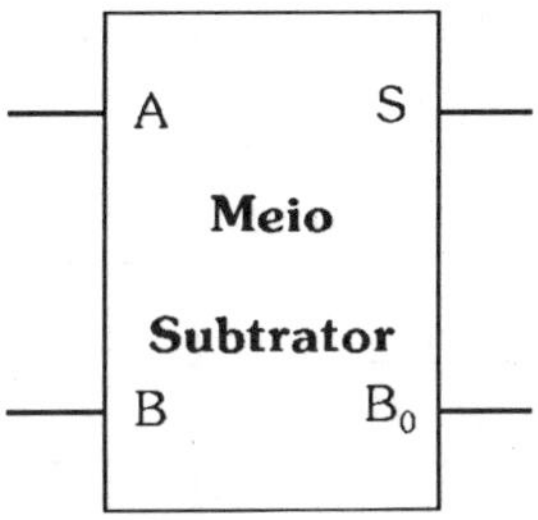

Figura 4.44 - Tabela-Verdade e Diagrama de Blocos do Meio Subtrator

Analisando a tabela-verdade do meio subtrator, obtém-se as seguintes expressões booleanas para a subtração (S) e o vem-um (B_0):

$$S = \overline{A}.B + A.\overline{B} = A \oplus B \qquad e \qquad B_0 = \overline{A}.B$$

A implementação do circuito do meio subtrator, de acordo com as expressões booleanas obtidas, é mostrado na figura 4.45.

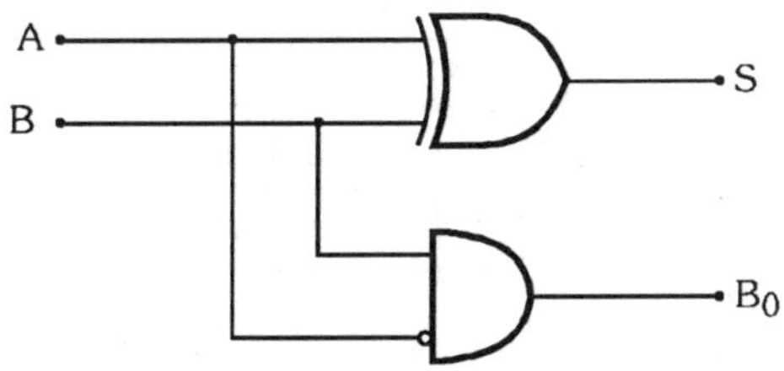

Figura 4.45 - Circuito Lógico do Meio Subtrator

Circuito Subtrator Completo (Full Subtractor)

O circuito **subtrator completo (full subtractor)** é composto por três entradas binárias A, B_i e B que representam os bits minuendo, borrow-in (correspondente ao borrow-out ou vem-um de uma possível operação anterior) e subtraendo, uma saída S que representa o resultado da subtração e uma saída B_0 que representa o vem-um ou borrow-out desta operação.

A tabela-verdade e o diagrama de blocos da figura 4.46, representam esta operação.

A	B_i	B	S	B_0
0	0	0	0	0
0	0	1	1	1
0	1	0	1	1
0	1	1	0	1
1	0	0	1	0
1	0	1	0	0
1	1	0	0	0
1	1	1	1	1

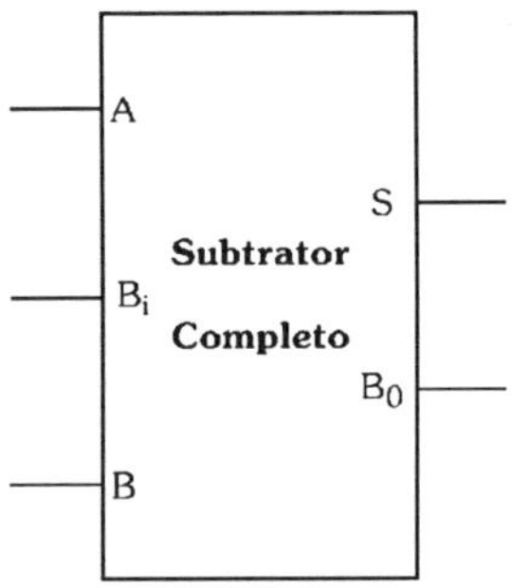

Figura 4.46 - Tabela-Verdade e Diagrama de Blocos do Subtrator Completo

Obtendo-se as expressões booleanas das saídas S e B_0 por mapas de Karnaugh, tem-se o seguinte:

A \ B_i B	00	01	11	10
0	0	1	0	1
1	1	0	1	0

$$S = \overline{A}.B.\overline{B_i} + \overline{A}.\overline{B}.B_i + A.\overline{B}.\overline{B_i} + A.B.B_i \qquad \text{ou}$$

$$S = A \oplus B \oplus B_i$$

	$B_i B$			
A	00	01	11	10
0	0	1	1	1
1	0	0	1	0

$$B_0 = \overline{A}.B + \overline{A}.B_i + B.B_i$$

A implementação do circuito do subtrator completo, de acordo com as expressões booleanas obtidas, é mostrado na figura 4.47.

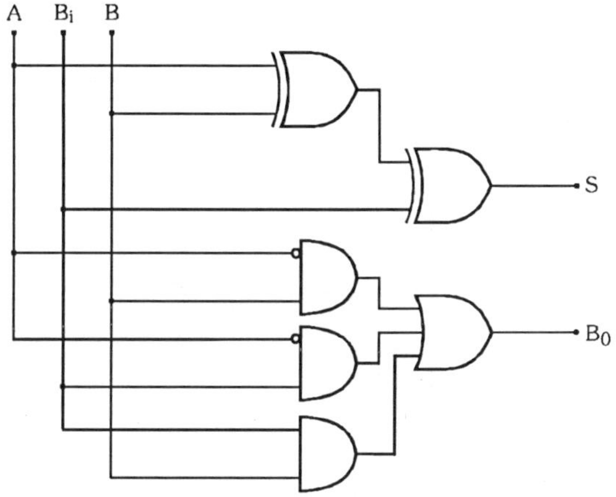

Figura 4.47 - Circuito Lógico do Subtrator Completo

Associação de Subtratores

Associando-se os blocos do meio subtrator e do subtrator completo em série, pode-se, então, obter subtratores de vários bits.

Exemplo:

Deseja-se obter um subtrator binário de quatro bits. Para isto, basta utilizar um meio subtrator para a operação com os bits menos significativos e três subtratores completos para a operação com os demais bits, como mostra a figura 4.48.

↓

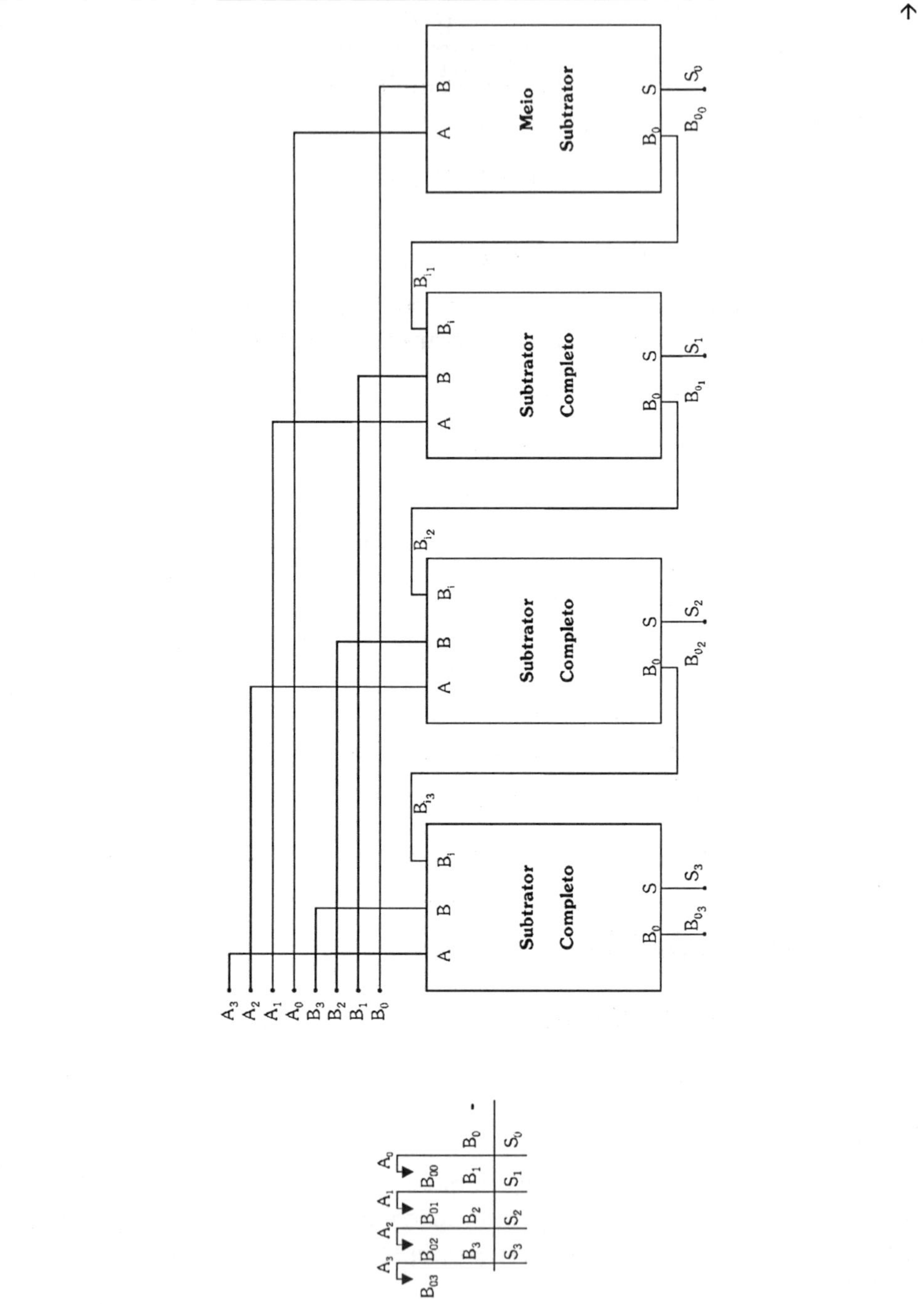

Figura 4.48 - Diagrama de Blocos de um Subtrator Binário de Quatro Bits

Ao longo dos seus estudos em Eletrônica Digital, você deve ter, certamente, descoberto vários segredos envolvendo os números. Isto que veremos neste momento, talvez seja já de seu conhecimento. Se não for, prepare-se!

Realizaremos uma operação de subtração utilizando um somador!

Subtração Binária em Complemento de 2

A operação de subtração pode ser realizada da seguinte forma:

$A - B = A + (-B)$

Porém, um número negativo pode ser representado pelo seu complemento acrescido de uma unidade, ou seja:

$(-B) = \overline{B} + 1$

Desta forma, pode-se escrever:

$A - B = A + (-B) = A + \overline{B} + 1$

Este modo de operação é denominado **subtração em complemento de 2**, pois, trata-se do sistema binário.

Vamos conferir se isto está correto!

Exemplo:

Deseja-se fazer a operação de subtração binária entre 1100 e 0111:

- **Modo Normal:**

1100 - 0111 = ?

```
     1  1  0  0
  (0)1  1  1
     0  1  1  1 -
  ---------------
     0  1  0  1 → Resultado
```

→ borrow = 0 (resultado positivo)

↓

- **Modo Complemento de 2:**

$1100 - 0111 = 1100 + \overline{0111} + 1 = 1100 + 1000 + 1 = ?$

```
(1) 0   0   0
    1   1   0   0
    1   0   0   0
                1 +
    -------------
    0   1   0   1  → Resultado
 └──────────────→ carry = 1 (resultado positivo)
```

De fato, se estes números forem convertidos para o sistema decimal, o resultado é o seguinte:

12 – 7 = 5

CONCLUSÕES:

- Os resultados deram iguais e, portanto, a operação em complemento de 2 está correta;
- O borrow igual a 0 no modo normal de operação significa que o resultado é positivo, o mesmo acontecendo com o carry igual a 1 no modo de operação em complemento de 2.

OBSERVAÇÕES:

- Se o resultado fosse negativo, no modo normal de operação o borrow seria 1 e no modo complemento de 2 o carry seria 0;
- Neste caso, os resultados, em ambos os modos, apareceriam também no modo complemento de 2.

Exemplo:

Deseja-se fazer a operação de subtração binária entre 0100 e 1001:

- **Modo Normal:**

0100 – 1001 = ?

```
    0  1  0  0
(1) 0  1  1
    1  0  0  1  –
   ------------
    1  0  1  1   →  Resultado
                 →  borrow = 1 (resultado negativo)
```

- **Modo Complemento de 2:**

$0100 - 1001 = 0100 + \overline{1001} + 1 = 0100 + 0110 + 1 = ?$

```
(0) 1  0  0
    0  1  0  0
    0  1  1  0
             1  +
   ------------
    1  0  1  1   →  Resultado
                 →  carry = 0 (resultado negativo)
```

Os resultados obtidos, em ambos os modos de operação, estão, portanto, em complemento de 2, o que pode ser mostrado fazendo-se a conversão dos números para o sistema decimal:

4 – 9 = –5

O resultado da operação em binário foi 1011 em complemento de 2.

Portanto, fazendo-se novamente a operação complemento de 2 no resultado, tem-se:

$\overline{1011} + 1 = 0100 + 1 = 0101$ (5 no sistema decimal)

Exemplo de Aplicação: Somador/Subtrator de Quatro Bits:

Supondo que temos um circuito somador de quatro bits como mostra a figura a seguir.

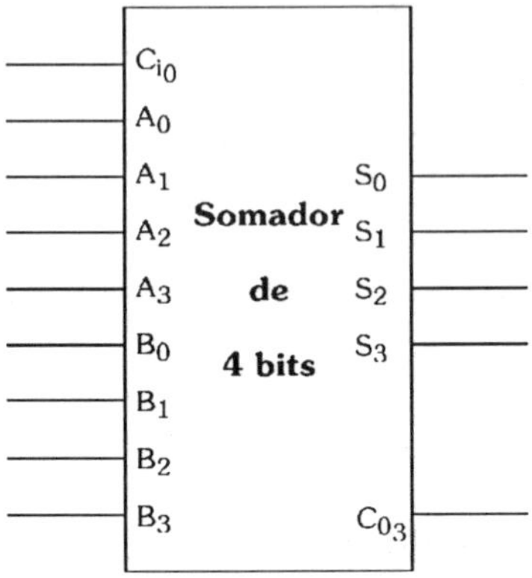

Lembremos, ainda, as características da porta lógica XOR:

A	B	S
0	0	0
0	1	1
1	0	1
1	1	0

Analisando a tabela-verdade da porta XOR, percebe-se que:

- Se A = 0 → S = B
- Se A = 1 → $S = \overline{B}$

Analisemos, agora, o circuito da figura a seguir.

↓

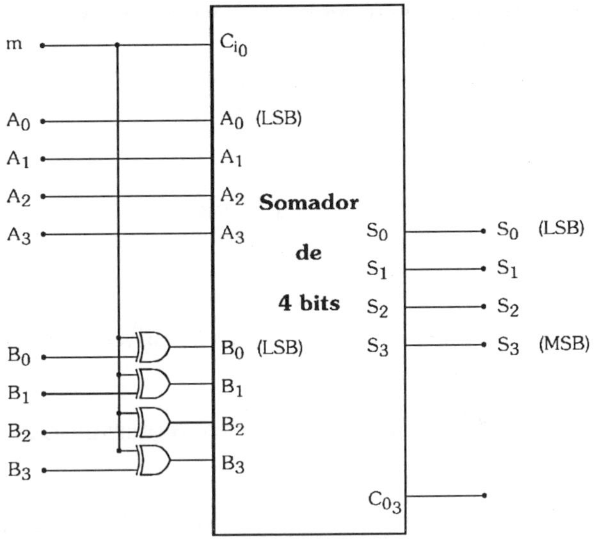

Este circuito pode operar de duas formas diferentes:

1) m = 0 (operação adição)

Neste caso, o número de quatro bits $B_3\,B_2\,B_1\,B_0$ é somado ao número $A_3\,A_2\,A_1\,A_0$;

2) m = 1 (operação subtração)

Neste caso, o número de quatro bits $B_3\,B_2\,B_1\,B_0$ é subtraído do número $A_3\,A_2\,A_1\,A_0$, pois, na realidade, ele aparece complementado na entrada do somador e m = 1 faz com que seja, ainda, acrescentado uma unidade ao resultado final da operação, o que significa que o circuito está fazendo uma subtração em complemento de 2.

Exercícios Propostos

4.1 Obtenha as expressões booleanas de saída e o circuito lógico de um decodificador BCD - 7 segmentos para display anodo comum.

4.2 Obtenha as expressões booleanas de saída e o circuito lógico de um decodificador BCH - 7 segmentos para display catodo comum.

4.3 Obtenha um MUX de 4 canais utilizando um MUX de 8 canais.

4.4 Obtenha um DEMUX de 4 canais utilizando um DEMUX de 8 canais.

4.5 Obtenha o circuito de um MUX de 8 canais utilizando apenas MUX de 4 canais.

4.6 Obtenha o circuito de um DEMUX de 16 canais utilizando apenas DEMUX de 4 canais.

4.7 Implemente a expressão booleana a seguir usando um MUX de 8 canais.

$$S = A.\overline{B} + A.\overline{B.C}$$

4.8 Implemente a expressão booleana a seguir utilizando um MUX de 4 canais e um INVERSOR.

$$S = A.\overline{B}.\overline{C} + A.\overline{B}.C + A.B.\overline{C}$$

4.9 Implemente as expressões booleanas a seguir utilizando dois MUX de 4 canais e um único INVERSOR.

$$S_1 = \overline{X} + \overline{Y}.Z + \overline{X.Y}$$

$$S_2 = (X + Y) . (\overline{Y + Z})$$

4.10 Obtenha um circuito somador de 2 bits associando 2 somadores completos de um bit.

4.11 Obtenha com portas lógicas um circuito somador/subtrator de 1 bit com borrow, carry e uma variável auxiliar X de forma que, se X = 0, o circuito executa uma soma e, se X = 1, o circuito executa uma subtração.

Projetos

4.1 Um técnico projetou um sistema digital com tecnologia CMOS para controlar a temperatura de uma estufa.

O acionamento do sistema é feito via teclado, o qual possui as seguintes funções:

Tecla 1 → Bloquear o sistema de aquecimento

Tecla 2 → Aumentar a temperatura

Tecla 3 → Diminuir a temperatura

Tecla 4 → Estabilizar a temperatura

Como os operadores estavam reclamando que o sistema não possuia um sinalizador de função, um estagiário de Eletrônica propôs ao técnico a seguinte solução:

Projetar um decodificador que mostre num display catodo comum qual operação está sendo realizada através dos seguintes sinais:

Tecla 1 → Bloquear o sistema de aquecimento → b

Tecla 2 → Aumentar a temperatura → A

Tecla 3 → Diminuir a temperatura → d

Tecla 4 → Estabilizar a temperatura → E

OBSERVAÇÃO:

- Quando uma tecla é acionada, ela permanece travada até que outra tecla seja acionada.

4.2 Projetar um circuito gerador de paridade para 4 bits usando tecnologia TTL, de acordo com a descrição de funcionamento da página 177.

4.3 Projetar um circuito verificador de paridade para 5 bits usando tecnologia TTL, de acordo com a descrição de funcionamento da página 177.

4.4 Projetar um sistema de transmissão e recepção serial de dados (4 bits - código BCD) usando o CI-74151 (MUX de 8 canais), o CI-74154 (DEMUX de 16 canais) e os circuitos projetados nos itens 4.2 e 4.3 para geração e verificação da paridade dos dados.

OBSERVAÇÃO:

- Considerar o contador de 5 estados para a geração das variáveis de seleção como um bloco conhecido.

4.5 Projetar um somador/subtrator de quatro bits que trabalhe em complemento de 2 usando o CI-7483 (somador de 4 bits) e o CI-7486 (4 portas XOR de 2 entradas).

Capítulo 5 Circuitos Seqüenciais

Estamos agora, no momento exato de darmos um novo salto dentro da Eletrônica Digital. Mas, que salto seria este? A resposta é simples: o estudo de **Circuitos Seqüenciais**.

Vejamos, então, as novas descobertas que poderemos fazer baseadas nos ensinamentos do Mestre da Lógica - Aristóteles.

5.1 Fundamentos

Os circuitos digitais podem ser classificados em combinacional e seqüencial.

Já se sabe o que é um circuito combinacional, certo? É aquele cujas saídas dependem unicamente das entradas.

Exemplo:

A figura a seguir representa um circuito combinacional com sua expressão lógica e tabela- verdade.

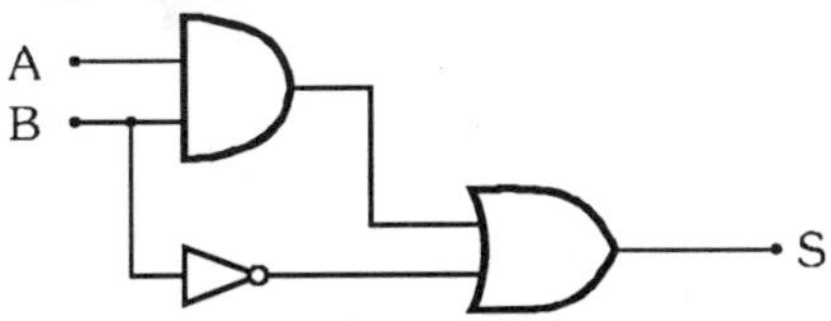

$S = AB + \overline{B}$

A	B	S
0	0	1
0	1	0
1	0	1
1	1	1

Neste circuito, S (variável de saída) depende apenas de A e B (variáveis de entrada) como mostram a expressão lógica e a tabela-verdade.

Pode-se, porém, representar um circuito combinacional qualquer através de um modelo genérico, como mostra a figura 5.1:

Figura 5.1 - Modelo Genérico do Circuito Combinacional

Já, um **circuito seqüencial**, é aquele que possui uma realimentação da saída para a entrada, denominada **estado interno**, fazendo com que as condições **atuais** da entrada e do estado interno determinem a condição **futura** da saída.

Pode-se, também, representar um circuito seqüencial através de um modelo genérico, como mostra a figura 5.2.

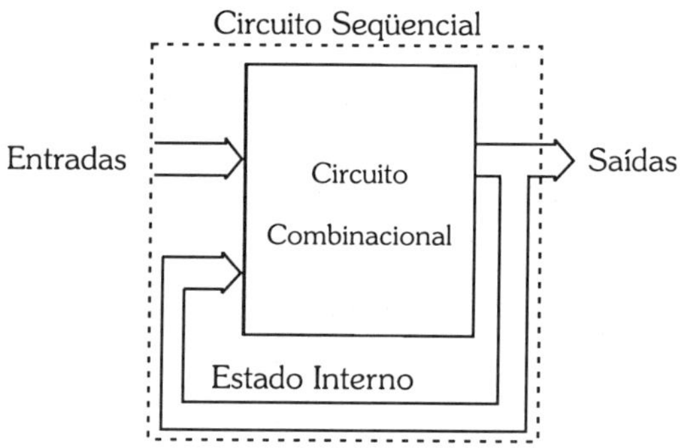

Figura 5.2 - Modelo Genérico do Circuito Seqüencial

Condição atual e condição futura! Não significa isto uma **relação de tempo**? Mas, que tempo é este?

Como as portas lógicas não são perfeitas (*e nem poderiam sê-las, pois foram criadas pelo homem*), suas saídas não são atualizadas no mesmo instante em que suas entradas são definidas, pois existe um tempo (Dt) para que os sinais se propaguem denominado **tempo de propagação** ou **tempo de atraso**.

Exemplo:

A saída de uma porta inversora só é atualizada após o tempo de atraso (Δt), como mostra a figura 5.3:

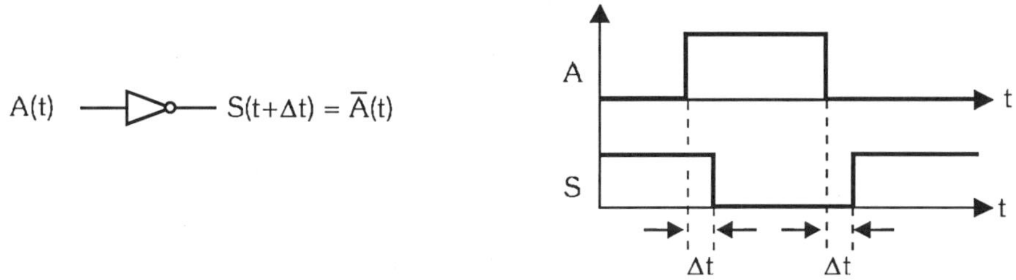

Figura 5.3 - Propagação de um Sinal numa Porta Inversora

Graças a esta imperfeição é que existem os computadores! Assustou? Mas é isto mesmo!

O primeiro circuito seqüencial a ser estudado neste livro é o **flip-flop**, também chamado de **biestável** por possuir dois estados lógicos estáveis 0 e 1, circuito este muito importante por ser o elemento básico dos circuitos registradores e contadores, que serão estudados nos próximos capítulos.

O flip-flop tem como função armazenar níveis lógicos temporariamente, ou seja, funciona como um **elemento de memória**.

Os flip-flops podem ter vários tipos de configurações, porém, todos eles apresentam duas saídas complementares chamadas Q e $\overline{Q}$.

5.2 Flip-Flop RS

O flip-flop RS pode ser classificado em **assíncrono** e **síncrono**.

Flip-Flop RS Assíncrono

Este flip-flop tem duas entradas denominadas **reset (R)** e **set (S)** e é assíncrono porque o tempo necessário para a atualização das saídas Q e $\overline{Q}$ depende apenas do atraso (Δt) das portas lógicas que constituem o seu circuito.

Uma das formas de se implementar um flip-flop RS assíncrono está mostrada na figura 5.4.

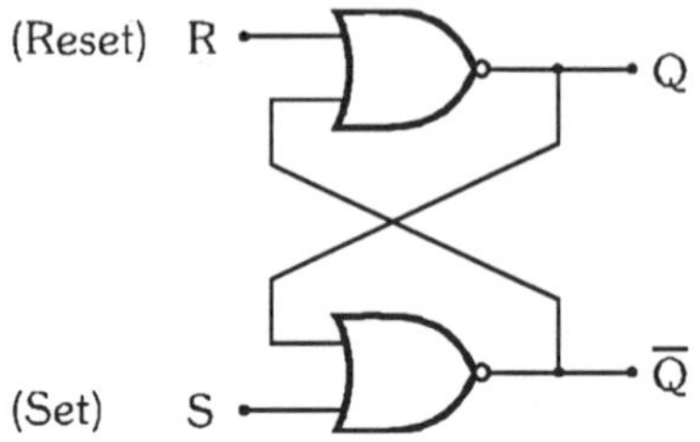

Figura 5.4 - Flip-Flop RS Assíncrono

Devido à realimentação das saídas complementares Q e $\overline{Q}$ para as entradas das portas lógicas, só é possível conhecer os níveis lógicos das saídas num **instante futuro** (t+Δt), conhecendo-se os níveis lógicos das entradas R e S e das saídas Q e $\overline{Q}$ no **instante atual (t)**, ou seja:

$$Q(t+\Delta t) = \overline{R(t) + \overline{Q}(t)}$$

$$\overline{Q}(t+\Delta t) = \overline{S(t) + Q(t)}$$

onde:

Δ t representa o tempo de atraso das portas NOR.

A figura 5.5 mostra a tabela-verdade que representa o funcionamento deste flip-flop detalhadamente.

Esta tabela-verdade pode ser construída a partir do circuito ou expressões lógicas do flip-flop da seguinte forma:

1) Atribuem-se níveis lógicos às entradas R e S para o instante atual (t);

2) Para cada condição de entrada, atribuem-se os níveis lógicos 0 1 e 1 0 às saídas Q e $\overline{Q}$ para o instante atual (t);

3) Determinam-se os níveis lógicos das saídas Q e $\overline{Q}$ para o instante futuro (t + Δt).

Entradas Atuais		Saídas Atuais		Saídas Futuras		Comentários
R(t)	S(t)	Q(t)	$\overline{Q}$(t)	Q(t+Δt)	$\overline{Q}$(t+Δt)	
0	0	0	1	0	1	saídas futuras = saídas atuais
		1	0	1	0	
0	1	0	1	1	0	saída futura Q=1 independente de seu valor atual
		1	0	1	0	
1	0	0	1	0	1	saída futura Q=0 independente de seu valor atual
		1	0	0	1	
1	1	0	1	0	0	erro lógico Q(t+Δt) = $\overline{Q}$(t+Δt)
		1	0	0	0	

Figura 5.5 - Tabela-Verdade do Flip-Flop RS Assíncrono

ATENÇÃO:

- Tanto no circuito como nas expressões, devido à propagação dos sinais, as saídas Q(t) e $\overline{Q}$(t) devem ser atualizadas constantemente até a estabilização das saídas

Neste sentido, para R=0 e S=0 (entradas reset e set desativadas), vê-se que as saídas futuras sempre serão iguais às atuais; para R=0 e S=1 (entrada set ativada), a saída futura Q será igual a 1 independente do seu valor atual e, para R=1 e S=0 (entrada reset ativada), a saída futura Q será igual a 0 independente do seu valor atual.

Porém, para o caso em que R=1 e S=1 (ambas entradas ativadas), vê-se que, independente do valor atual das saídas, após a atualização elas se tornarão Q=$\overline{Q}$=0, o que caracteriza um **erro lógico**, e, portanto, esta condição de entrada não pode ser utilizada.

O símbolo lógico do flip-flop RS está mostrado na figura 5.6, assim como sua tabela-verdade simplificada que utiliza como variáveis apenas R, S, Q_a (saída atual) e Q_f (saída futura).

R	S	Q_f
0	0	Q_a
0	1	1
1	0	0
1	1	*

* Erro Lógico

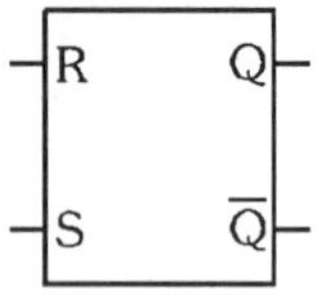

Figura 5.6 - Tabela-Verdade e Símbolo Lógico do Flip-Flop RS Assíncrono

Exemplo de Aplicação - Eliminador de Ruído (Debouncing)

Muitas vezes, o acionamento ou o controle de sistemas digitais é feito através de dispositivos mecânicos que, devido às suas características físicas de construção, apresentam vibrações ao serem acionados, gerando um ruído denominado efeito bounce, que pode ser prejudicial ao desempenho do sistema, como mostra a figura a seguir:

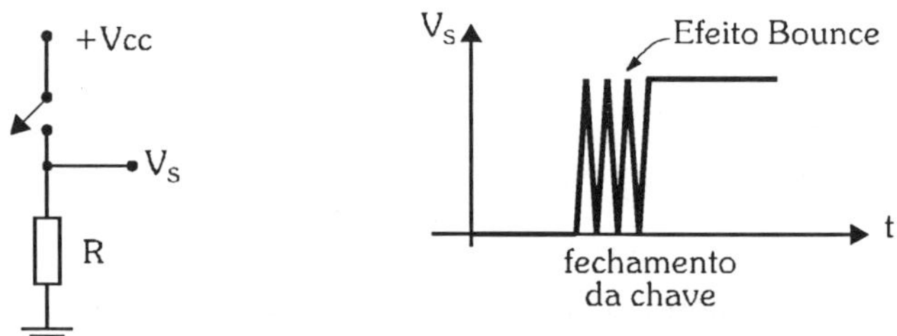

Por isso, muitos sistemas digitais precisam de **circuitos eliminadores de ruídos (debouncing)**, como o mostrado na figura 5.7.

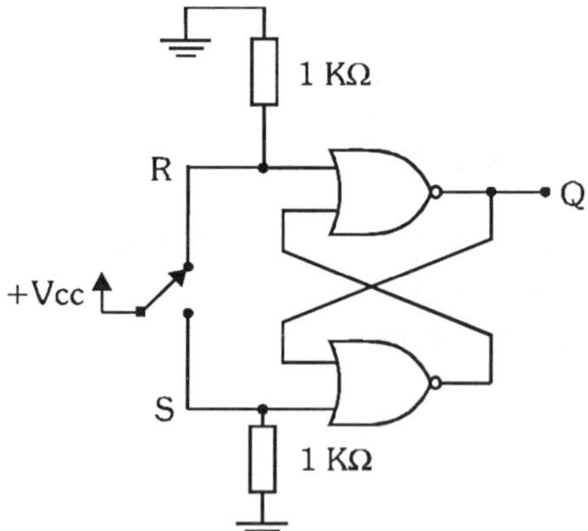

Figura 5.7 - Circuito Eliminador de Ruído (Debouncing)

↓

↑

Nota-se que o circuito debouncing é formado por um flip-flop RS cujas entradas estão ligadas ao terra através de resistores denominados pull-down.

A chave ligada ao Vcc ativa as entradas R ou S, levando a saída Q para 0 (chave na posição R) ou para 1 (chave na posição S). Porém, o ruído gerado pela vibração da chave é eliminado, pois, quando ela não está ligada a nenhuma das entradas, R e S ficam em nível lógico 0 devido aos resistores de pull-down, mantendo a saída Q inalterada, como mostra a figura 5.8.

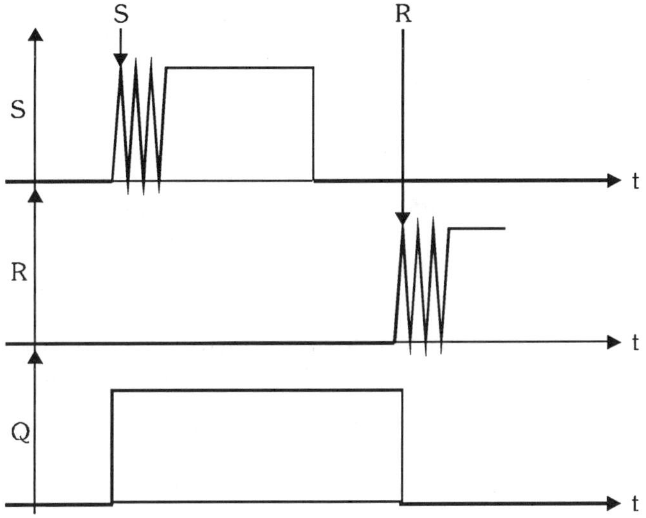

Figura 5.8 - Gráfico de Saída do Eliminador de Ruído

Flip-Flop RS Síncrono

Este flip-flop apresenta, além das entradas reset (R) e set (S), uma terceira entrada denominada CK que, através de um sinal externo chamado **pulso de clock (relógio)**, determina o instante de atualização das saídas Q e $\overline{Q}$, sendo, por isso, chamado de **flip-flop RS síncrono**, como mostra a figura 5.9.

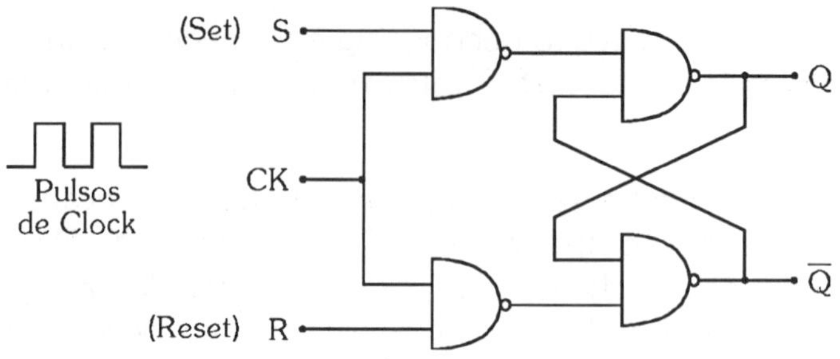

Figura 5.9 - Flip-Flop RS Síncrono

Neste circuito, quando a entrada CK (clock) está em nível lógico 0, as saídas Q e $\overline{Q}$ permanecem inalteradas independente das variações das entradas R e S. Neste caso, a entrada CK inibe as entradas R e S.

Por outro lado, quando CK está em nível lógico 1, as entradas R e S podem, juntamente com as saídas atuais Q e $\overline{Q}$, definir estas saídas no instante futuro.

Embora este circuito tenha sido construído com portas NAND ao invés de NOR, a função das entradas R e S permanece inalterada para CK igual a 1, como mostra a figura 5.10.

CK	R	S	Q_f
0	X	X	Q_a
1	0	0	Q_a
	0	1	1
	1	0	0
	1	1	*

* Erro Lógico

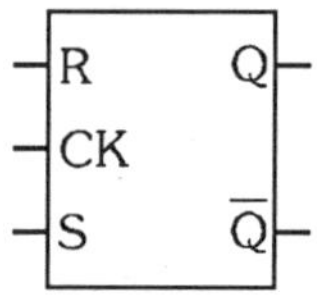

Figura 5.10 - Tabela-Verdade e Símbolo Lógico do Flip-Flop RS Síncrono

Portanto, quem determina o instante em que as entradas R e S podem atuar é o pulso de clock, sincronizando a atualização das saídas.

É importante ressaltar que os tempos dos níveis 0 e 1 do pulso de clock devem ser maiores que o tempo de atraso das portas lógicas do circuito, para que as saídas se atualizem sem problemas.

Mas, ainda assim, vê-se que o problema do erro lógico ($Q=\overline{Q}=1$, neste caso) não foi resolvido para R=1 e S=1.

5.3 Flip-Flop JK e JK Master-Slave

No tópico anterior, analisamos dois tipos de flip-flops RS, um assíncrono e um síncrono, que apresentam erro lógico nas saídas para uma determinada condição de entrada.

Flip-Flop JK

O circuito da figura 5.11 representa um **flip-flop JK** que é uma variação do RS síncrono, no qual foi incluída uma nova realimentação das saídas Q e $\overline{Q}$ às portas lógicas de entrada.

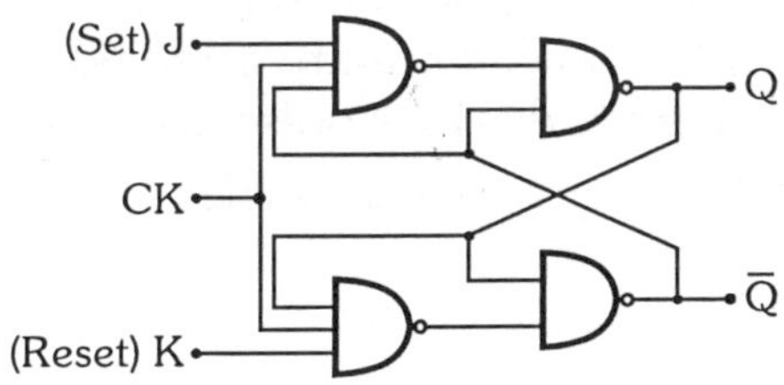

Figura 5.11 - Flip-Flop JK

Neste flip-flop, as entradas J e K executam respectivamente as funções set e reset. Seu funcionamento é similar ao do flip-flop RS síncrono com exceção da condição de entrada J=1 e K=1 na qual, logo que o pulso de clock muda de 0 para 1, as saídas Q e $\overline{Q}$ se complementam, ou seja, passam de 0 e 1 para 1 e 0 ou vice-versa. Esta complementação das saídas e a realimentação às portas lógicas de entrada provocam **sucessivas complementações (oscilação)** enquanto o pulso de clock encontra-se em nível lógico 1.

A figura 5.12 mostra a tabela-verdade deste flip-flop.

CK	J	K	Q_f
0	X	X	Q_a
1	0	0	Q_a
	0	1	0
	1	0	1
	1	1	*

* - oscilação

Figura 5.12 - Tabela-Verdade do Flip-Flop JK

Esta oscilação na condição J=1 e K=1 também não é desejável, pois, trata-se de uma instabilidade do circuito.

Flip-Flop JK Master-Slave (Mestre-Escravo)

O circuito da figura 5.13 representa um flip-flop denominado **JK master-slave (mestre-escravo)** formado por dois flip-flops RS síncronos ligados em cascata com um inversor entre a entrada de clock do primeiro (master ou mestre) e a entrada de clock do segundo (slave ou escravo), além de uma outra realimentação que vem das saídas Q e $\overline{Q}$ às portas lógicas de entrada.

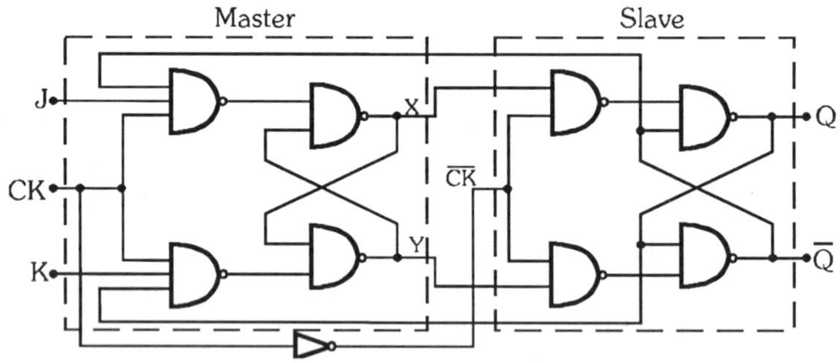

Figura 5.13 - Flip-Flop JK Master-Slave

Será que agora haverá oscilação? Vejamos!

A oscilação no flip-flop JK visto anteriormente, na condição J=1 e K=1, era causada devido à complementação das saídas e realimentação destas às entradas do circuito.

Já, no flip-flop JK master-slave, para J=1 e K=1, tem-se o seguinte:

- Quando CK=1, o flip-flop master está habilitado e, então, X e Y complementam-se, mas esta mudança não altera as saídas Q e $\overline{Q}$, pois o flip-flop slave encontra-se desabilitado ($\overline{CK}$=0). Portando, não havendo mudança em Q e $\overline{Q}$, que estão realimentadas às entradas do circuito, X e Y não se alteram mais.

- Quando CK=0, o flip-flop slave está habilitado ($\overline{CK}$=1), provocando uma mudança nas saídas Q e $\overline{Q}$, não alterando novamente X e Y pela realimentação, pois, agora é o flip-flop master que se encontra desabilitado.

Isto significa que, para J=1 e K=1, na subida do pulso de clock, X e Y **complementam-se** apenas **uma vez** e, na descida do pulso de clock, as saídas Q e $\overline{Q}$ complementam-se também apenas uma vez, permanecendo estáveis até que um novo pulso de clock completo (subida e descida) seja aplicado à entrada CK.

A tabela-verdade deste flip-flop, bem como seu símbolo lógico, estão mostrados na figura 5.14.

CK	J	K	Q_f
0	X	X	Q_a
↓	0	0	Q_a
↓	0	1	0
↓	1	0	1
↓	1	1	$\overline{Q}_a$

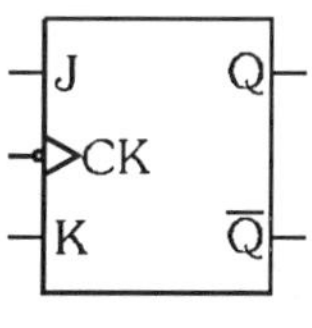

Figura 5.14 - Tabela-Verdade e Símbolo Lógico do Flip-Flop JK Master-Slave

Além de resolver o problema da oscilação, este flip-flop tem uma outra característica interessante que é o fato das saídas se atualizarem somente na descida do pulso de clock, sendo, por isso, chamado de **sensível à borda de descida** ou **transição negativa**.

Para transformá-lo num flip-flop **sensível à borda de subida** ou **transição positiva**, basta acrescentar um inversor na entrada CK.

OBSERVAÇÃO:

Os símbolos utilizados para representar uma entrada de clock sensível às transições negativa e positiva são:

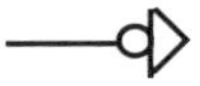 transição negativa

 transição positiva

Flip-Flop JK Master-Slave com Preset e Clear

O flip-flop JK master-slave pode ser melhorado introduzindo-se duas outras entradas muito úteis, a saber, **preset (PR)** e **clear (CL)**. Estas entradas atuam diretamente nas saídas Q e $\overline{Q}$ independente do pulso de clock e do nível lógico das entradas J e K, sendo, por isso, chamadas de **assíncronas**, como mostra a figura 5.15.

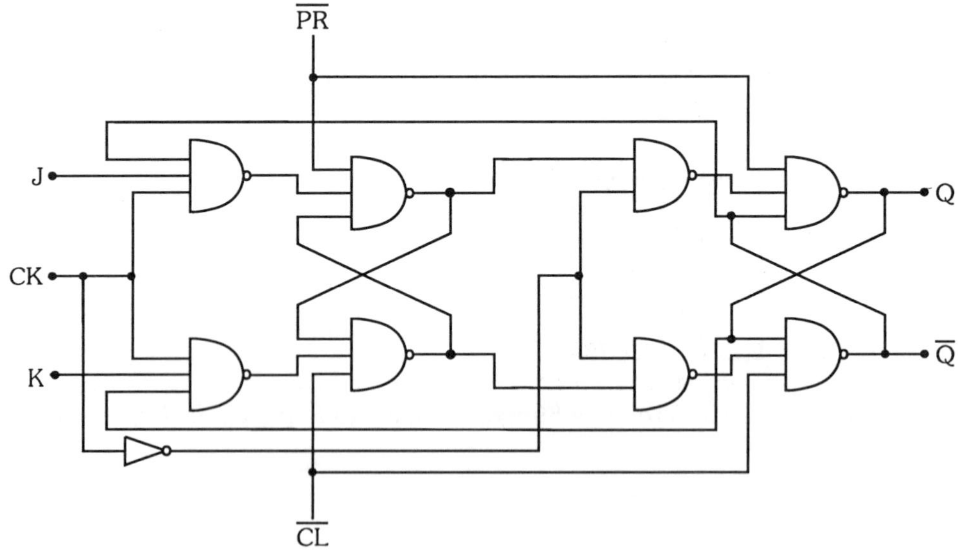

Figura 5.15 - Flip-Flop JK Master-Slave com Preset e Clear

A figura 5.16 mostra a tabela-verdade deste flip-flop, bem como seu símbolo lógico.

$\overline{PR}$	$\overline{CL}$	CK	J	K	Q_f
1	0	X	X	X	0
0	1	X	X	X	1
1	1	↓	0	0	Q_a
			0	1	0
			1	0	1
			1	1	$\overline{Q}_a$

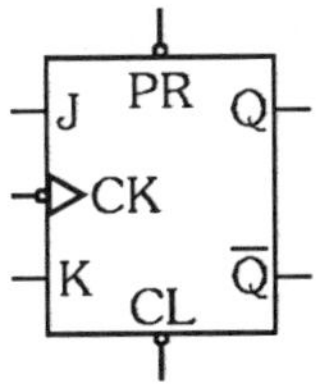

Figura 5.16 - Tabela-Verdade e Símbolo Lógico do Flip-Flop JK Master-Slave com Preset e Clear.

As entradas $\overline{PR}$ e $\overline{CL}$ são ativas em nível lógico 0 e têm a função de forçar a saída Q para 1 (preset ativo) ou para 0 (clear ativo).

Com as entradas preset e clear desativadas ($\overline{PR} = 1$ e $\overline{CL} = 1$), o flip-flop funciona normalmente, ou seja, suas saídas dependem de J, K e CK.

Obviamente, as entradas preset e clear não podem ficar ativas simultaneamente ($\overline{PR} = 0$ e $\overline{CL} = 0$), caso contrário, tem-se um novo erro lógico nas saídas.

5.4 Flip-Flop D e T

Os flip-flops D e T são uma variação do JK master-slave.

Flip-Flop D

A figura 5.17 representa um flip-flop JK master-slave com um inversor entre suas entradas, formando um **flip-flop D**.

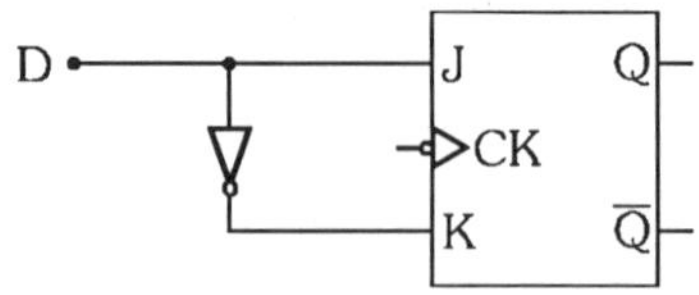

Figura 5.17 - Flip-Flop D

Deste modo, tem-se $J = \overline{K}$, ou seja:

- Se D=0, então J=0 e K=1 (reset ativado) e, portanto, as saídas futuras do flip-flop serão $Q_f = 0$ e $\overline{Q}_f = 1$;
- Se D=1, então J=1 e K=0 (set ativado) e, portanto, as saídas futuras do flip-flop serão $Q_f = 1$ e $\overline{Q}_f = 0$.

A figura 5.18 mostra a tabela-verdade do flip-flop D, bem como seu símbolo lógico.

CK	D	Q_f
↓	0	0
↓	1	1

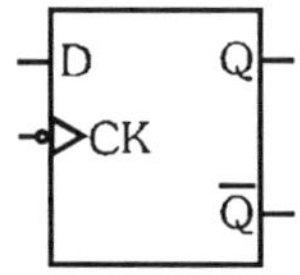

Figura 5.18 - Tabela-Verdade e Símbolo Lógico do Flip-Flop D

Pela sua tabela-verdade, vê-se que, após o pulso de clock, o flip-flop apenas armazenará o valor da entrada D, sendo por isso chamado de **latch (memória)**.

Flip-flop T

A figura 5.19 representa um flip-flop JK master-slave com as entradas curto-circuitadas, formando um **flip-flop T.**

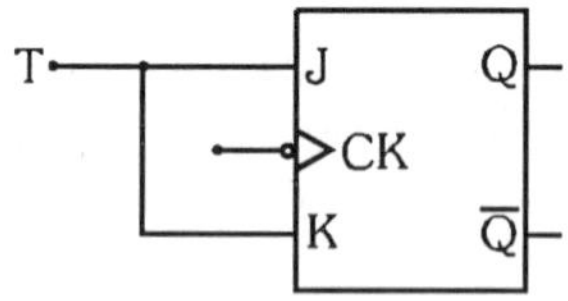

Figura 5.19 - Flip-Flop T

Deste modo, tem-se J=K, ou seja:

- Se T=0, então J=0 e K=0 e, portanto, as saídas futuras do flip-flop permanecerão iguais às atuais ($Q_f = Q_a$ e $\overline{Q}_f = \overline{Q}_a$);
- Se T=1, então J=1 e K=1 e, portanto, as saídas futuras do flip-flop serão o complemento das atuais ($Q_f = \overline{Q}_a$ e $\overline{Q}_f = Q_a$).

A figura 5.20 mostra a tabela-verdade do flip-flop T, bem como seu símbolo lógico.

CK	T	Q_f
↓	0	Q_a
↓	1	$\overline{Q}_a$

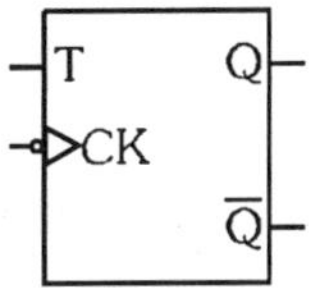

Figura 5.20 - Tabela-Verdade e Símbolo Lógico do Flip-Flop T

Exemplo de Aplicação - Divisor de Freqüência

O circuito mostrado na figura 5.21 representa dois flip-flops JK master-slave ligados em cascata, funcionando como um **divisor de freqüência**.

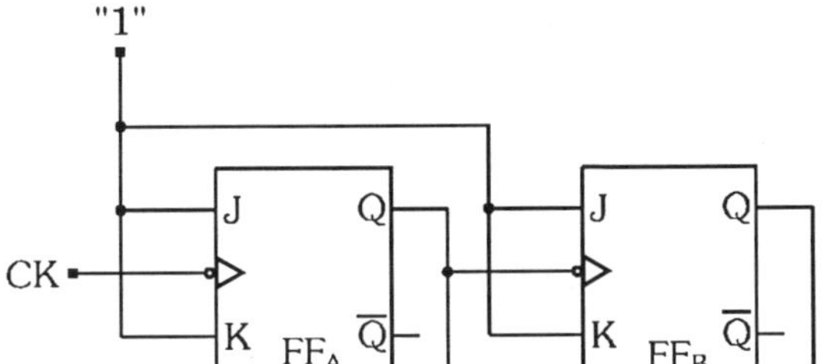

Figura 5.21 - Divisor de Freqüência

Nota-se pelo circuito que, estando os dois flip-flops com as entradas J e K em nível lógico 1, o primeiro (FF_A) complementa sua saída Q_A a cada transição negativa do pulso de clock e o segundo (FF_B) complementa sua saída Q_B a cada transição negativa da saída Q_A, como mostra o diagrama de tempos da figura 5.22.

↓

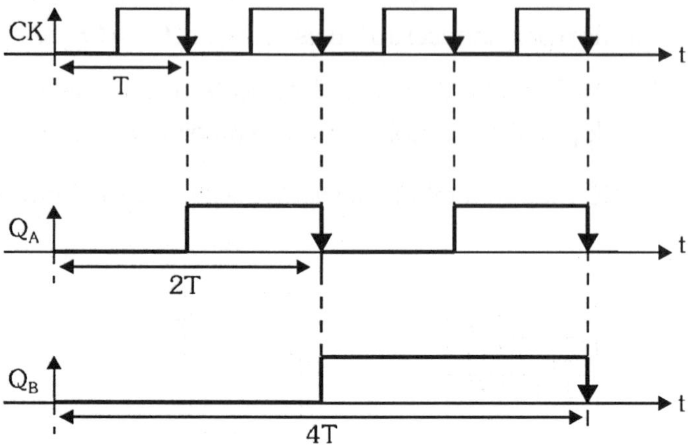

Figura 5.22 - Diagrama de Tempos do Divisor de Freqüência

Através do diagrama observa-se facilmente a relação entre as freqüências dos sinais de CK, Q_A e Q_B, a saber:

$$f_{QB} = \frac{f_{QA}}{2} = \frac{f_{CK}}{4}$$

Exercícios Propostos

5.1 Qual a diferença básica entre um circuito combinacional e um seqüencial?

5.2 Comparar os valores dos tempos de propagação (t_{PLH}-Propagation Time Low to High e t_{PHL}-Propagation Delay High to Low) da porta lógica NAND de 2 entradas (CI 7400) para as tecnologias de fabricação: standard, L, S, LS, AS e ALS.

5.3 Analisar o comportamento da saída S do circuito abaixo para A=0 e A=1.

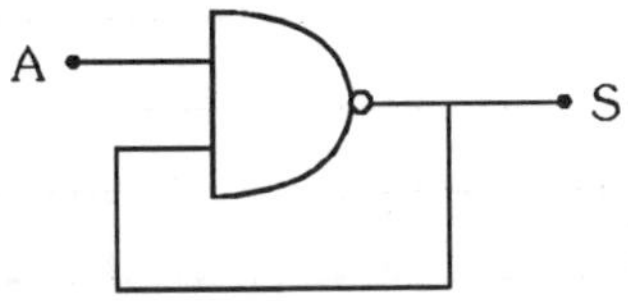

5.4 Analisar o circuito do flip-flop abaixo e construir sua tabela-verdade, identificando a função das entradas A e B.

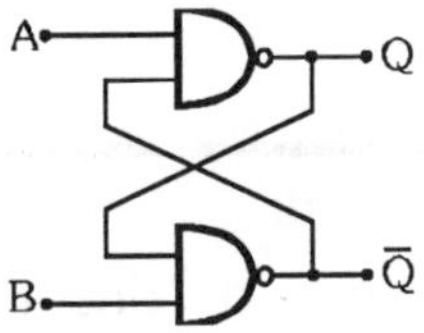

5.5 Qual a diferença básica entre um flip-flop assíncrono e um síncrono?

5.6 Por que as entradas preset e clear de um flip-flop síncrono são chamadas de assíncronas?

5.7 É possível obter-se um flip-flop D a partir do flip-flop RS síncrono? Justificar.

5.8 É possível obter-se um flip-flop T a partir do flip-flop RS síncrono? Justificar.

5.9 Determinar as formas de onda das entradas J e K e das saídas Q e $\overline{Q}$ do flip-flop do circuito seguinte, dadas as formas de onda de CK, A e B. Considerar inicialmente Q=0.

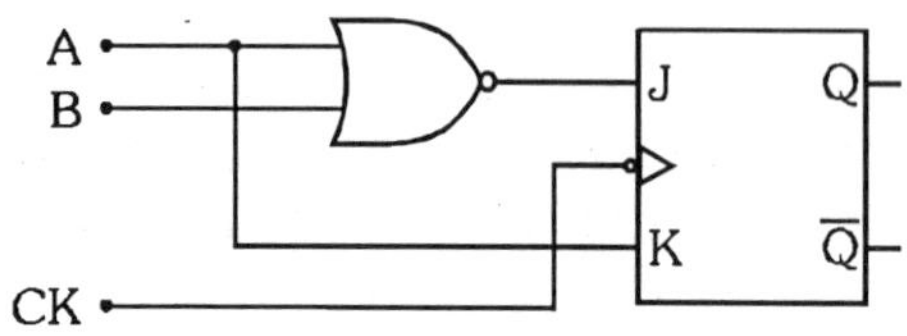

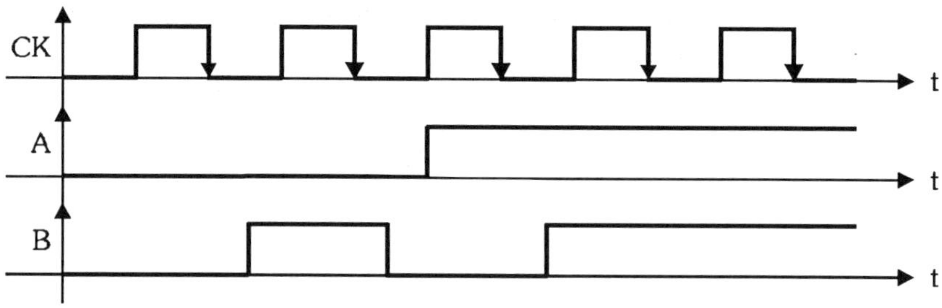

Projetos

5.1 Projetar um circuito de debouncing a partir do flip-flop analisado no exercício proposto 5.4, utilizando o CI7400.

5.2 Num sistema digital, tem-se um sinal de clock de 1 MHz, do qual deseja-se obter um sinal de 125 KHz. Projetar um circuito que solucione este problema, utilizando o CI7476.

Capítulo 6

Registradores

Neste momento em que os flip-flops são elementos conhecidos, podemos começar a reuní-los para formarem os primeiros **subsistemas seqüenciais**. Mas, o que são subsistemas? São circuitos que, isoladamente, têm uma aplicação específica e limitada, mas junto com outros subsistemas, formam os **sistemas** que podem ter inúmeras aplicações.

Um exemplo de sistema? Que tal um computador?

Neste e nos próximos capítulos, estudaremos três subsistemas seqüenciais fundamentais: registradores, contadores e memórias.

O **registrador** é um subsistema seqüencial constituído basicamente por flip-flops e que serve para a **manipulação e armazenamento** de dados.

6.1 Configurações Básicas

Os registradores podem ter quatro diferentes configurações dependendo de como os dados são tratados, ou seja, se **entram e saem** de forma **serial ou paralela**.

- **Modo serial** - a informação é recebida ou transmitida bit a bit em uma única linha;
- **Modo paralelo** - todos os bits da informação são recebidos ou transmitidos simultaneamente (número de linhas = número de bits da informação).

A figura 6.1 mostra as quatro configurações básicas dos registradores.

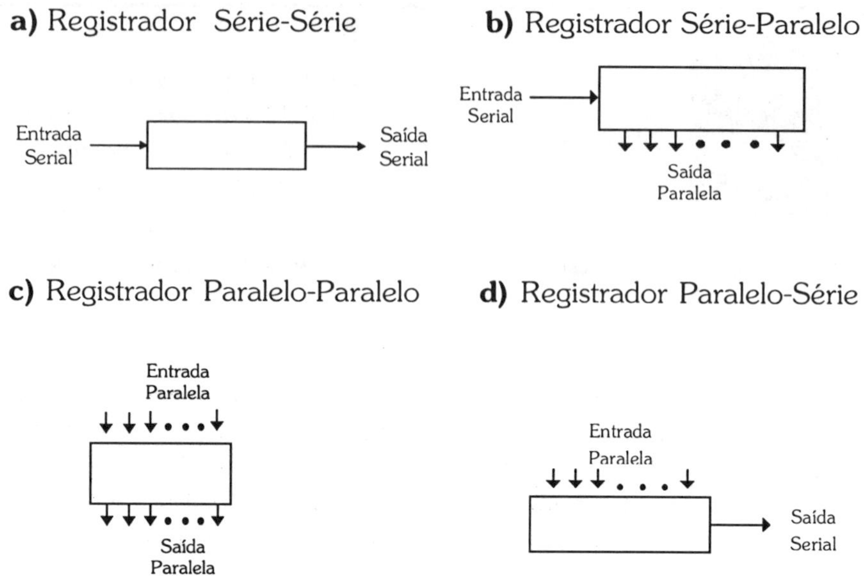

Figura 6.1 Configurações Básicas dos Registradores

O número de bits que pode ser armazenado num registrador depende do número de flip-flops que o compõe.

Nos registradores que utilizam entrada e/ou saída seriais, os dados movimentam-se internamente e, portanto, estes são também chamados de **registradores de deslocamento (shift register).**

6.2 Registrador de Deslocamento

A figura 6.2 mostra o circuito do registrador de deslocamento que será analisado a seguir:

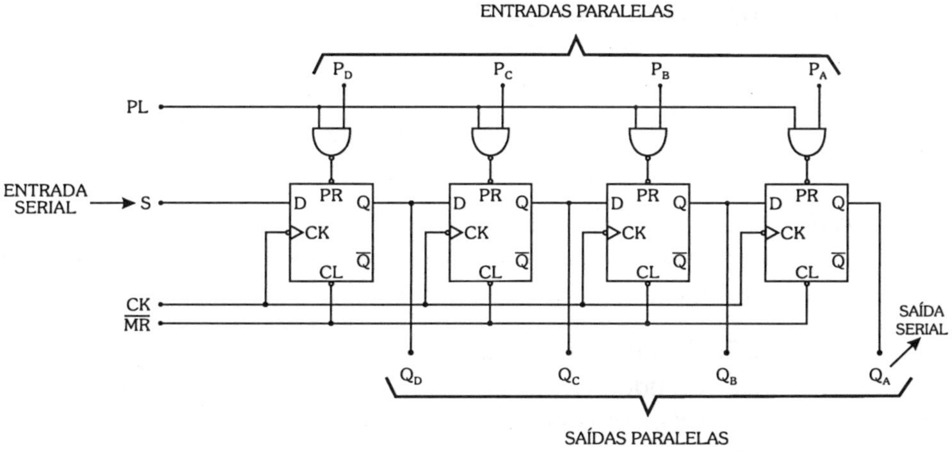

Figura 6.2 Registrador de Deslocamento (Shift Register)

O funcionamento deste registrador depende da forma como são ativadas as suas entradas CK, $\overline{MR}$, PL e S.

CK **entrada de pulso de clock** - possibilita o deslocamento dos dados no registrador.

$\overline{MR}$ **entrada master reset** - habilita as entradas clear ($\overline{CL}$) de todos os flip-flops, fazendo com que as saídas Q_D, Q_C, Q_B e Q_A fiquem resetadas (em nível lógico 0).

PL **entrada paralela load** - habilita as entradas paralelas P_D, P_C, P_B e P_A, transferindo-as para as saídas Q_D, Q_C, Q_B e Q_A.

S **entrada serial** - por onde os dados podem entrar serialmente para serem armazenados no registrador.

Este registrador é denominado **síncrono** porque os pulsos de clock ativam todos os flip-flops simultaneamente. Porém, as entradas $\overline{MR}$ e PL são denominadas **assíncronas**, pois, independem do pulso de clock.

A seguir, tem-se a análise dos modos de operação deste registrador:

Registrador Série-Série

Neste modo, o registrador opera com **entrada e saída seriais**. Para tanto, a entrada de controle PL deve permanecer com nível lógico 0, desabilitando as entradas paralelas.

A entrada de controle $\overline{MR}$ pode ser habilitada (nível lógico 0) para resetar o registrador mas, em seguida, deve ser desabilitada (nível lógico 1) para permitir o acesso dos dados presentes na entrada serial.

A operação de armazenamento serial é realizada através da aplicação de pulsos de clock, fazendo com que as informações, **bit a bit**, que chegam à entrada serial S sejam deslocadas a cada pulso de clock.

A transmissão serial é realizada bit a bit pela saída serial Q_A através da aplicação de novos pulsos de clock.

Exemplo:

A figura 6.3 representa o diagrama de tempos do registrador série-série fazendo o armazenamento e a transmissão da informação 0 0 1 1.

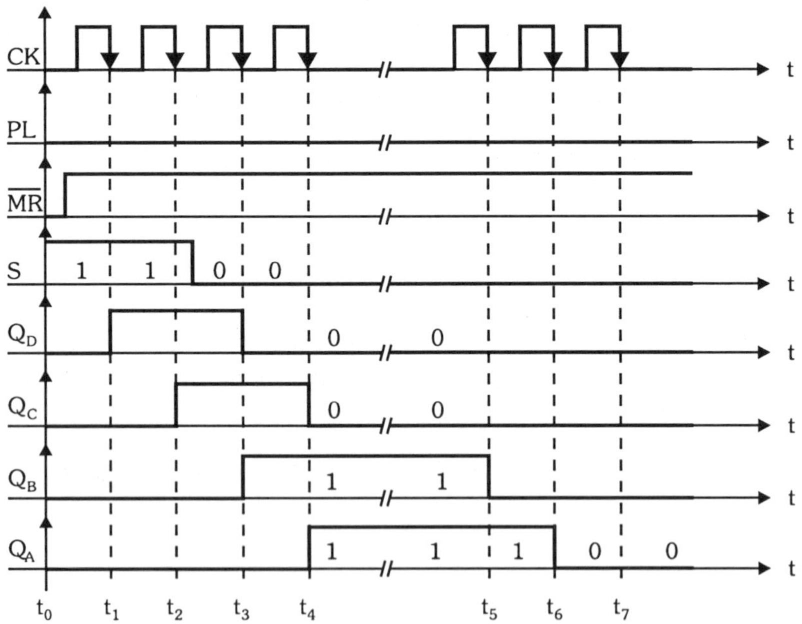

Figura 6.3 - Funcionamento do Registrador Série-Série

Notar que no gráfico da entrada S, a informação (0 0 1 1) aparece invertida (1 1 0 0) pois, o primeiro bit (**0** 0 1 1) da informação deve ser o último bit (1 1 0 **0**) a ser armazenado em Q_D, já que há um **deslocamento à direita**.

Inicialmente o registrador encontra-se resetado ($\overline{MR} = 0$), ou seja, o seu conteúdo é $Q_D\ Q_C\ Q_B\ Q_A = 0\ 0\ 0\ 0$.

A partir daí, cada borda de descida do pulso de clock provoca um deslocamento à direita do conteúdo do registrador, ou seja, a informação presente em Q_B passa para Q_A, Q_C para Q_B, Q_D para Q_C e S para Q_D.

Deste modo, tem-se:

Pulsos de Clock	S	Q_D	Q_C	Q_B	Q_A
inicialmente (t_0)	1	0	0	0	0
após a 1ª descida (t_1)	1	1	0	0	0
após a 2ª descida (t_2)	0	1	1	0	0
após a 3ª descida (t_3)	0	0	1	1	0
após a 4ª descida (t_4)	X	0	0	1	1

Verifica-se que, após quatro pulsos de clock, o conteúdo final do registrador corresponde à informação desejada, permanecendo assim enquanto não houver um novo pulso de clock (intervalo entre t_4 e t_5).

Para a transmissão desta informação armazenada são necessários apenas três pulsos de clock (transições negativas em t_5, t_6 e t_7) uma vez que o primeiro bit a ser transmitido já se encontra presente na saída serial (Q_A).

Notar também que, da mesma forma que no armazenamento, o primeiro bit da informação (**0** 0 1 1) é o último bit a ser transmitido (1 1 0 **0**).

Este registrador pode ser muito útil quando se deseja armazenar temporariamente uma informação durante uma transmissão serial entre dois sistemas digitais.

Registrador Série-Paralelo

Neste modo, o registrador opera com **entrada serial** e **saída paralela.**

A operação de armazenamento serial é realizada da mesma forma que no caso anterior, mas a transmissão da informação pode ser realizada no modo paralelo já no instante t_4 através das saídas Q_D, Q_C, Q_B, Q_A.

Esta operação é muito útil quando um sistema recebe informações no modo serial e precisa utilizá-las no modo paralelo, e, por isso, este registrador é também chamado de **conversor série-paralelo**.

Registrador Paralelo-Série

Neste modo, o registrador opera com **entrada paralela** e **saída serial.**

Para o armazenamento paralelo, seu conteúdo deve ser inicialmente resetado através da entrada de controle $\overline{MR}$ para, em seguida, se habilitarem as entradas paralelas P_D, P_C, P_B e P_A através da entrada de controle PL em nível lógico 1.

Tal armazenamento ocorre da seguinte forma:

- Nível lógico 0:

Se uma entrada paralela contém nível lógico 0, a entrada PR (preset) do flip-flop fica desabilitada (nível lógico 1), mantendo o nível lógico 0 na sua saída correspondente (pois o $\overline{MR}$ foi habilitado antes);

- Nível lógico 1:

Se uma entrada paralela contém nível lógico 1, a entrada PR (preset) do flip-flop fica habilitada (nível lógico 0), fazendo com que sua saída correspondente fique com nível lógico 1.

A transmissão serial é realizada bit a bit pela saída serial Q_A através da aplicação de novos pulsos de clock.

Exemplo:

A figura 6.4 representa o diagrama de tempos do registrador paralelo-série, fazendo o armazenamento e a transmissão da informação 1 0 1 1.

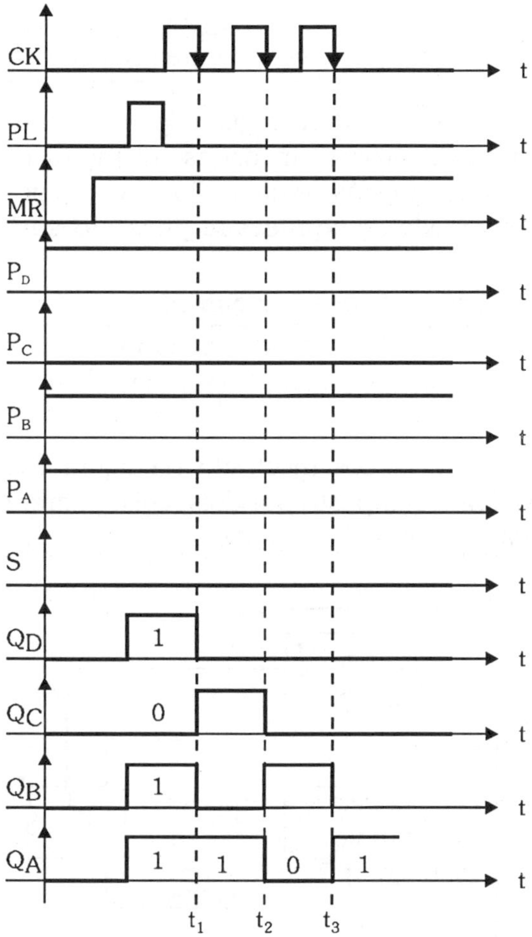

Figura 6.4 - Funcionamento do Registrador Paralelo-Série

A entrada de controle $\overline{MR}$, inicialmente em 0, reseta o registrador ($Q_D\ Q_C\ Q_B\ Q_A$ = 0 0 0 0).

O armazenamento paralelo da informação 1 0 1 1, estando presente nas entradas P_D, P_C, P_B e P_A, é realizado pela habilitação da entrada de controle PL (nível lógico 1).

↓

↑

Desta forma tem-se Q_D Q_C Q_B Q_A = 1 0 1 1, ou seja, o armazenamento paralelo está terminado.

Para a transmissão desta informação armazenada são necessários apenas três pulsos de clock (transições negativas em t_1, t_2 e t_3), uma vez que o primeiro bit a ser transmitido já se encontra presente na saída serial (Q_A).

Uma grande aplicação deste registrador operando no modo paralelo-série é em sistemas que processam dados no modo paralelo e fazem a transmissão dos mesmos através de um meio de comunicação serial, sendo, por isso, também chamado de **conversor paralelo-série.**

Exemplo de Aplicação - Somador Serial

Eis aqui um primeiro sistema formado por três subsistemas (dois registradores e um somador completo), além de um flip-flop D e uma porta AND.

O diagrama de blocos mostrado na figura 6.5 representa um **somador serial**. Ele é composto por dois registradores de deslocamento A e B cujas saídas seriais estão ligadas às entradas A e B do somador completo (full adder).

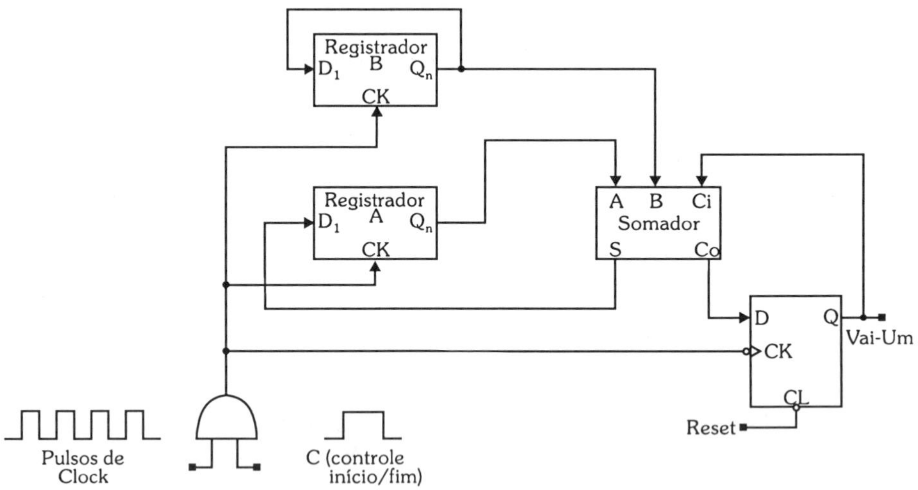

Figura 6.5 - Somador Serial

↓

↑

Primeiramente, as informações A e B a serem somadas devem ser armazenadas nos seus respectivos registradores (através das entradas paralelas) e o flip-flop de armazenamento do vai-um (carry) deve ser resetado.

Em seguida, deve-se aplicar o sinal de controle de início e fim da operação. Enquanto este sinal estiver em nível lógico 1, os pulsos de clock atuam nos registradores A e B e no flip-flop. Nos registradores, os dados armazenados são deslocados à direita para que os mesmos sejam somados (bit a bit) no somador completo. No flip-flop, o vai-um correspondente à soma de cada bit (Co-Carry out) é atualizado e realimentado ao somador (Ci-Carry in) para a realização da soma do bit seguinte.

Vê-se que, quando o sinal de controle retorna ao nível lógico 0 (fim da operação soma), a informação B está novamente armazenada no registrador B (sua saída serial está realimentada à sua entrada serial), o resultado da soma está armazenado no registrador A (saída S do somador está ligada na entrada serial do registrador A) e o vai-um final da operação está na saída Vai-Um do circuito.

Registrador Paralelo-Paralelo

Neste modo, o registrador opera com **entrada e saída paralelas.**

O procedimento para armazenar as entradas paralelamente é o mesmo adotado anteriormente, estando a informação, portanto, pronta para ser lida ou transmitida de forma paralela através das saídas Q_D, Q_C, Q_B e Q_A.

Nota-se que, neste caso, nenhum pulso de clock precisou ser aplicado, devendo a entrada CK permanecer com nível lógico 0.

Um registrador funcionando neste modo é muito útil em sistemas que recebem, processam ou transmitem informações paralelamente e que necessitam armazená-las temporariamente. Por isso, este registrador é também chamado de **latch**.

Uma forma mais simples de se construir um latch é mostrada na figura 6.6:

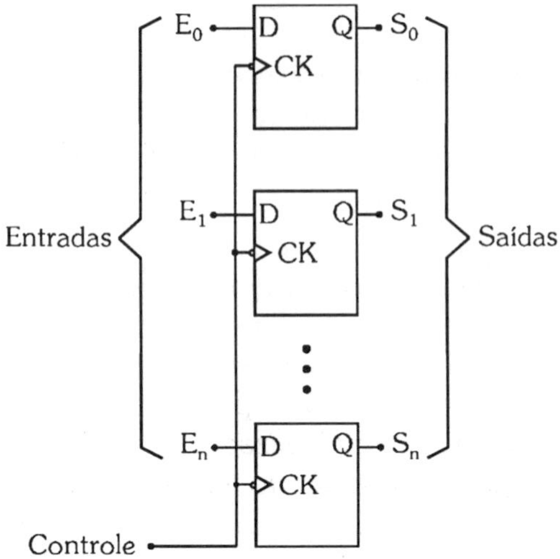

Figura 6.6 - Latch

Como se pode observar, com o acionamento do clock as entradas são registradas e apresentadas na saída. Também neste caso, o número de flip-flops determina o número de bits que pode ser armazenado pelo latch.

Exemplo

A figura 6.7 mostra o diagrama interno do latch 74373, bem como sua tabela de funções.

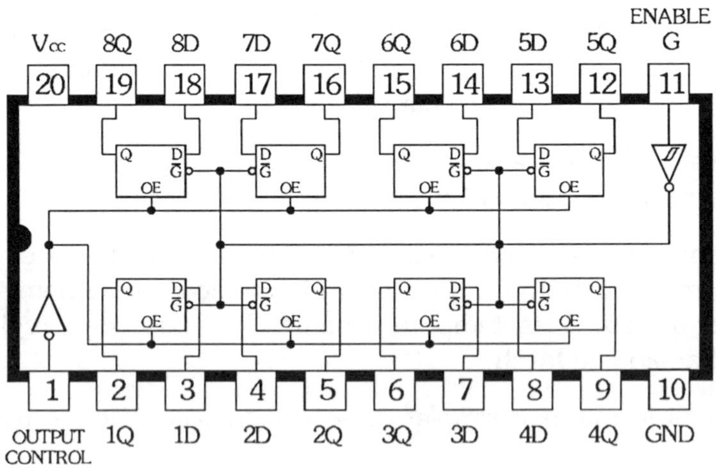

↓

↑

Output Control	Enable G	D	Output
L	H	H	H
L	H	L	L
L	L	X	Q_0
H	X	X	Z

Figura 6.7 - Latch 74373

Nota-se que o sinal **Enable G** (clock) controla o armazenamento das informações de entrada **D** enquanto que, o sinal **Output Control** controla a saída da informação **Output-Q** , como mostra a sua tabela de funções.

Exercícios Propostos

6.1 Desenhar o circuito de um registrador de deslocamento que funcione como o da figura 6.2, utilizando, porém, flip-flops JK master-slave.

6.2 Desenhar o diagrama de tempos relativo ao armazenamento serial e transmissão serial da informação 1 0 1 0, utilizando o registrador de deslocamento desenhado no Exercício Proposto 6.1.

6.3 Desenhar o circuito de um registrador série-série de 4 bits com deslocamento à esquerda, utilizando flip-flops D.

Projetos

6.1 Projetar um circuito digital, utilizando flip-flops JK master--slave e portas lógicas que forneçam em suas saídas a seqüência abaixo:

0 0 0 0 → Estado Inicial
1 0 0 0
1 1 0 0
1 1 1 0
1 1 1 1
0 1 1 1
0 0 1 1
0 0 0 1
0 0 0 0 → Repetição do Ciclo

6.2 Projetar um somador serial de 8 bits baseado no diagrama de blocos do somador serial, utilizando CIs comerciais.

Capítulo 7

Contadores

O contador é um subsistema seqüencial que fornece em suas saídas um conjunto de níveis lógicos numa seqüência predeterminada.

A este conjunto de níveis lógicos dá-se o nome de estados internos do contador.

O contador é formado basicamente por flip-flops e, portanto, a velocidade da seqüência gerada é determinada pela freqüência dos pulsos de clock.

7.1 Configurações Básicas

Os contadores podem ser classificados segundo alguns critérios:

a) Tipo de controle:

- Assíncrono
- Síncrono

b) Tipo de contagem:

- Crescente (up)
- Decrescente (down)

c) Tipo de código:

- Hexadecimal
- Decimal (Década)
- Outros

O diagrama de blocos de um contador genérico está mostrado na figura 7.1.

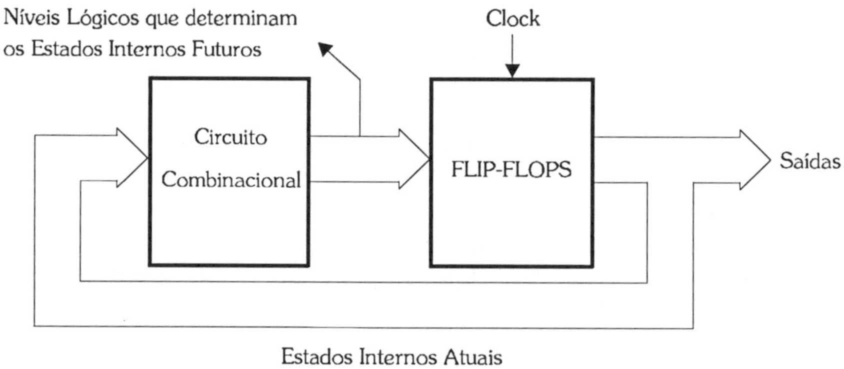

Figura 7.1 - Diagrama de Blocos de um Contador Genérico

Este diagrama de blocos é muito parecido com o apresentado no Capítulo 5, figura 5.2 (Modelo Genérico do Circuito Seqüencial), com a diferença de que, neste, a realimentação das saídas do circuito combinacional para suas entradas passa por flip-flops que funcionam como um latch controlado por pulsos de clock.

Desta forma, as saídas do contador fornecem os estados internos **atuais** e as saídas do circuito combinacional fornecem níveis lógicos que, atuando nas entradas dos flip-flops, determinam os estados internos **futuros**.

7.2 Contador Assíncrono

Um **contador assíncrono** é aquele no qual os flip-flops são controlados por pulsos de clock **não simultâneos**. A figura 7.2 mostra o diagrama de blocos deste tipo de montagem.

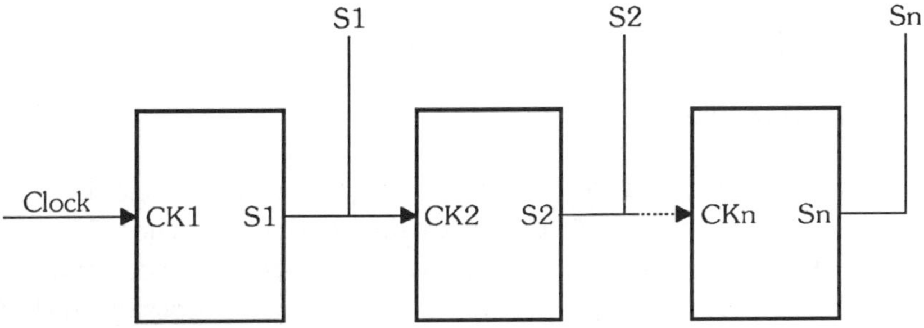

Figura 7.2 - Diagrama de Blocos de um Contador Assíncrono Genérico

O que caracteriza este tipo de contador é a ligação da saída de um flip-flop à entrada de clock do flip-flop subseqüente, ou seja, somente o primeiro flip-flop é controlado pelos pulsos de clock externos.

Exemplo de Aplicação I - Contador Hexadecimal Assíncrono Crescente

O circuito deste contador está representado na figura 7.3.

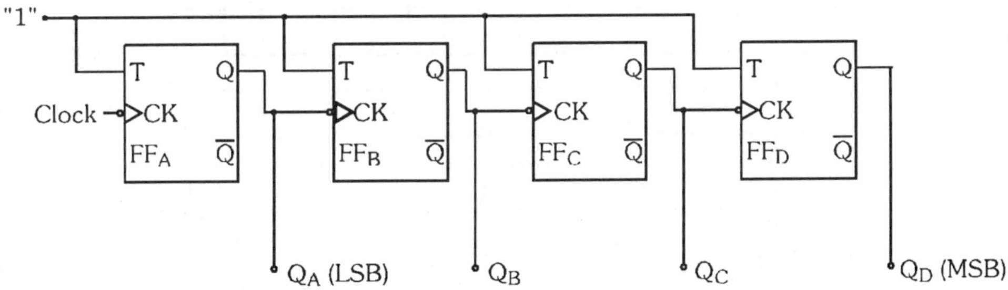

Figura 7.3 - Contador Hexadecimal Assíncrono Crescente

↓

↑

Neste contador, como pode-se notar, o circuito combinacional resume-se à ligação das entradas T_A, T_B, T_C e T_D dos flip-flops no nível lógico 1.

Para a análise do funcionamento deste circuito, é preciso destacar duas características do flip-flop T :

a) Atua na transição negativa (borda de descida) do clock;

b) Para T=1, $Q_f = \overline{Q}_a$.

Como este contador é assíncrono, os pulsos de clock externos atuam apenas no flip-flop A **complementando** sua saída Q_A a cada **transição negativa.** Mas Q_A é quem fornece o sinal de clock para o flip-flop B e, portanto, quando esta saída corresponder à passagem de nível lógico 1 para 0 (transição negativa), a saída Q_B é complementada, e assim sucessivamente, ou seja, Q_B fornece o sinal de clock para o flip-flop C que complementa Q_C que fornece o sinal de clock para o flip-flop D que complementa Q_D.

A figura 7.4 mostra o **diagrama de tempos** deste contador partindo do estado inicial Q_D Q_C Q_B Q_A = 0 0 0 0.

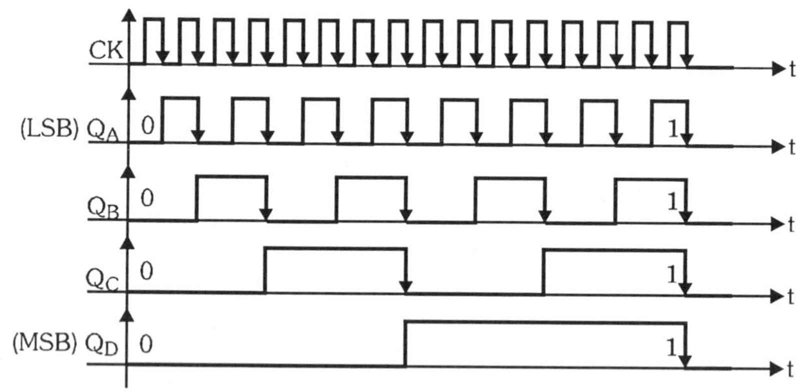

Figura 7.4 - Diagrama de Tempos do Contador Assíncrono Hexadecimal Crescente.

↓

Considerando-se a saída Q_A como o bit menos significativo (LSB - Least Significant Bit) e a saída Q_D como o bit mais significativo (MSB - Most Significant Bit), verifica-se que este circuito gera em seqüência o código hexadecimal no sentido crescente (up), começando em $Q_D\ Q_C\ Q_B\ Q_A$ = 0 0 0 0 até terminar em 1 1 1 1, recomeçando em seguida em 0 0 0 0 enquanto houver pulsos de clock externos.

Por isto, este circuito é denominado contador hexadecimal assíncrono crescente.

O diagrama de tempos mostra, também, que este contador **divide** a freqüência de clock por dois (Q_A), por quatro (Q_B), por oito (Q_C) e por dezesseis (Q_D).

Para representar a seqüência de estados gerada por um contador, costuma-se utilizar o **diagrama de estados** como o mostrado na figura 7.5 referente ao circuito analisado.

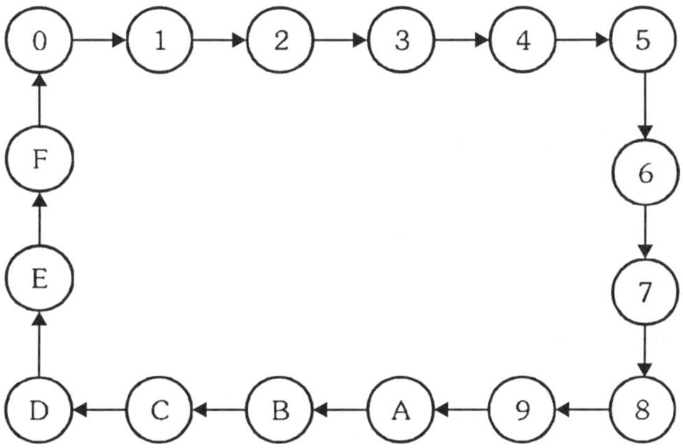

Figura 7.5 - Diagrama de Estados do Contador Hexadecimal Crescente

Os contadores assíncronos, embora muito simples e úteis, têm uma limitação quanto à **máxima freqüência** de clock devido ao tempo de atraso de cada flip-flop. Neste exemplo, pode-se notar que na passagem do estado F (1111) para o estado 0 (0000), os quatro flip-flops mudam o valor das saídas, fazendo com que o atraso total seja quatro vezes maior que o atraso de um flip-flop devido a sua propagação, como mostra a figura 7.6.

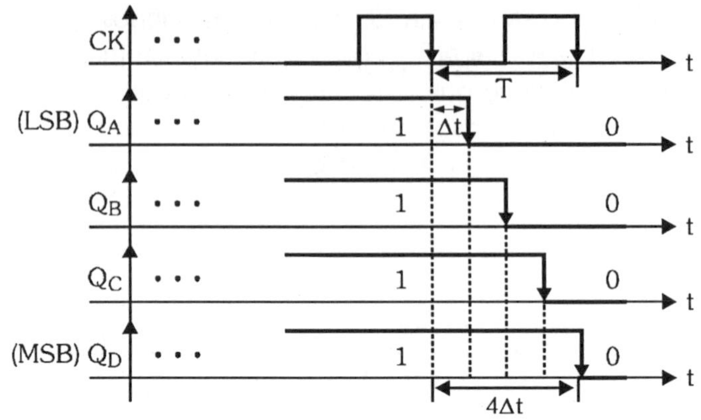

Figura 7.6 - Propagação do Atraso na Passagem do Estado F para 0

Conclui-se, então, que o período mínimo do pulso de clock deve ser maior que quatro vezes o tempo de atraso de um flip-flop, ou seja:

$$T_{CK_{max}} > 4.\Delta t$$

Isto significa que a freqüência máxima do pulso de clock deve ser menor que um quarto da freqüência máxima de clock de um flip-flop, ou seja:

$$f_{CKmax} < \frac{f_{FFmax}}{4}$$

OBSERVAÇÕES:

a) Esta análise pode ser feita para todo tipo de contador assíncrono;

b) A freqüência máxima de um flip-flop é dada pelos fabricantes nos manuais de circuitos integrados.

Exemplo de Aplicação II - Contador de Década Assíncrono Crescente

Pode-se obter um **contador de década assíncrono crescente** a partir de um contador hexadecimal assíncrono crescente com uma pequena alteração no circuito, como mostra a figura 7.7.

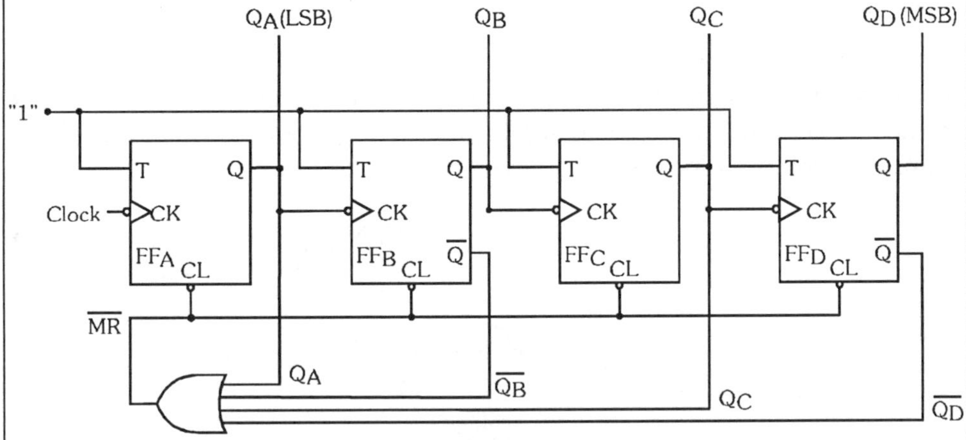

Figura 7.7 - Contador de Década Assíncrono Crescente

Para isso, basta interligar todas as entradas clear (CL) dos flip-flops, criando uma entrada de controle **master reset ($\overline{MR}$)** que atua imediatamente toda vez que o contador chega ao estado A ($Q_D\ Q_C\ Q_B\ Q_A$ = 1 0 1 0). Esta atuação se dá da seguinte forma:

As saídas $Q_D\ Q_C\ Q_B\ Q_A$ são ligadas a uma porta OR que fornece nível lógico 0 logo que o contador chega ao estado A **resetando**, assim, todas as suas saídas, levando-o, portanto, imediatamente ao estado 0 ($Q_D\ Q_C\ Q_B\ Q_A$ = 0 0 0 0).

Já, no estado 0, a porta OR volta a fornecer nível lógico 1, desabilitando a entrada de controle master reset ($\overline{MR}$).

Desta forma, o circuito omite o estado A, contando apenas de 0 a 9 (dez estados), ou seja, funciona como um contador de década assíncrono crescente.

↓

↑

Por outro lado, considerando-se que, por qualquer motivo, o contador pode cair em outros estados que não sejam os previstos (estados B, C, D, E ou F), deve-se averiguar o seu comportamento, pois este pode ser prejudicial ao funcionamento do sistema no qual este contador está inserido.

Neste exemplo, verifica-se facilmente que o seu diagrama de estados completo (malha principal com os estados secundários) fica como o mostrado na figura 7.8. Isto significa que precisará de 5 pulsos de clock para retornar à malha principal, caso caia no estado B.

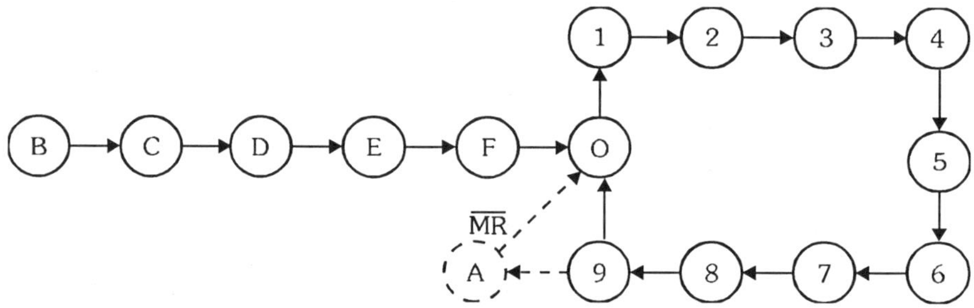

Figura 7.8 - Diagrama de Estados do Contador de Década Assíncrono Crescente

Exemplo de Aplicação III
Contador Hexadecimal Assíncrono Decrescente

O **contador hexadecimal assíncrono decrescente** tem um diagrama de estados como o mostrado na figura 7.9.

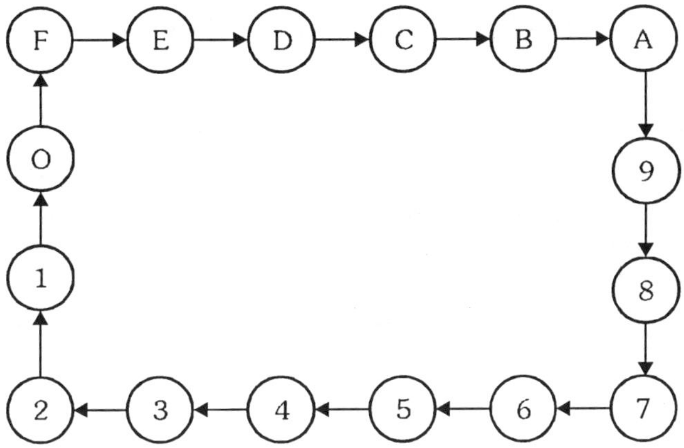

Figura 7.9 - Diagrama de Estados do Contador Hexadecimal Decrescente

Este contador pode ser construído facilmente de dois modos diferentes:

1º Modo

O circuito é o mesmo do contador hexadecimal assíncrono crescente mostrado na figura 7.3, porém, as saídas do contador são as **saídas complementares** dos flip-flops, isto é, $\overline{Q}_D$, $\overline{Q}_C$, $\overline{Q}_B$ e $\overline{Q}_A$, como mostra a figura 7.10.

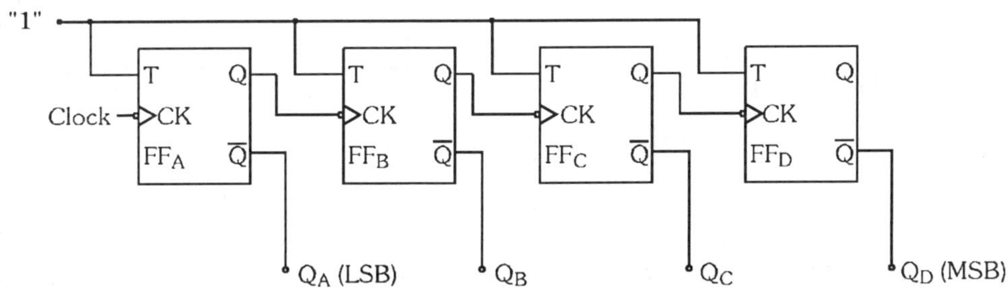

Figura 7.10 - Contador Hexadecimal Assíncrono Decrescente (1º modo)

↓

Neste caso, o diagrama de tempos fica como o mostrado na figura 7.11.

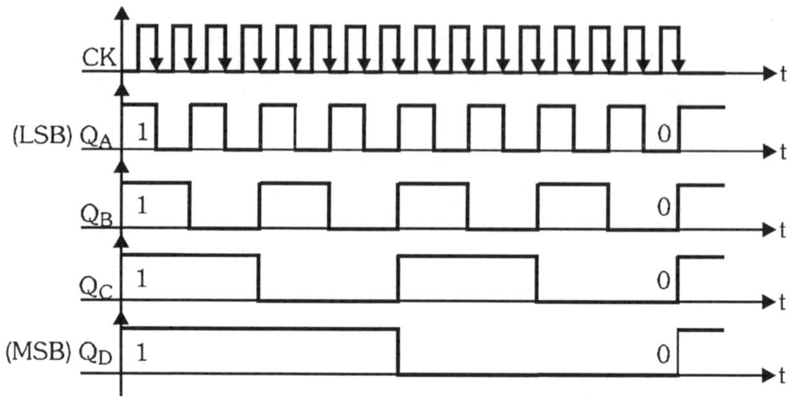

Figura 7.11 - Diagrama de Tempos do Contador Hexadecimal Assíncrono Decrescente (1º modo)

2º Modo

O circuito é uma variante do contador hexadecimal assíncrono crescente mostrado na figura 7.3, pois usa-se a **saída $\overline{Q}$** de cada flip-flop para fornecer o **pulso de clock** ao flip-flop seguinte, como mostra a figura 7.12.

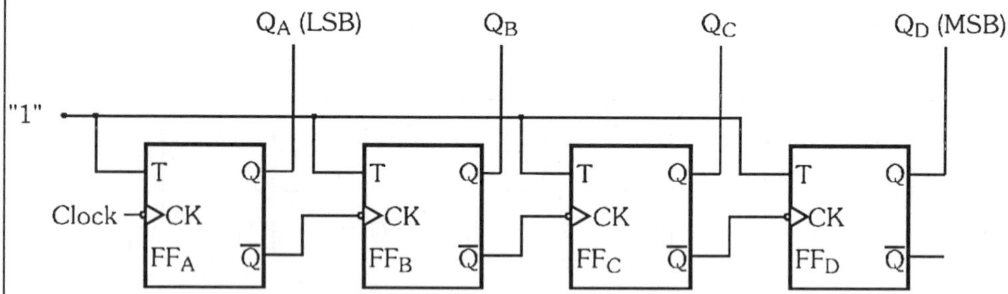

Figura 7.12 - Contador Hexadecimal Assíncrono Decrescente (2º modo)

Desta forma, os flip-flops B, C e D complementam suas saídas Q_B, Q_C e Q_D na passagem de 1 para 0 (transição negativa) das saídas $\overline{Q}_A$, $\overline{Q}_B$ e $\overline{Q}_C$ dos flip-flops anteriores A, B e C, o que equivale dizer que isto ocorre na passagem de 0 para 1 (transição positiva) das saídas Q_A, Q_B e Q_C destes mesmos flip-flops, como mostra o diagrama de tempos da figura 7.13.

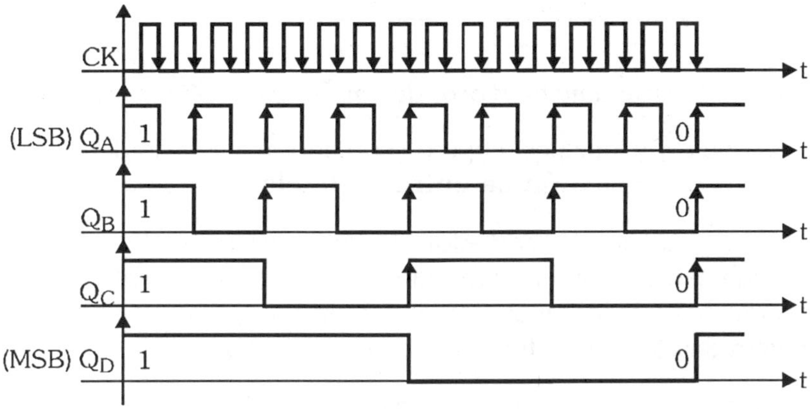

Figura 7.13 - Diagrama de Tempos do Contador Hexadecimal Assíncrono Decrescente (2º modo)

7.3 Contador Síncrono

O **contador síncrono** é aquele no qual os flip-flops são controlados **simultaneamente** pelo mesmo pulso de clock. A figura 7.14 mostra o diagrama de blocos deste tipo de montagem.

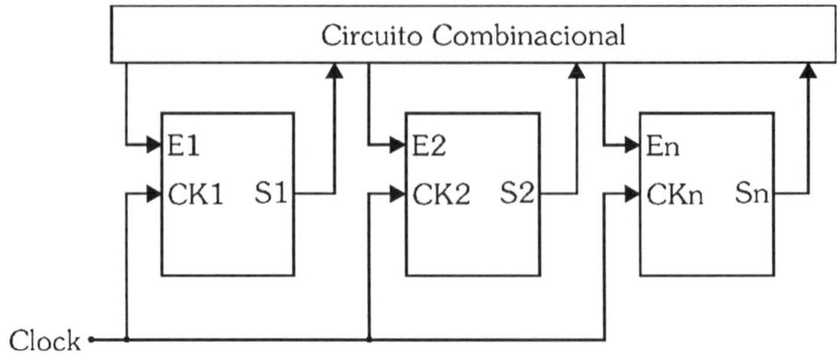

Figura 7.14 - Diagrama de Blocos de um Contador Síncrono Genérico

O que caracteriza este tipo de contador é a ligação das entradas de clock dos flip-flops a uma **única entrada de clock** externa.

O projeto de um contador síncrono corresponde ao projeto do circuito combinacional que determina os estados futuros (entradas dos flip--flops) a partir dos estados atuais (saídas dos flip-flops) em função da seqüência de contagem desejada e do tipo de flip-flop utilizado.

Para se compreender bem como é o projeto e a implementação dos contadores síncronos, serão desenvolvidos a seguir, três exemplos de aplicação de forma a envolver todos os conceitos possíveis.

Exemplo de Aplicação I - Contador Módulo 5 Síncrono Crescente

Como se trata de um **contador módulo 5** (cinco estados), três flip-flops são suficientes para o projeto, já que sua seqüência é formada apenas pelos estados 0 a 4 (000 a 100).

A figura 7.15 mostra o **diagrama de estados** deste contador, que, como se pode notar, não apresenta em sua malha principal todos os estados possíveis (estão faltando os estados 5, 6 e 7). Estes representam os estados secundários que serão objeto de estudo posterior.

↓

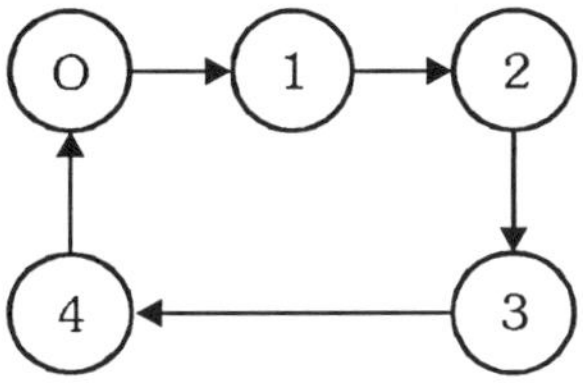

Figura 7.15 - Diagrama de Estados do Contador Módulo 5 Síncrono Crescente

Para mostrar que um mesmo contador pode ter soluções diferentes, serão desenvolvidos dois projetos, cada um utilizando um tipo de flip-flop: D e JK master-slave.

1º Modo - Utilizando Flip-Flop D

Para o projeto do circuito combinacional deste contador é necessário construir sua tabela-verdade.

Levando-se em conta a característica do flip-flop D (Q_f=0 para D=0 e Q_f=1 para D=1), pode-se construir a **tabela-verdade** do circuito combinacional deste contador, como mostra a figura 7.16.

		Entradas do Circuito Combinacional						Saídas do Circuito Combinacional		
Estado Atual	Estado Futuro	Saídas Atuais dos Flip-Flops			Saídas Futuras dos Flip-Flops			Entradas dos Flip-Flops		
		Q_C	Q_B	Q_A	Q_C	Q_B	Q_A	D_C	D_B	D_A
0	1	0	0	0	0	0	1	0	0	1
1	2	0	0	1	0	1	0	0	1	0
2	3	0	1	0	0	1	1	0	1	1
3	4	0	1	1	1	0	0	1	0	0
4	0	1	0	0	0	0	0	0	0	0
5	X	1	0	1	X	X	X	X	X	X
6	X	1	1	0	X	X	X	X	X	X
7	X	1	1	1	X	X	X	X	X	X

Figura 7.16 - Tabela-Verdade do Contador Módulo 5 Síncrono Crescente (Flip-Flop D)

↑

A **primeira e a segunda colunas** relacionam os estados atuais e futuros do contador para a seqüência desejada.

A **terceira e a quarta colunas** relacionam estes estados em forma de níveis lógicos (as saídas atuais dos flip-flops são as entradas do circuito combinacional).

A **quinta coluna** relaciona os níveis lógicos que as entradas dos flip-flops devem assumir para, após o pulso de clock, gerar as saídas futuras previstas (as entradas dos flip-flops são as saídas do circuito combinacional).

Desta tabela-verdade podem-se obter as **expressões lógicas** das saídas do circuito combinacional através de mapas de Karnaugh.

Q_C \ $Q_B Q_A$	00	01	11	10
0	0	0	1	0
1	0	X	X	X

$D_C = Q_B \cdot Q_A$

Q_C \ $Q_B Q_A$	00	01	11	10
0	0	1	0	1
1	0	X	X	X

$D_B = \overline{Q_B} \cdot Q_A + Q_B \cdot \overline{Q_A} = Q_A \oplus Q_B$

Q_C \ $Q_B Q_A$	00	01	11	10
0	1	0	0	1
1	0	X	X	X

$D_A = \overline{Q_C} \cdot \overline{Q_A}$

Mas, antes da implementação do circuito, deve-se fazer a **análise dos estados secundários** (5, 6 e 7) para saber como se comportam em relação aos estados da malha principal.

Para isso, é considerado o fato dos níveis lógicos irrelevantes terem sido definidos durante a resolução dos mapas de Karnaugh, pois, se eles fizeram parte do enlace, passaram a valer 1, caso contrário passaram a valer 0.

Pela substituição das variáveis Q_C, Q_B e Q_A das expressões lógicas obtidas por seus valores correspondentes nos estados secundários 5, 6 e 7, pode-se levantar a tabela-verdade destes estados, descobrindo-se, assim, os seus estados futuros, como mostra a figura 7.17.

↓

↑

Estado Atual	Saídas Atuais dos Flip-Flops			Entradas dos Flip-Flops			Saídas Futuras dos Flip-Flops			Estado Futuro
	Q_C	Q_B	Q_A	D_C	D_B	D_A	Q_C	Q_B	Q_A	
5	1	0	1	0	1	0	0	1	0	2
6	1	1	0	0	1	0	0	1	0	2
7	1	1	1	1	0	0	1	0	0	4

Figura 7.17 - Tabela-Verdade dos Estados Secundários do Contador Módulo 5 Síncrono Crescente (Flip-Flop D)

Chega-se, então, ao **diagrama de estados completo** deste contador, como mostra a figura 7.18, de onde se conclui que é necessário no máximo um pulso de clock para que o contador volte à malha principal, independente de em qual estado secundário ele venha a cair.

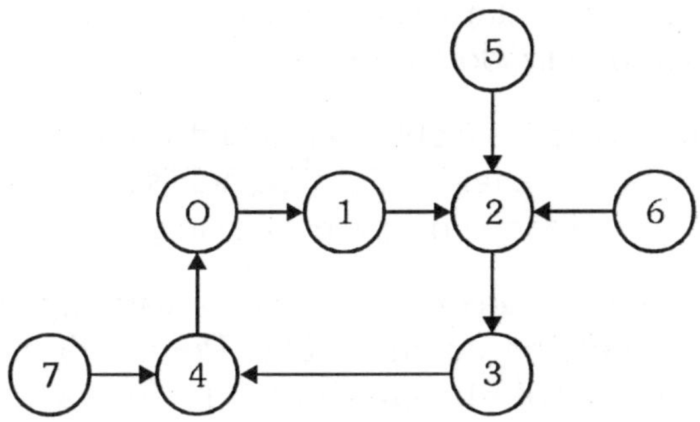

Figura 7.18 - Diagrama de Estados Completo do Contador Módulo 5 Síncrono Crescente (Flip-Flop D)

Finalmente, o circuito pode ser implementado, uma vez que os estados secundários não ocasionam maiores problemas.

A figura 7.19 mostra o circuito do contador módulo 5 síncrono crescente usando flip-flop D.

↓

↑

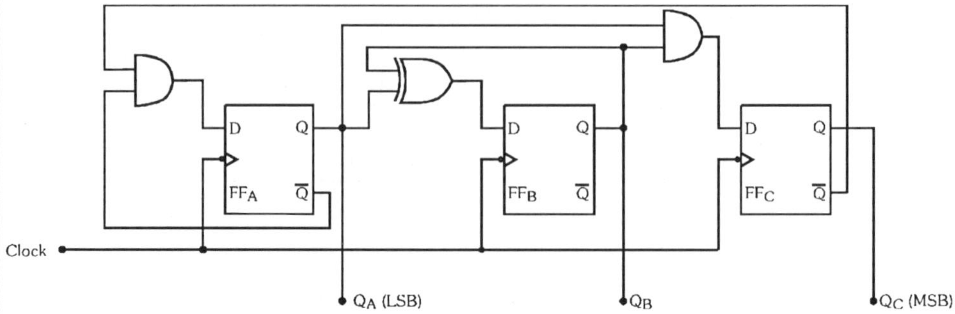

Figura 7.19 - Contador Módulo 5 Síncrono Crescente (Flip-Flop D)

2º Modo - Utilizando Flip-Flop JK Master Slave

Para o projeto deste mesmo contador utilizando flip-flop JK master-slave, o procedimento é exatamente o mesmo que o anterior, adequando-o, porém, ao flip-flop utilizado agora.

Mas, como o objetivo é obter um circuito com o menor número de portas lógicas possível, será feita antes uma análise do flip-flop JK Master-Slave, para que sua utilização propicie esta simplificação.

Como já foi estudado no Capítulo 5, este flip-flop apresenta a tabela-verdade mostrada na figura 7.20(a). Porém, desta tabela-verdade pode-se montar uma **tabela auxiliar,** de forma a representar o comportamento das entradas do flip-flop em função das possíveis mudanças em sua saída, como mostra a figura 7.20(b).

J	K	Q_f
0	0	Q_a
0	1	0
1	0	1
1	1	$\overline{Q_a}$

a) Tabela-Verdade

$Q_a \rightarrow Q_f$	J	K
$0 \rightarrow 0$	0	X
$0 \rightarrow 1$	1	X
$1 \rightarrow 0$	X	1
$1 \rightarrow 1$	X	0

b) Tabela-Auxiliar

Figura 7.20 - Tabelas do Flip-Flop JK Master-Slave

↓

↑

A tabela auxiliar mostra que:

- Para que a saída Q permaneça em nível lógico 0 (Q_a=0 e Q_f=0), as entradas devem valer J=0 e K=0 ($Q_f=Q_a$) ou J=0 e K=1 (Q_f=0), ou seja, J=0 e K=X;
- Para que a saída Q mude de 0 (Q_a=0) para 1 (Q_f=1), as entradas devem valer J=1 e K=0 (Q_f=1) ou J=1 e K=1 ($Q_f = \overline{Q}_a$), ou seja, J=1 e K=X;
- Para que a saída Q mude de 1 (Q_a=1) para 0 (Q_f=0), as entradas devem valer J=0 e K=1 (Q_f=0) ou J=1 e K=1 ($Q_f = \overline{Q}_a$), ou seja, J=X e K=1;
- Para que a saída Q permaneça em nível lógico 1 (Q_a=1 e Q_f=1), as entradas devem valer J=0 e K=0 ($Q_f=Q_a$) ou J=1 e K=0 (Q_f=1), ou seja, J=X e K=0.

Como as entradas J e K dos flip-flops são as saídas do circuito combinacional, o uso destes irrelevantes pode simplificar as expressões lógicas a serem obtidas por mapas de Karnaugh.

Agora, pode-se construir a tabela-verdade do circuito combinacional deste contador. A figura 7.21 mostra esta tabela de forma detalhada.

↓

Estado Atual	Estado Futuro	Entradas do Circuito Combinacional Saídas Atuais dos Flip-Flops			Saídas Futuras dos Flip-Flops			Saídas do Circuito Combinacional Entradas dos Flip-Flops					
		Q_C	Q_B	Q_A	Q_C	Q_B	Q_A	J_C	K_C	J_B	K_B	J_A	K_A
0	1	0	0	0	0	0	1	0	X	0	X	1	X
1	2	0	0	1	0	1	0	0	X	1	X	X	1
2	3	0	1	0	0	1	1	0	X	X	0	1	X
3	4	0	1	1	1	0	0	1	X	X	1	X	1
4	0	1	0	0	0	0	0	X	1	0	X	0	X
5	X	1	0	1	X	X	X	X	X	X	X	X	X
6	X	1	1	0	X	X	X	X	X	X	X	X	X
7	X	1	1	1	X	X	X	X	X	X	X	X	X

Figura 7.21 Tabela-Verdade do Contador Módulo 5 Síncrono Crescente (Flip-Flop JK Master Slave)

Desta tabela-verdade podem-se obter as expressões lógicas das saídas do circuito combinacional através de mapas de Karnaugh.

Q_C \ $Q_B Q_A$	00	01	11	10
0	0	0	1	0
1	X	X	X	X

$J_C = Q_B \cdot Q_A$

Q_C \ $Q_B Q_A$	00	01	11	10
0	0	1	X	X
1	0	X	X	X

$J_B = Q_A$

Q_C \ $Q_B Q_A$	00	01	11	10
0	1	X	X	1
1	0	X	X	X

$J_A = \overline{Q_C}$

Q_C \ $Q_B Q_A$	00	01	11	10
0	X	X	X	X
1	1	X	X	X

$K_C = 1$

Q_C \ $Q_B Q_A$	00	01	11	10
0	0	X	1	0
1	0	X	X	X

$K_B = Q_A$

Q_C \ $Q_B Q_A$	00	01	11	10
0	X	1	1	X
1	X	X	X	X

$K_A = 1$

Para a análise dos estados secundários, substituem-se as variáveis Q_C, Q_B e Q_A das expressões lógicas obtidas por seus valores correspondentes nos estados 5, 6 e 7, chegando-se, assim, aos **estados futuros**, como mostra a tabela-verdade dos estados secundários da figura 7.22.

Estado Atual	Saídas Atuais dos Flip-Flops			Entradas dos Flip-Flops						Saídas Futuras dos Flip-Flops			Estado Futuro
	Q_C	Q_B	Q_A	J_C	K_C	J_B	K_B	J_A	K_A	Q_C	Q_B	Q_A	
5	1	0	1	0	1	1	1	0	1	0	1	0	2
6	1	1	0	0	1	0	0	0	1	0	1	0	2
7	1	1	1	1	1	1	1	0	1	0	0	0	0

Figura 7.22 - Tabela-Verdade dos Estados Secundários do Contador Módulo 5 Síncrono Crescente (Flip-Flop JK Master Slave)

Chega-se, então, ao **diagrama de estados completo** deste contador, como mostra a figura 7.23, de onde se conclui que é necessário no máximo um pulso de clock para que o contador volte à malha principal, independente de em qual estado secundário ele venha a cair.

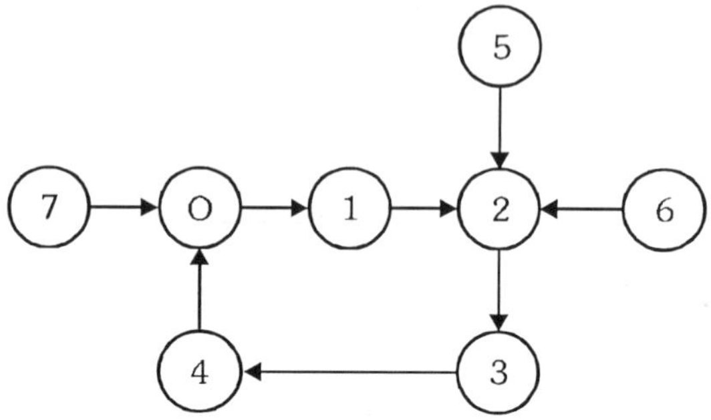

Figura 7.23 - Diagrama de Estados Completo do Contador Módulo 5 Síncrono Crescente (Flip-Flop JK Master Slave)

Finalmente, o circuito pode ser implementado, uma vez que os estados secundários não ocasionam maiores problemas.

A figura 7.24 mostra o **circuito** do contador módulo 5 síncrono crescente usando flip-flop JK master-slave.

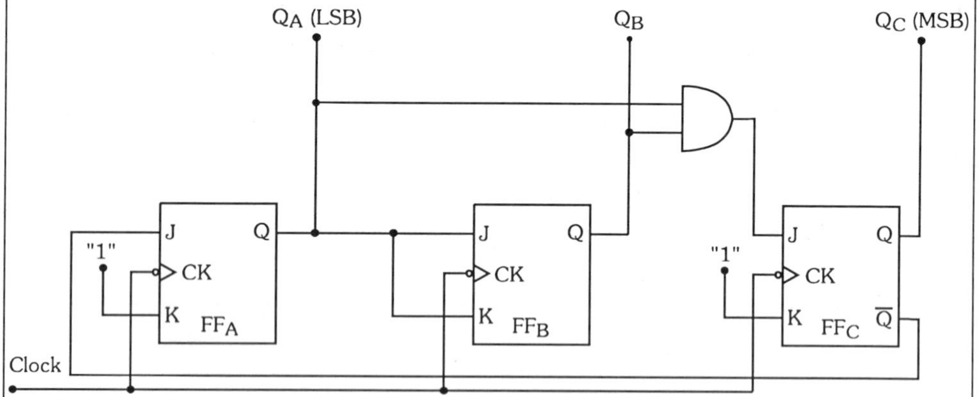

Figura 7.24 - Contador Módulo 5 Síncrono Crescente (Flip-Flop JK Master Slave)

Como se vê, um projeto um pouco mais trabalhoso pode resultar num circuito mais simples. É só comparar os circuitos das figuras 7.19 e 7.24 que se referem ao mesmo contador.

Exemplo de Aplicação II - Contador de uma Seqüência Qualquer

Supondo-se que um sistema digital precise de um circuito que gere as formas de onda indicadas na figura 7.25, devendo as mesmas se repetirem enquanto os pulsos de clock estiverem sendo aplicados.

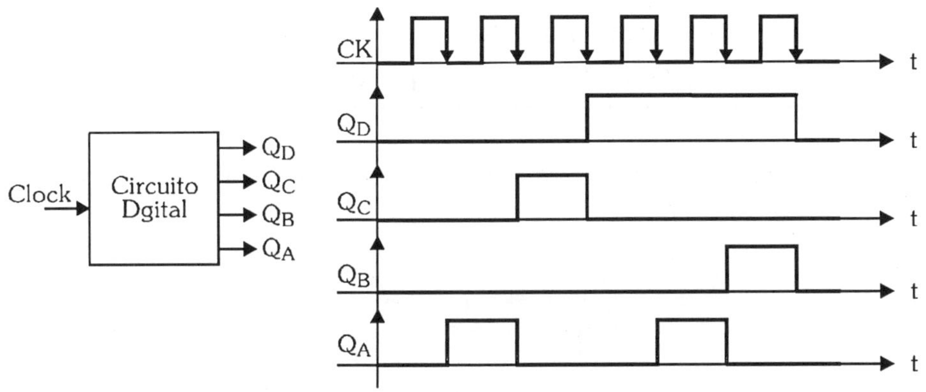

Figura 7.25 - Formas de Onda de um Circuito Aplicativo

Considerando-se que as saídas deste circuito geram formas de onda **repetitivas,** é fácil verificar que trata-se de um contador.

Considerando-se Q_A o bit menos significativo (LSB) e Q_D o bit mais significativo (MSB), pode-se levantar o diagrama de estados correspondente a este diagrama de tempos, ou seja:

↓

↑

Pulsos de Clock	Saídas	Estado
1º	$Q_D\,Q_C\,Q_B\,Q_A = 0\,0\,0\,0$	0
2º	$Q_D\,Q_C\,Q_B\,Q_A = 0\,0\,0\,1$	1
3º	$Q_D\,Q_C\,Q_B\,Q_A = 0\,1\,0\,0$	4
4º	$Q_D\,Q_C\,Q_B\,Q_A = 1\,0\,0\,0$	8
5º	$Q_D\,Q_C\,Q_B\,Q_A = 1\,0\,0\,1$	9
6º	$Q_D\,Q_C\,Q_B\,Q_A = 1\,0\,1\,0$	A
7º	$Q_D\,Q_C\,Q_B\,Q_A = 0\,0\,0\,0$	0

e assim sucessivamente.

O **diagrama de estados** fica, então, como o mostrado na figura 7.26.

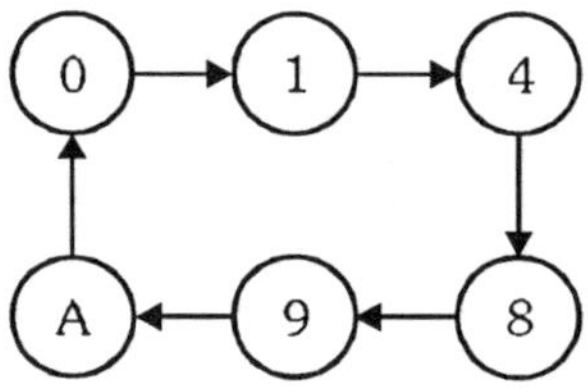

Figura 7.26 - Diagrama de Estados do Contador de uma Seqüência Qualquer

Deseja-se, também, que este circuito seja implementado com flip-flops T.

Levando-se em conta a característica do flip-flop T ($Q_f=Q_a$ para T=0 e $Q_f = \overline{Q_a}$ para T=1) pode-se construir a tabela-verdade do circuito combinacional deste contador, como mostra a figura 7.27.

↓

		Entradas do Circuito Combinacional								Saídas do Circuito Combinacional			
Estado Atual	Estado Futuro	Saídas Atuais dos Flip-Flops				Saídas Futuras dos Flip-Flops				Entradas dos Flip-Flops			
		Q_D	Q_C	Q_B	Q_A	Q_D	Q_C	Q_B	Q_A	T_D	T_C	T_B	T_A
0	1	0	0	0	0	0	0	0	1	0	0	0	1
1	4	0	0	0	1	0	1	0	0	0	1	0	1
2	X	0	0	1	0	X	X	X	X	X	X	X	X
3	X	0	0	1	1	X	X	X	X	X	X	X	X
4	8	0	1	0	0	1	0	0	0	1	1	0	0
5	X	0	1	0	1	X	X	X	X	X	X	X	X
6	X	0	1	1	0	X	X	X	X	X	X	X	X
7	X	0	1	1	1	X	X	X	X	X	X	X	X
8	9	1	0	0	0	1	0	0	1	0	0	0	1
9	A	1	0	0	1	1	0	1	0	0	0	1	1
A	0	1	0	1	0	0	0	0	0	1	0	1	0
B	X	1	0	1	1	X	X	X	X	X	X	X	X
C	X	1	1	0	0	X	X	X	X	X	X	X	X
D	X	1	1	0	1	X	X	X	X	X	X	X	X
E	X	1	1	1	0	X	X	X	X	X	X	X	X
F	X	1	1	1	1	X	X	X	X	X	X	X	X

Figura 7.27 - Tabela-Verdade do Contador de uma Seqüência Qualquer

Fazendo-se os mapas de Karnaugh das saídas do circuito combinacional, obtêm-se suas **expressões lógicas**.

$Q_D Q_C$ \ $Q_B Q_A$	00	01	11	10
00	0	0	X	X
01	1	X	X	X
11	X	X	X	X
10	0	0	X	1

$T_D = Q_C + Q_B$

$Q_D Q_C$ \ $Q_B Q_A$	00	01	11	10
00	0	1	X	X
01	1	X	X	X
11	X	X	X	X
10	0	0	X	0

$T_C = Q_C + \overline{Q}_D \cdot Q_A$

$Q_D Q_C$ \ $Q_B Q_A$	00	01	11	10
00	0	0	X	X
01	0	X	X	X
11	X	X	X	X
10	0	1	X	1

$T_B = Q_D \cdot Q_A + Q_B$

$Q_D Q_C$ \ $Q_B Q_A$	00	01	11	10
00	1	1	X	X
01	0	X	X	X
11	X	X	X	X
10	1	1	X	0

$T_A = \overline{Q}_C \cdot \overline{Q}_B$

A exemplo do que foi realizado nos projetos anteriores, deve-se fazer a análise dos estados secundários antes de implementar-se o circuito.

Pela substituição das variáveis Q_D, Q_C, Q_B e Q_A das expressões lógicas obtidas por seus valores correspondentes nos estados secundários 2, 3, 5, 6, 7, B, C, D, E e F, pode-se levantar a tabela-verdade destes estados, descobrindo-se, assim, os seus estados futuros, como mostra a figura 7.28.

Estado Atual	Saídas Atuais dos Flip-Flops				Entradas dos Flip-Flops				Saídas Futuras dos Flip-Flops				Estado Futuro
	Q_D	Q_C	Q_B	Q_A	T_D	T_C	T_B	T_A	Q_D	Q_C	Q_B	Q_A	
2	0	0	1	0	1	0	1	0	1	0	0	0	8
3	0	0	1	1	1	1	1	0	1	1	0	1	D
5	0	1	0	1	1	1	0	0	1	0	0	1	9
6	0	1	1	0	1	1	1	0	1	0	0	0	8
7	0	1	1	1	1	1	1	0	1	0	0	1	9
B	1	0	1	1	1	0	1	0	0	0	0	1	1
C	1	1	0	0	1	1	0	0	0	0	0	0	0
D	1	1	0	1	1	1	1	0	0	0	1	1	3
E	1	1	1	0	1	1	1	0	0	0	0	0	0
F	1	1	1	1	1	1	1	0	0	0	0	1	1

Figura 7.28 - Tabela-Verdade dos Estados Secundários do Contador de uma Seqüência Qualquer

Chega-se, então, ao diagrama de estados completo do contador, como mostra a figura 7.29.

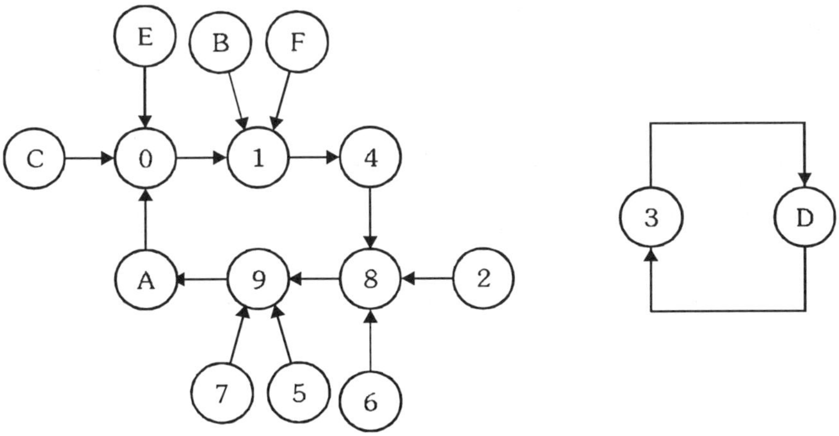

Figura 7.29 - Diagrama de Estados Completo do Contador de uma Seqüência Qualquer

↑

Vê-se, neste caso, que se o contador cair nos estados secundários 2, 5, 6, 7, B, C, E ou F será necessário apenas um pulso de clock para que este retorne à malha principal. Porém, se por qualquer problema transitório, o contador cair nos estados 3 ou D, este **não retorna** mais à malha principal (do estado 3 passa para o estado D e vice-versa). Esta **malha secundária fechada** é muito prejudicial ao circuito e, portanto, deve-se reprojetá-lo a fim de que esta malha seja **quebrada**.

Isto pode ser feito prevendo-se para cada estado da malha secundária fechada, seu retorno **imediato** à malha principal, como, por exemplo, o diagrama de estados da figura 7.30.

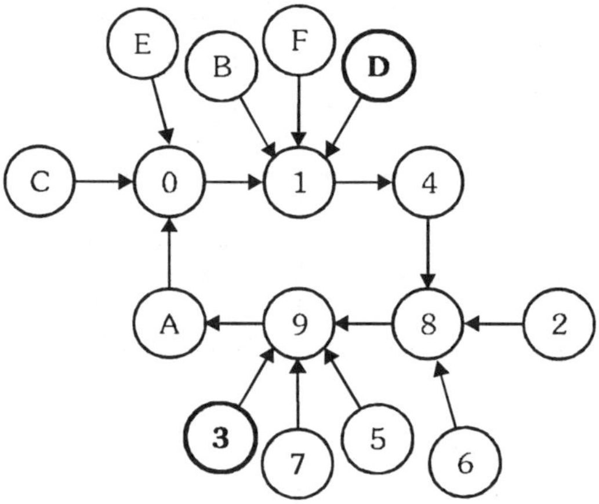

Figura 7.30 - Novo Diagrama de Estados do Contador de uma Seqüência Qualquer

Assim, a tabela-verdade fica como a mostrada na figura 7.31.

↓

Estado Atual	Estado Futuro	Entradas do Circuito Combinacional Saídas Atuais dos Flip-Flops				Saídas Futuras dos Flip-Flops				Saídas do Circuito Combinacional Entradas dos Flip-Flops			
		Q_D	Q_C	Q_B	Q_A	Q_D	Q_C	Q_B	Q_A	T_D	T_C	T_B	T_A
0	1	0	0	0	0	0	0	0	1	0	0	0	1
1	4	0	0	0	1	0	1	0	0	0	1	0	1
2	8	0	0	1	0	1	0	0	0	1	0	1	0
3	9	0	0	1	1	1	0	0	1	1	0	1	0
4	8	0	1	0	0	1	0	0	0	1	1	0	0
5	9	0	1	0	1	1	0	0	1	1	1	0	0
6	8	0	1	1	0	1	0	0	0	1	1	1	0
7	9	0	1	1	1	1	0	0	1	1	1	1	0
8	9	1	0	0	0	1	0	0	1	0	0	0	1
9	A	1	0	0	1	1	0	1	0	0	0	1	1
A	0	1	0	1	0	0	0	0	0	1	0	1	0
B	1	1	0	1	1	0	0	0	1	1	0	1	0
C	0	1	1	0	0	0	0	0	0	1	1	0	0
D	1	1	1	0	1	0	0	0	1	1	1	0	0
E	0	1	1	1	0	0	0	0	0	1	1	1	0
F	1	1	1	1	1	0	0	0	1	1	1	1	0

Figura 7.31 - Nova Tabela-Verdade do Contador de uma Seqüência Qualquer

Resolvendo-se novamente os mapas de Karnaugh, obtêm-se finalmente as expressões do circuito combinacional.

$Q_D Q_C$ \ $Q_B Q_A$	00	01	11	10
00	0	0	1	1
01	1	1	1	1
11	1	1	1	1
10	0	0	1	1

$T_D = Q_C + Q_B$

$Q_D Q_C$ \ $Q_B Q_A$	00	01	11	10
00	0	1	0	0
01	1	1	1	1
11	1	1	1	1
10	0	0	0	0

$T_C = Q_C + \overline{Q_D} \cdot \overline{Q_B} \cdot Q_A$

$Q_D Q_C$ \ $Q_B Q_A$	00	01	11	10
00	0	0	1	1
01	0	0	1	1
11	0	0	1	1
10	0	1	1	1

$T_B = Q_D \cdot \overline{Q_C} \cdot Q_A + Q_B$

$Q_D Q_C$ \ $Q_B Q_A$	00	01	11	10
00	1	1	0	0
01	0	0	0	0
11	0	0	0	0
10	1	1	0	0

$T_A = \overline{Q_C} \cdot \overline{Q_B}$

Finalmente, pode-se implementar o circuito do contador de uma Seqüência Qualquer, como mostra a figura 7.32.

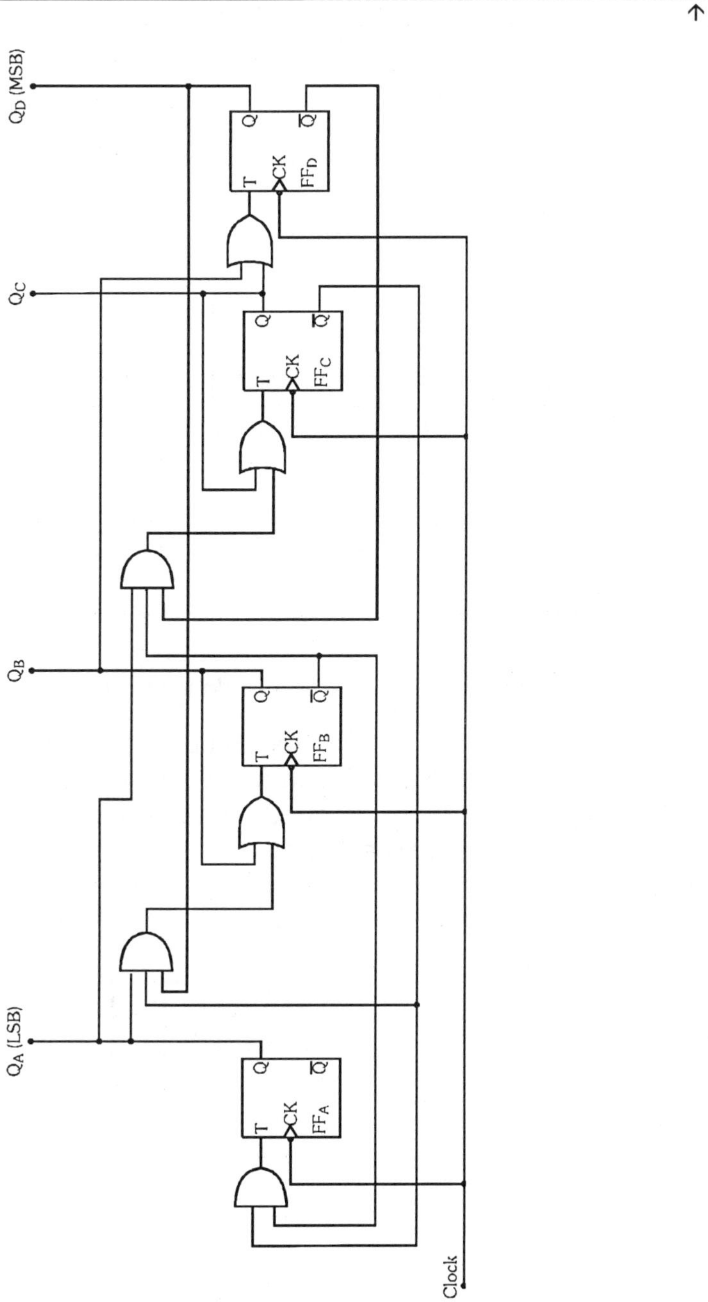

Figura 7.32- Circuito do Contador de uma Seqüência Qualquer

Exemplo de Aplicação III - Contador em Anel

Este circuito pode ser construído a partir de um **registrador de deslocamento** no qual a saída serial é **realimentada** à entrada serial.

A figura 7.33 mostra um contador em anel de 4 bits com uma única saída em nível lógico 1.

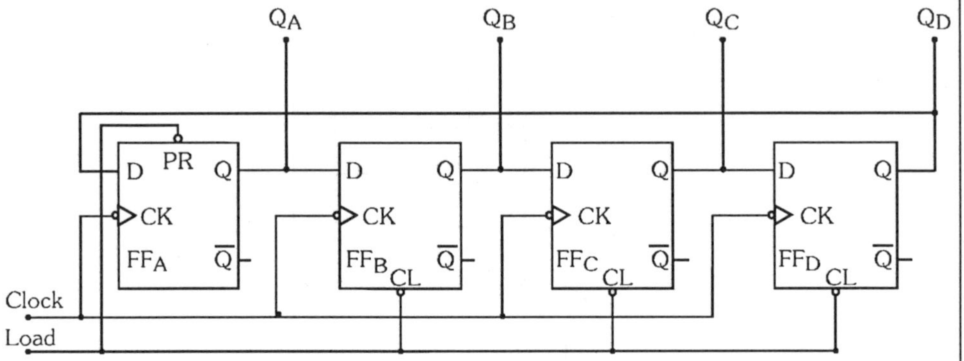

Figura 7.33 - Circuito do Contador em Anel

A entrada de controle **load** é utilizada para inicializar o contador através de um nível lógico 0, carregando as saídas com $Q_A\ Q_B\ Q_C\ Q_D$ = 1 0 0 0. Em seguida, esta entrada deve permanecer em nível lógico 1, fazendo com que os pulsos de clock desloquem as saídas da esquerda para a direita com exceção da saída Q_D que é realimentada para o primeiro flip-flop, gerando a seqüência mostrada na figura 7.34.

Q_A	Q_B	Q_C	Q_D
1	0	0	0
0	1	0	0
0	0	1	0
0	0	0	1

Figura 7.34 - Seqüência de Saída do Contador em Anel

↑

Este circuito tem grande aplicação quando se deseja o **acionamento seqüencial** de máquinas em uma fábrica (evitando, assim, um pico de corrente elevado), de lâmpadas coloridas (para efeitos luminosos num baile ou espetáculo musical) ou de outros sistemas.

Finalmente, pelo que foi estudado neste capítulo, conclui-se que existem duas **vantagens** principais do contador síncrono em relação ao assíncrono, a saber:

Velocidade - A freqüência máxima de clock do contador síncrono é limitada apenas pela freqüência máxima de clock de um flip-flop, pois não há propagação de atraso;

Versatilidade - É possível o projeto de um contador síncrono de qualquer seqüência prevendo, inclusive, a eliminação de problemas causados pelos estados secundários.

Exercícios Propostos

7.1 Transformar o contador hexadecimal assíncrono decrescente da figura 7.10 num contador de década assíncrono decrescente e levantar o seu diagrama de estados completo.

7.2 Baseado nos contadores das figuras 7.3 e 7.12, obter um contador hexadecimal assíncrono crescente/decrescente que possua uma variável de controle X de modo que:

X → 0, contagem decrescente;

X → 1, contagem crescente.

7.3 Obter um contador módulo 12 síncrono crescente, utilizando flip-flops D.

7.4 No contador obtido no Exercício Proposto 7.3, qual a freqüência dos sinais das saídas caso a freqüência de clock seja de 600 KHz?

7.5 O diagrama de estados abaixo representa o funcionamento de um contador de números pares de quatro bits. Obter o seu circuito nos modos síncrono e assíncrono, utilizando apenas três flip-flops T.

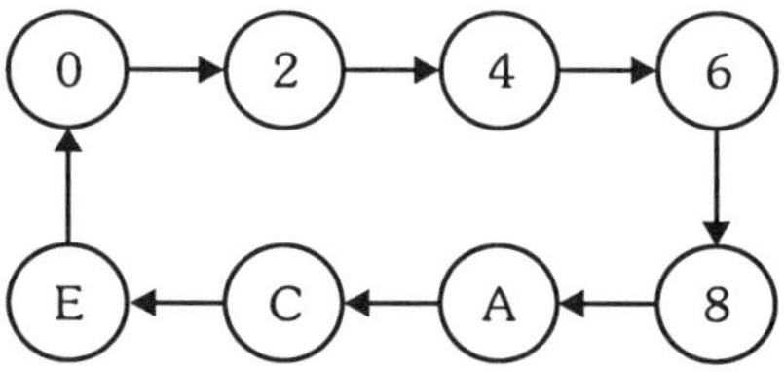

7.6 Deseja-se obter um contador síncrono utilizando flip-flops T que forneça em suas saídas o diagrama de tempos a seguir:

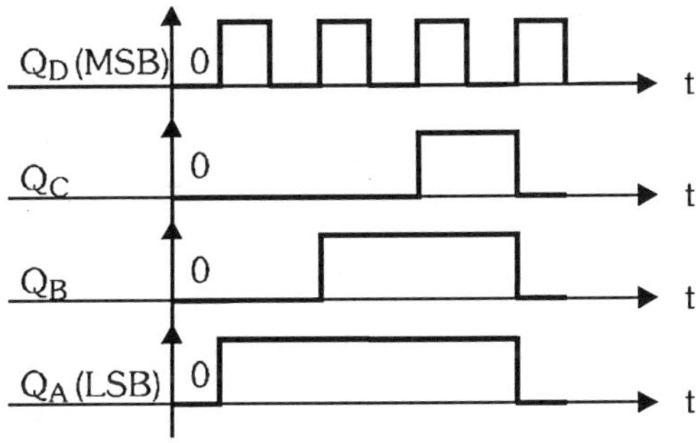

Pede-se:

a) diagrama de estados correspondente;

b) expressões lógicas do contador;

c) diagrama de estados completo;

d) circuito do contador prevendo-se no máximo um pulso de clock para que um estado secundário qualquer retorne à malha principal.

7.7 Obter um contador módulo 6 síncrono crescente, utilizando flip-flops JK master-slave.

7.8 Obter um contador de década síncrono crescente, utilizando flip-flops JK master-slave.

7.9 Determinar o diagrama de estados completo do contador representado a seguir:

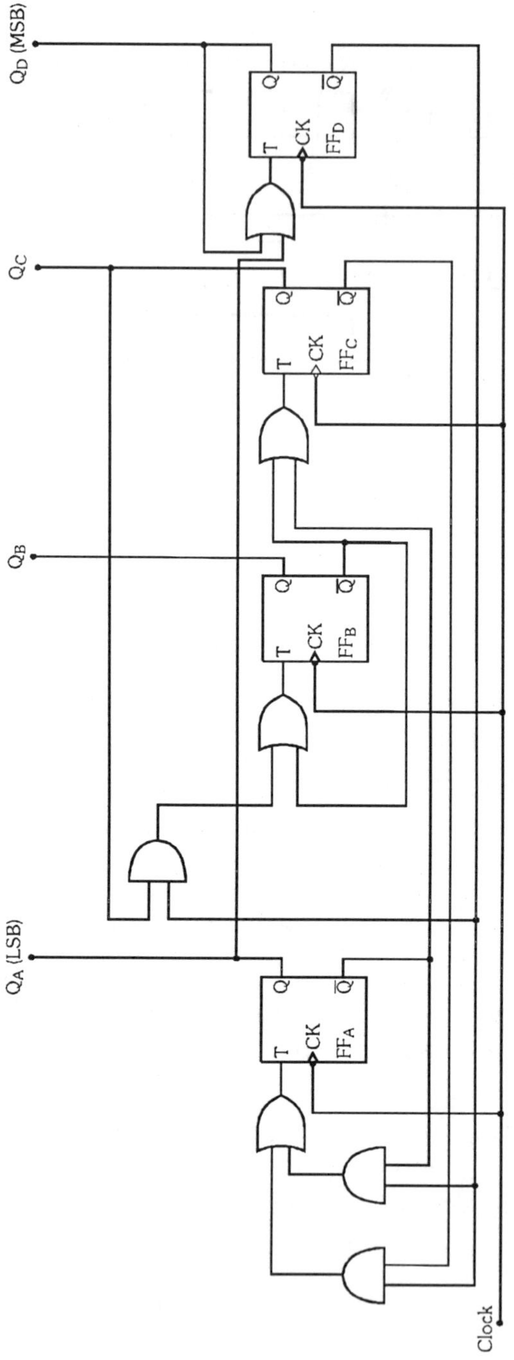
Q_D (MSB)
Q_C
Q_B
Q_A (LSB)
Clock
T
CK
Q
$\overline{Q}$
FF_D
FF_C
FF_B
FF_A

Projetos

7.1 Utilizando os contadores obtidos nos Exercícios Propostos 7.7 e 7.8, projetar um cronômetro de 0 a 59 segundos com circuito de inicialização e alarme luminoso (led) para indicar o final da contagem. Utilizar o CI 7476 e portas lógicas.

7.2 Projetar o mesmo cronômetro proposto no item anterior, utilizando o CI 7490 e portas lógicas.

7.3 Utilizando um CI 74193 e outros (flip-flops e portas lógicas), se necessários, projetar um circuito que realize o diagrama de estados abaixo:

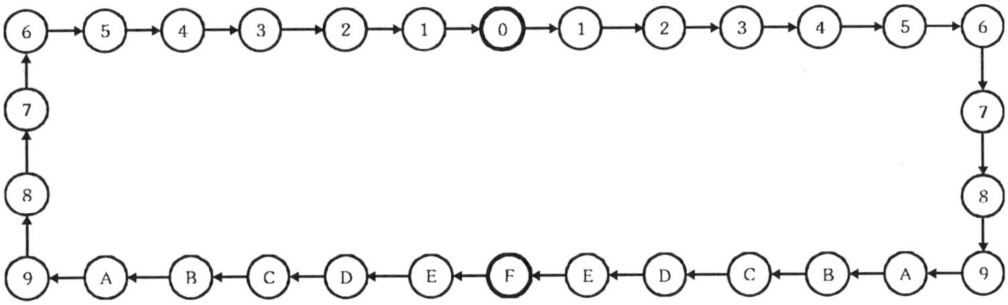

OBSERVAÇÃO:

O estado F não pode se repetir na passagem da contagem crescente para decrescente, o mesmo ocorrendo com o estado 0 na passagem da contagem decrescente para crescente.

7.4 Projetar um relógio digital para horas, minutos e segundos com circuito de ajuste rápido de horário, utilizando como contadores quaisquer circuitos integrados comerciais.

7.5 Num museu de Atenas, existe uma sala onde estão os supostos pertences do Mestre Aristóteles, local em que se permitem no máximo, 45 curiosos.

A sala tem sensores nas portas de entrada e saída que fornecem um pulso quando há a passagem de alguma pessoa e um alarme sonoro ativo em nível lógico 1.

Projetar um circuito que marque o número de curiosos presentes na sala e dispare o alarme sonoro caso o limite seja atingido.

Utilizar o CI 40160.

Capítulo 8 Memórias

A memória humana tem certas nuances interessantes... Existem coisas que aprendemos e nunca mais esquecemos e outras que desaparecem da memória como se nunca tivéssemos aprendido.

Por isso, a humanidade criou formas para guardar suas emoções, fatos históricos etc.

A escrita foi, com certeza, a maior invenção da humanidade para que uma memória eterna fosse possível.

Os instrumentos para isto foram se aperfeiçoando com os séculos, desde a pedra, passando pelo papiro até chegar ao papel.

Também foram inventados mecanismos para registrar a linguagem falada como o disco de vinil, o gravador magnético e o disco laser.

Porém, neste último século, a humanidade, com seu conhecimento científico e tecnológico acumulado desde o seu passado mais remoto, conseguiu meios para que tanto a linguagem escrita quanto a falada pudessem ser memorizadas para sempre num único instrumento: o computador.

O computador, com a ajuda de alguns periféricos, pode ler e escrever, ouvir e falar. É claro que ele não tem a imaginação do homem nem a beleza de um bom livro, mas pode ser muito útil para guardar, principalmente, aquelas informações desgastantes para a memória humana ou terríveis pelo espaço que ocupam em nossas bibliotecas como, por exemplo, o número do documento de todos os empregados de uma empresa.

Neste capítulo, estudaremos as **memórias semicondutoras** que são dispositivos utilizados em muitos sistemas digitais, principalmente nos computadores, e que têm a **capacidade de armazenar informações binárias** (zeros e uns).

8.1 Configurações Básicas

Existem vários tipos de memórias, as quais possuem características e aplicações específicas, mas que podem ser representadas genericamente pelo diagrama mostrado na figura 8.1.

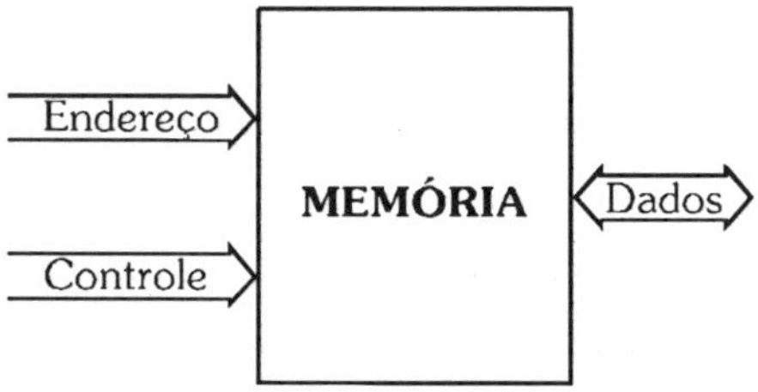

Figura 8.1 - Diagrama Funcional da Memória

Nesta figura, nota-se que uma memória tem três **barramentos** (conjunto de linhas), a saber:

- **Barramento de endereço (address bus)** - fornece a posição da informação (dados) que se deseja acessar;
- **Barramento de dados (data bus)** - contém a informação a ser lida ou armazenada no endereço acessado;
- **Barramento de controle (control bus)** - é formado por sinais que controlam o funcionamento da memória: habilitação, leitura, escrita, programação etc.

A arquitetura interna da memória é formada geralmente por uma matriz, decodificadores e um bloco de controle como mostra a figura 8.2.

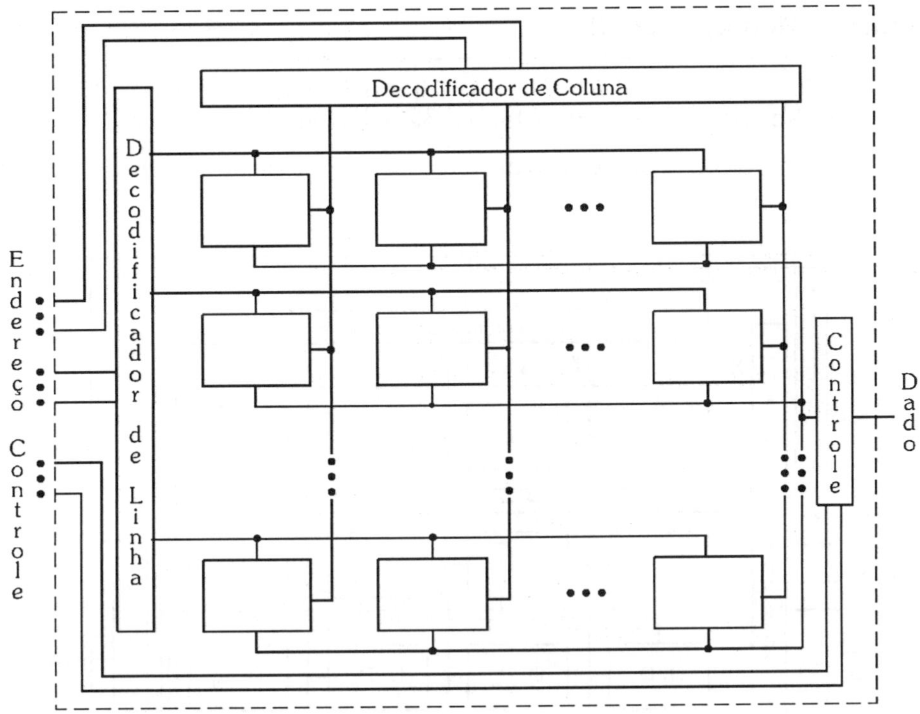

Figura 8.2 - Arquitetura Interna da Memória

As linhas de endereço são direcionadas a dois decodificadores (linha e coluna). O cruzamento linha-coluna seleciona uma **posição** de memória, sendo que o número de posições é dado por $\mathbf{2^n}$, onde n representa o número de linhas de endereço. Cada posição contém uma ou várias **células de memória**, onde cada célula é responsável pelo armazenamento da informação de um bit. Os decodificadores fazem, portanto, a seleção da posição de memória que se deseja acessar e o bloco de controle determina a operação que deve ser realizada nesta posição como, por exemplo, a leitura da informação.

Para representar a **capacidade** de uma memória utiliza-se a expressão genérica **p x b**, onde **p** representa o número de **posições de memória** e **b** o número de **bits de dados**.

Exemplo: Memória 16x2

Uma memória 16x2 tem **16 posições** com 2 bits de dados em cada posição, perfazendo um total de **32 células** de memória.

A figura 8.3 representa a arquitetura interna de uma memória 16x2 de escrita e leitura.

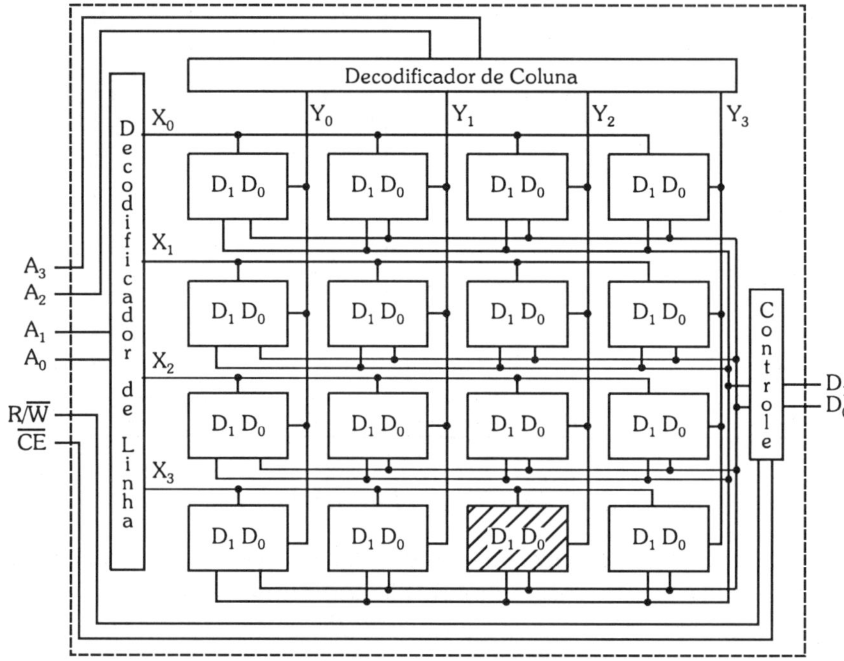

Figura 8.3 - Arquitetura Interna de uma Memória 16x2

Para compreender melhor seu funcionamento, coloca-se um valor qualquer no barramento de endereços, por exemplo $A_3\,A_2\,A_1\,A_0 = 1\,0\,1\,1$. Neste exemplo, o decodificador de linha contém o endereço $A_1\,A_0 = 1\,1$ (ativando a saída X_3) e o decodificador de coluna o endereço $A_3\,A_2 = 1\,0$ (ativando a saída Y_2) selecionando, assim, a posição hachurada. Neste caso, os bits de dados D_1 e D_0 correspondentes ficam disponíveis para leitura ou escrita de uma informação, dependendo dos níveis lógicos dos bits de controle , $\overline{CE}$ e $R/\overline{W}$ como mostra a tabela da figura 8.4.

↓

$\overline{CE}$	$R/\overline{W}$	Status da Memória
0	0	Habilitação de escrita
0	1	Habilitação de leitura
1	X	Memória desabilitada

$\overline{CE}$ - Habilitação da memória (**C**hip **E**nable)

$R/\overline{W}$ - Leitura (**R**ead) ou escrita (**W**rite)

Figura 8.4 - Tabela de Sinais de Controle da Memória 16 x 2

Nota-se que, enquanto o sinal $\overline{CE}$ está ativado (nível lógico 0), a memória está habilitada para uma operação de escrita ($R/\overline{W}=0$) ou leitura ($R/\overline{W}=1$), caso contrário ($\overline{CE}=1$) a memória está desabilitada independente do nível lógico do sinal $R/\overline{W}$ ($R/\overline{W}$=irrelevante) e, portanto, as operações de escrita e leitura não podem ser executadas.

As memórias, em geral, possuem duas **características básicas** que devem ser analisadas para sua utilização em um determinado sistema:

- **Capacidade** - quantidade de bits que é capaz de armazenar;
- **Tempo de Acesso** - tempo necessário para colocar os dados armazenados na saída (ciclo de leitura).

Além disto, cada tipo de memória possui características próprias que determinam sua aplicabilidade. Neste aspecto, as memórias podem ser classificadas em:

- **Memória Volátil** - as informações armazenadas são perdidas ao se desligar a alimentação;
- **Memória não Volátil** - as informações armazenadas na memória permanecem inalteradas mesmo sem alimentação.

RAM (Random Access Memory)
Memória de Acesso Aleatório

É uma **memória volátil de escrita e leitura**.

Este tipo de memória é chamado de **acesso aleatório** por permitir o acesso direto a qualquer posição para realização de uma operação de escrita ou leitura (barramento de dados bidirecional).

Existem dois tipos de RAM: **estática** e **dinâmica**.

RAM Estática

Neste tipo de RAM, a célula de memória é formada basicamente por um **flip-flop** e, portanto, a informação do bit nesta célula mantém seu valor inalterado até o próximo ciclo de escrita (desde que sua alimentação seja mantida).

Exemplo: RAM Estática 16K x 8

A figura 8.5 mostra o diagrama funcional desta memória.

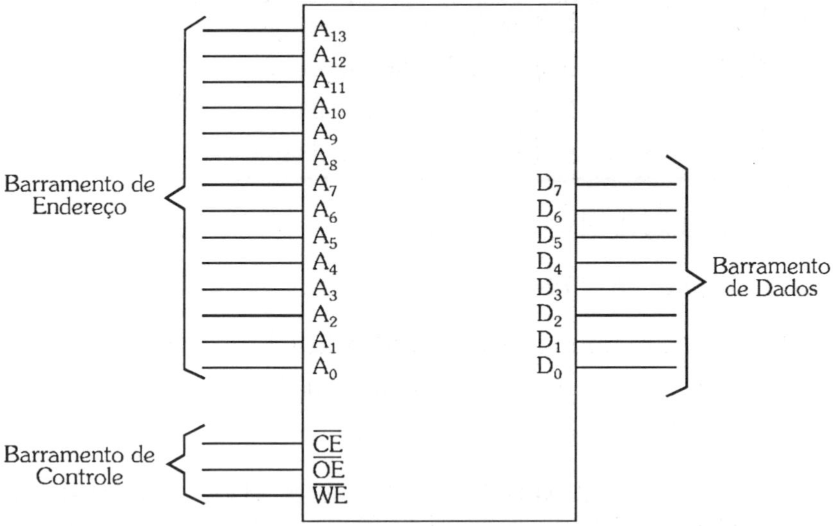

A_0 a A_{13} - Linhas de endereço (**A**ddress)

D_0 a D_7 - Linhas de dados (**D**ata)

$\overline{CE}$ - Habilitação da memória (**C**hip **E**nable)

$\overline{OE}$ - Habilitação de leitura (**O**utput **E**nable)

$\overline{WE}$ - Habilitação de escrita (**W**rite **E**nable)

Figura 8.5 - Diagrama Funcional de uma RAM Estática 16K x 8

A fim de selecionar 16K posições, esta memória tem 14 linhas de endereço (2^{14} = 16.384). Como cada posição de memória tem 8 bits de dados, sua capacidade é de 16 Kbytes ou 128 Kbits.

Observações:

- **1 byte** é igual a **8 bits**;
- No sistema binário, **1K** equivale a **1024** (**2^{10}**), notação esta utilizada para simplificar a representação de grandes quantidades, como neste exemplo, onde 16.384 (16x1024) foi representado por 16K.

↓

A figura 8.6 mostra a tabela funcional desta memória.

$\overline{CE}$	$\overline{OE}$	$\overline{WE}$	Status da Memória
0	0	1	Habilitação de leitura
0	1	0	Habilitação de escrita
0	1	1	Memória desabilitada *
1	X	X	Memória desabilitada *

* Linhas de dados = tri-state

Figura 8.6 - Tabela Funcional de uma RAM Estática

Para que a memória esteja **habilitada**, $\overline{CE}$ deve estar ativado (nível lógico 0), ficando pronta para uma operação de leitura ($\overline{OE} = 0$) ou escrita ($\overline{WE} = 0$).

A memória é **desabilitada** (linhas de dados em tri-state) nos seguintes casos:

- $\overline{OE}$ e $\overline{WE}$ desativados (nível lógico 1);
- $\overline{CE}$ desativado (nível lógico 1).

RAM Dinâmica

A diferença básica entre a RAM estática e a dinâmica está no tipo de célula que as compõe. Enquanto que na RAM estática a célula de memória é formada por um flip-flop, na dinâmica ela é formada por um **transistor MOS**.

Na RAM dinâmica, a informação é armazenada na **capacitância parasita** deste transistor. Devido à corrente de fuga, esta informação pode ser perdida após um determinado tempo, necessitando, portanto, de uma renovação periódica denominada **ciclo de refresh**.

Exemplo: RAM Dinâmica 16K x 1

A figura 8.7 mostra o diagrama funcional desta memória.

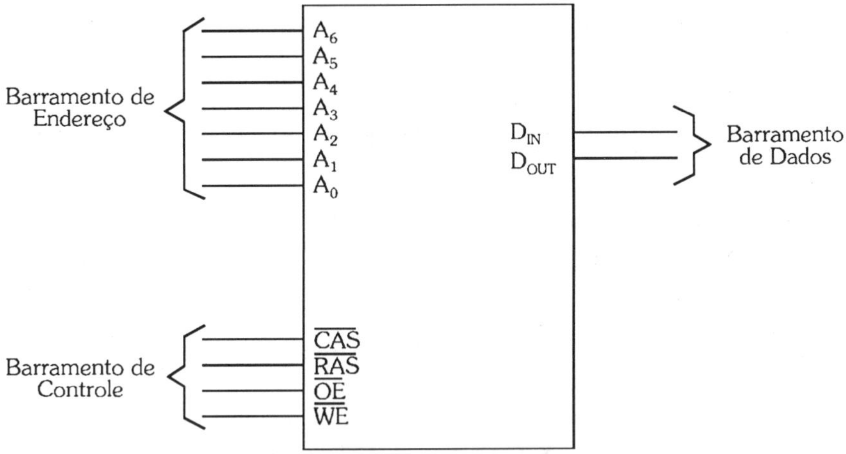

A_0 a A_6 - Linhas de endereço (**A**ddress)

D_{IN} - Entrada da informação (**D**ata **IN**)

D_{OUT} - Saída da informação (**D**ata **OUT**)

$\overline{CAS}$ - Habilitação do endereço de coluna (**C**olumn **A**ddress **S**trobe)

$\overline{RAS}$ - Habilitação do endereço de linha (**R**ow **A**ddress **S**trobe)

$\overline{OE}$ - Habilitação de leitura (**O**utput **E**nable)

$\overline{WE}$ - Habilitação de escrita (**W**rite **E**nable)

Figura 8.7 - Diagrama Funcional de uma RAM Dinâmica 16K x 1

Trata-se de uma RAM dinâmica de 16K x 1 e, portanto, a capacidade desta memória é de 16.384 bits onde cada posição endereça uma única célula de memória.

As células desta memória são organizadas em uma matriz de 128 linhas por 128 colunas (128x128=16.384), significando que os decodificadores de linha e coluna têm 7 variáveis de seleção cada um (2^7 = 128) num total de 14 linhas de endereço. Porém, o diagrama apresentado na figura 8.7, possui apenas 7 linhas de endereço (A_0 a A_6), sendo o endereçamento realizado em duas etapas:

↓

1ª - endereçamento de linha através da habilitação do pino $\overline{\text{RAS}}$;

2ª - endereçamento de coluna através da habilitação do pino $\overline{\text{CAS}}$.

*Será que não estamos esquecendo de alguma coisa? Refresquemos a memória... Ah! O **Refresh**!*

Para renovar as informações contidas na memória, basta acessar todas as linhas da matriz em intervalos de tempo determinados pelo fabricante (na ordem de milissegundos) através de um circuito de controle externo.

Apesar da necessidade de endereçamento em duas etapas e de um circuito de controle externo para o **refresh**, a memória dinâmica tem a vantagem de possuir células mais simples que as da memória estática, possibilitando **maior capacidade** e **menor consumo**.

ROM (Read Only Memory)
Memória Apenas de Leitura

A **ROM** é uma memória **não volátil e apenas de leitura** que chega ao usuário já **previamente gravada**. Este fornece ao fabricante uma tabela contendo as informações desejadas em cada posição de memória para serem gravadas na pastilha. Uma vez realizada esta operação, tais informações tornam-se permanentes, não havendo possibilidade de alteração. Este tipo de memória é utilizada no armazenamento de programas e/ou informações fixas para sistemas produzidos em série.

Exemplo: ROM 8K x 8

A figura 8.8 mostra o diagrama funcional desta memória.

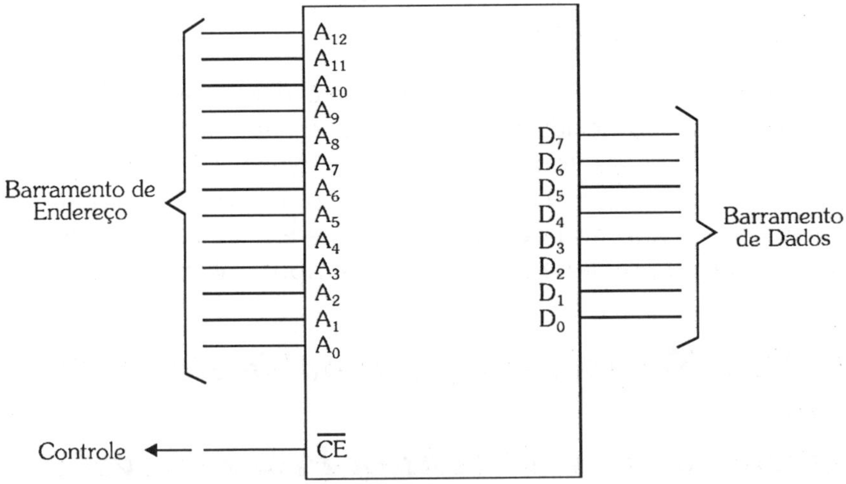

A_0 a A_{12} - Linhas de endereço (**A**ddress)
D_0 a D_7 - Linhas de dados (**D**ata)
$\overline{CE}$ - Habilitação da memória (**C**hip **E**nable)

Figura 8.8 - Diagrama Funcional de uma ROM 8K x 8

Esta memória só é habilitada para leitura das informações gravadas se $\overline{CE}$ estiver ativado (nível lógico 0), caso contrário a memória fica desabilitada.

PROM (Programmable Read Only Memory)
Memória Apenas de Leitura Programável

A **PROM** é uma **memória não volátil e apenas de leitura**, porém **programável**. Nesta memória, a programação pode ser realizada pelo próprio usuário.

A exemplo da ROM, uma vez programada, a PROM não permite a alteração de seu conteúdo, tornando-o permanente. Isto ocorre porque esta memória é formada por um **circuito bipolar,** onde a programação é realizada rompendo-se eletricamente certas ligações internas. Estes rompimentos são **irreversíveis**.

O diagrama funcional desta memória é idêntico ao da ROM, porém, enquanto a ROM é fornecida ao usuário já previamente gravada, a PROM é fornecida com todas as informações em nível lógico 0. A fim de programar a memória (colocar a informação de uma determinada célula em nível lógico 1) deve-se aplicar um nível de tensão especial em VCC (especificado pelo fabricante) e aterrar a saída de dados (por um tempo também predeterminado).

EPROM (Erasable Programmable Read Only Memory) *Memória Apenas de Leitura Programável e Apagável*

A **EPROM** é uma **memória não volátil**, **apenas de leitura** e **reprogramável**. Sua programação é feita eletricamente, podendo ser **apagada** através da exposição de sua pastilha semicondutora à **luz ultra-violeta**. Esta exposição é possível devido ao fato do encapsulamento possuir uma **janela de acrílico transparente** sobre a pastilha. O tempo de exposição varia em torno de 10 a 45 minutos de acordo com a intensidade da luz.

Ao contrário da PROM, esta memória quando apagada, possui todas as informações em nível lógico 1.

Exemplo: EPROM 8K x 8

A figura 8.9 mostra o diagrama funcional desta memória.

↓

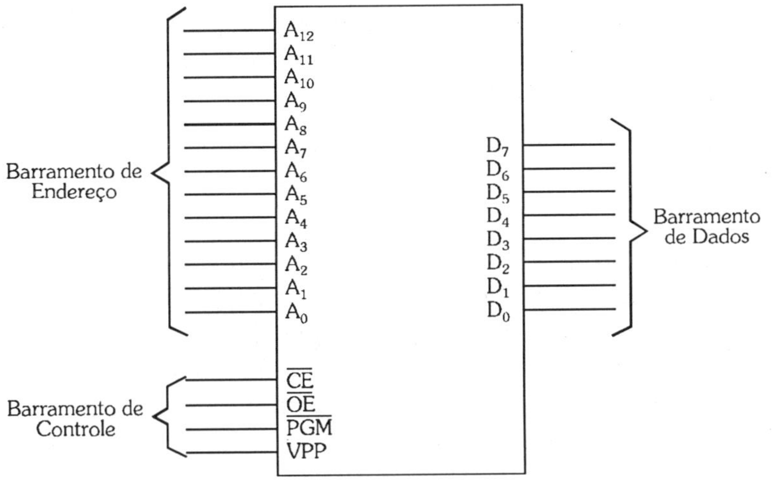

A_0 a A_{12} - Linhas de endereço (**A**ddress)
D_0 a D_7 - Linhas de dados (**D**ata)
$\overline{CE}$ - Linha de habilitação da memória (**C**hip **E**nable)
$\overline{OE}$ - Habilitação de leitura (**O**utput **E**nable)
$\overline{PGM}$ - Habilitação de programação (**P**ro**G**ra**M**)
VPP - Tensão de programação

Figura 8.9 - Diagrama Funcional de uma EPROM 8K x 8

A fim de compreender seu funcionamento, é necessário analisar a tabela funcional mostrada na figura 8.10.

VPP	$\overline{PGM}$	$\overline{CE}$	$\overline{OE}$	Status da Memória
VCC	1	0	0	Habilitação de leitura
VCC	X	1	X	Memória desabilitada *
**	0	0	X	Programação da memória
**	1	0	0	Verificação da programação

* linhas de dados = tri-state

** nível de tensão especificado pelo fabricante

Figura 8.10 - Tabela Funcional de uma EPROM

↑

Para que a memória seja **habilitada**, $\overline{CE}$ tem que estar ativado (nível lógico 0) e, neste caso, a memória está pronta para habilitação de leitura, programação ou verificação.

Para **habilitação de leitura** VPP tem que estar em VCC (sem resistor de pull-up), $\overline{PGM}$ desativado (nível lógico 1) e $\overline{OE}$ ativado (nível lógico 0).

Na **programação,** VPP tem que estar ativado. Neste caso, VPP assume valores de tensão superiores a 5 volts (este nível de tensão é especificado pelo fabricante) e, toda vez que $\overline{PGM}$ estiver ativado (nível lógico 0), a posição de memória dada pelas linhas de endereço assume os valores provenientes das linhas de dados. Para que a programação seja realizada sem problemas, a memória tem que estar previamente apagada (todos os bits em nível lógico 1).

Para **verificar a programação** VPP e $\overline{OE}$ têm que estar ativados e $\overline{PGM}$ desativado.

EEPROM (Electrically Erasable Programmable Read Only Memory) - Memória Apenas de Leitura Programável e Apagável Eletricamente

Assim como a EPROM, esta memória pode ser programada e apagada, porém, ao invés de se utilizar luz ultravioleta para o apagamento da memória, utiliza-se um **sinal elétrico**.

Esta característica da **EEPROM** (também denominada **E^{2}PROM**) lhe dá algumas vantagens em relação à EPROM:

- Programação, apagamento e reprogramação podem ser feitos no próprio circuito em que a memória está sendo utilizada (a EPROM tem que ser apagada e reprogramada externamente);
- Podem-se selecionar as posições que se deseja apagar (na EPROM todos os bits são apagados quando exposta à luz ultravioleta);
- O tempo de apagamento de uma posição ou de toda a memória é da ordem de milissegundos (na EPROM este tempo é da ordem de minutos).

8.3 Associação de Memórias

Podem-se fazer associações de dispositivos de memória a fim de se obter **maior capacidade** de armazenamento total de um sistema.

Existem dois tipos básicos de associações:

- **Associação paralela de memórias** - para aumentar o número de linhas de dados por posição de memória;
- **Associação série de memórias** - para aumentar o número de posições de memória.

Associação Paralela de Memórias

Para aumentar o número de linhas de dados por posição de memória, devem-se ligar em paralelo as linhas de endereço e controle mantendo-se independentes as linhas de dados. Com isto, ao selecionar-se uma determinada posição (dada pelas linhas de endereço), todas as memórias estarão endereçadas na mesma posição, porém com dados independentes. Ao se manipularem as linhas de controle, todas as memórias estarão no mesmo estado (leitura, escrita, tri-state, etc) multiplicando-se, assim, a capacidade de bits por posição de memória.

A figura 8.11 representa este tipo de associação.

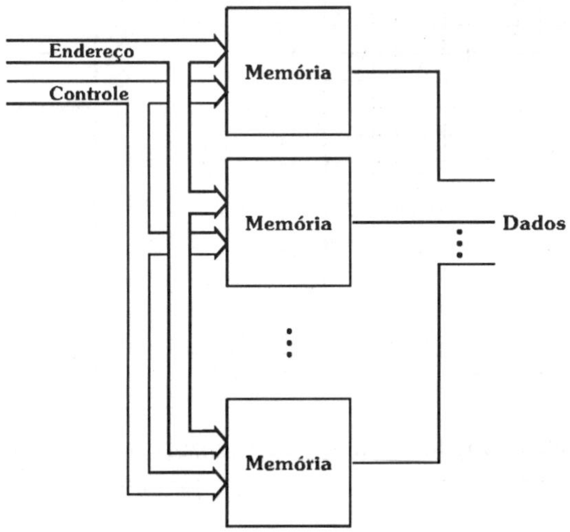

Figura 8.11 - Associação Paralela de Memórias

Neste tipo de configuração, tem-se um subsistema de memórias com total de linhas de dados igual ao **somatório** das linhas de dados das memórias ligadas em paralelo.

Exemplo de Aplicação I - Subsistema de Memória de 1K X 8 a partir de Memórias 1K X 4

Supondo que se disponha de duas RAMs de 1Kx4 e necessita-se de subsistema de memória de capacidade 1Kx8. Como visto anteriormente, devem-se interligar as linhas de endereço e controle, mantendo-se as linhas de dados independentes, como mostra a figura 8.12.

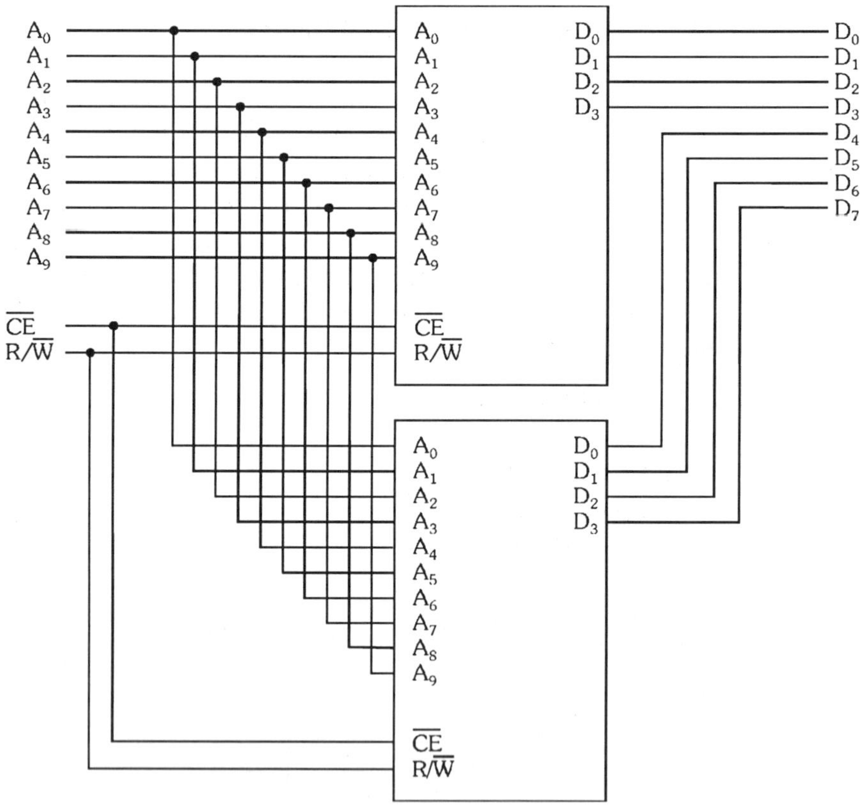

Figura 8.12 - Associação Paralela de Memórias 1Kx4 formando 1Kx8

Associação Série de Memórias

Para aumentar o número de posições de memória devem-se ligar em paralelo as linhas de endereço, dados e controle, mantendo-se independentes somente as linhas de habilitação da memória. Estas linhas são controladas por um circuito combinacional que deve fazer a seleção das memórias de forma **seqüencial** (habilitando-as uma por vez).Assim, o endereço inicial de uma memória é a posição imediatamente subseqüente ao endereço final da memória anterior, colocando as memórias em série e multiplicando suas posições.

O controle deste circuito combinacional que faz a seleção das memórias é realizado pelas linhas de endereços que completam o endereçamento total do sistema. A figura 8.13 representa este tipo de associação.

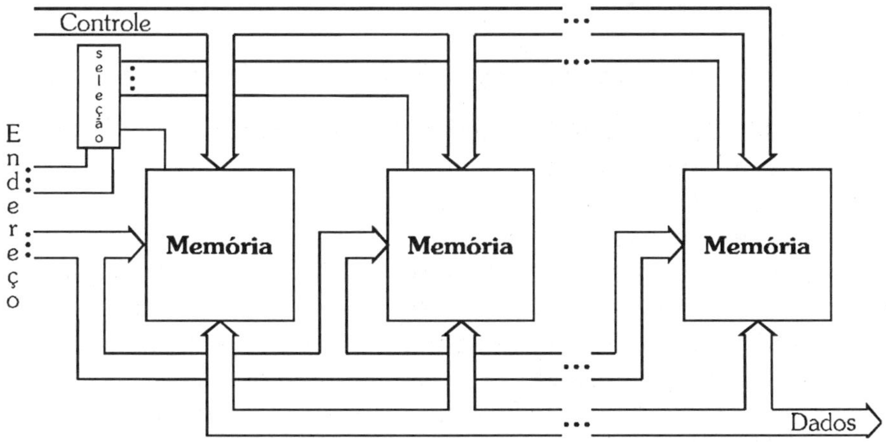

Figura 8.13 Associação Série de Memórias

Exemplo de Aplicação II: - Subsistema de Memórias de 16K X 8 a partir de Memórias 4K X 8

Supondo que se disponha de quatro EPROMs 4Kx8 e necessita-se de um subsistema de memórias de capacidade 16Kx8. Como visto anteriormente, devem-se interligar as linhas de endereço, dados e controle, mantendo-se independentes apenas os sinais de habilitação das memórias.

↓

A figura 8.14 mostra a tabela de endereços deste subsistema.

A_{13}	A_{12}	A_{11}	A_{10}	A_{09}	A_{08}	A_{07}	A_{06}	A_{05}	A_{04}	A_{03}	A_{02}	A_{01}	A_{00}	
0	0	0	0	0	0	0	0	0	0	0	0	0	0	Endereço inicial da memória 1
						:								
0	0	1	1	1	1	1	1	1	1	1	1	1	1	Endereço final da memória 1
0	1	0	0	0	0	0	0	0	0	0	0	0	0	Endereço inicial da memória 2
						:								
0	1	1	1	1	1	1	1	1	1	1	1	1	1	Endereço final da memória 2
1	0	0	0	0	0	0	0	0	0	0	0	0	0	Endereço inicial da memória 3
						:								
1	0	1	1	1	1	1	1	1	1	1	1	1	1	Endereço final da memória 3
1	1	0	0	0	0	0	0	0	0	0	0	0	0	Endereço inicial da memória 4
						:								
1	1	1	1	1	1	1	1	1	1	1	1	1	1	Endereço final da memória 4

Figura 8.14 - Tabela de Endereços do Subsistema Memória de 16Kx8

Nota-se que as memórias têm todas as suas linhas de endereço (A_{11} a A_0) em nível lógico 0 para endereço inicial e em nível lógico 1 para endereço final. Porém, elas devem ser selecionadas com base na faixa de endereços que se deseja acessar, que é determinada por A_{13} e A_{12} (endereços complementares). Na situação A_{13} A_{12} = 0 0, deve ser selecionada a memória 1, com A_{13} A_{12} = 0 1, deve ser selecionada a memória 2 e assim sucessivamente. Portanto, pode-se utilizar um decodificador 2x4, colocando-se as linhas de endereço A_{13} e A_{12} nas variáveis de seleção do decodificador e com as saídas deste selecionar as memórias (ligando-se as saídas no $\overline{CE}$ das memórias).

A figura 8.15 representa a associação de quatro EPROMs 4Kx8, formando um subsistema de memória com capacidade 16Kx8.

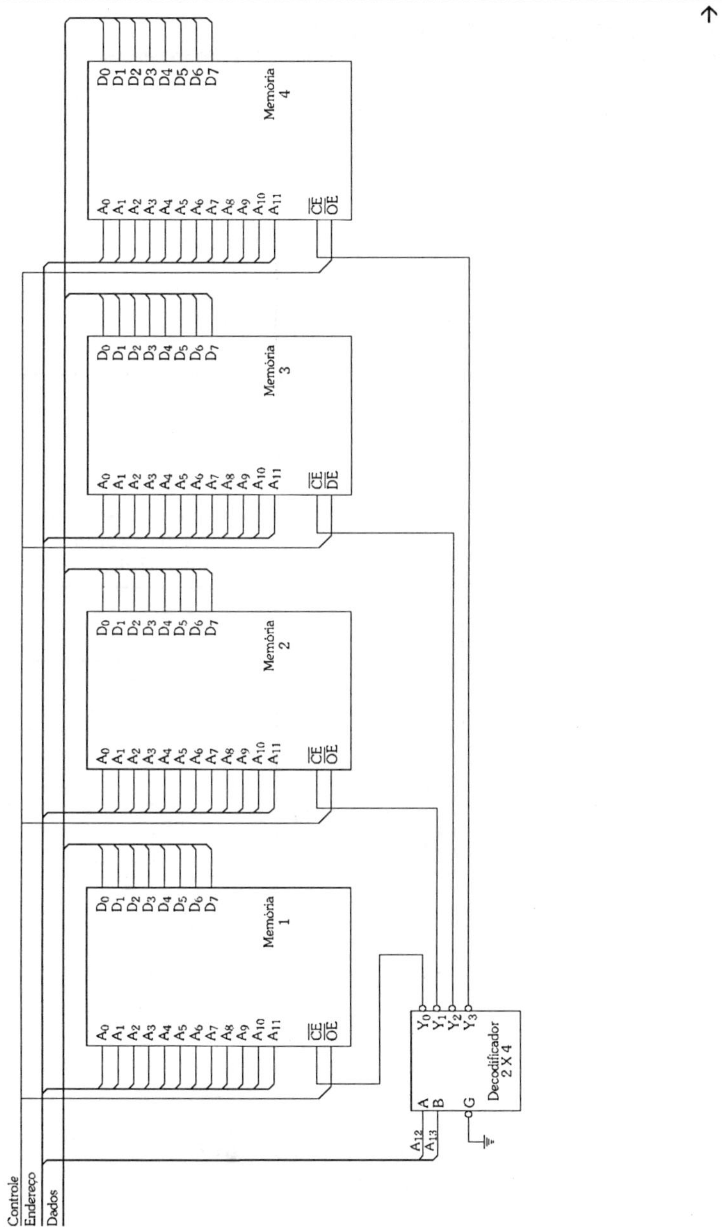

Figura 8.15 - Associação Série de Memórias 4Kx8 formando 16Kx8

Nota-se também nesta figura, uma forma diferente de se representar as ligações de barramentos entre dispositivos. Este tipo de representação é mais usual do que o apresentado na figura figura 8.12.

Exercícios Propostos

8.1 Preencha o quadro abaixo, com as memórias que representam as características dadas:

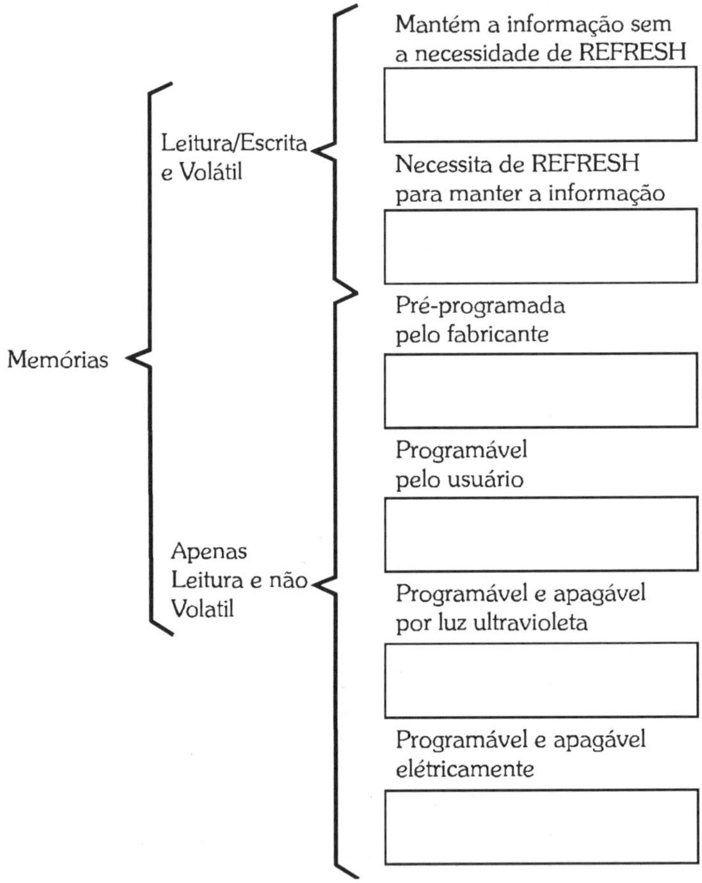

8.2 Tendo-se como base uma memória de 4Kx8, dê as características desta memória quanto a:

a) Número de posições.

b) Número de bits por posição.

c) Capacidade da memória.

d) Número de linhas de endereço.

e) Número de linhas de dados.

8.3 Qual a diferença básica entre a RAM estática e a RAM dinâmica ?

8.4 Qual a diferença básica entre a EPROM e a EEPROM ?

Projetos

8.1 Deseja-se obter um subsistema de memórias EPROM com capacidade de 32Kx8, utilizando-se memórias 2764 (8Kx8). Dê o circuito deste subsistema.

8.2 Deseja-se obter um subsistema de memórias RAM com capacidade de 2Kx8, utilizando-se memórias 2114 (1Kx4). Dê o circuito deste subsistema.

8.3 Tem-se disponível uma EPROM 2764 com as seguintes informações programadas:

A_{12} A_{04}	A_{03}	A_{02}	A_{01}	A_{00}	D_{07}	D_{06}	D_{05}	D_{04}	D_{03}	D_{02}	D_{01}	D_{00}	
0 ··· 0	0	0	0	0	0	0	0	0	0	0	0	1	Seqüência 1
0 ··· 0	0	0	0	1	0	0	0	0	0	0	1	0	
0 ··· 0	0	0	1	0	0	0	0	0	0	1	0	0	
0 ··· 0	0	0	1	1	0	0	0	0	1	0	0	0	
0 ··· 0	0	1	0	0	0	0	0	1	0	0	0	0	
0 ··· 0	0	1	0	1	0	0	1	0	0	0	0	0	
0 ··· 0	0	1	1	0	0	1	0	0	0	0	0	0	
0 ··· 0	0	1	1	1	1	0	0	0	0	0	0	0	
0 ··· 0	1	0	0	0	1	1	1	1	1	1	1	1	Seqüência 2
0 ··· 0	1	0	0	1	1	1	1	0	0	1	1	1	
0 ··· 0	1	0	1	0	1	1	0	0	0	0	1	1	
0 ··· 0	1	0	1	1	1	0	0	0	0	0	0	1	
0 ··· 0	1	1	0	0	0	0	0	0	0	0	0	0	
0 ··· 0	1	1	0	1	1	0	0	0	0	0	0	1	
0 ··· 0	1	1	1	0	1	1	0	0	0	0	0	1	
0 ··· 0	1	1	1	1	1	1	1	0	0	1	1	1	

Deseja-se fazer um seqüencial de luzes controlado por uma chave ON-OFF e um potenciômetro. Com a chave na posição ON, deve ser realizada a seqüência 1 e com a chave na posição OFF, deve ser realizada a seqüência 2. O potenciômetro deve fazer o controle de velocidade das seqüências.

SUGESTÃO: Utilize um contador para controlar as linhas de endereço e um astável (com freqüência controlada por um potenciômetro), ligado ao clock deste contador.

Respostas dos Exercícios Propostos

Capítulo 2

2.1

$(42)_{10}$; $(101010)_2$; $(222)_4$; $(52)_8$ e $(2A)_{16}$

2.2

a) $(81528)_{10}$
b) $(77067)_{10}$
c) $(704250)_{10}$
d) $(52)_{10}$
e) $(11160)_{10}$
f) $(10000000000000)_2$
g) $(2A06)_{16}$
h) $(CABECA)_{16}$
i) $(11726)_8$
j) $(18AF5)_{16}$
k) $(1101111011111)_2$
l) $(440114)_5$
m) $(100111000122)_3$
n) $(4ECD)_{16}$

2.3

a) $(2875{,}359375)_{10}$
b) $(51902{,}9796447...)_{10}$
c) $(111101111{,}011)_2$

d) $(1000,CC49B...)_{16}$

e) $(10111011100,0011001...)_2 = (5DC,3305532..)_{16}$

f) $(16,592592592...)_{10}$

2.4

a) $(4A47E)_{16}$

b) $(10011101100)_2$

c) $(A657,F88)_{16}$

d) $(10111110011,01111)_2$

e) $(A0A00)_{16}$

f) $(FADA)_{16}$

g) $(...1111000000)_2$

h) $(1110000,011)_2$

i) $(110000,011)_2$

2.5

a) $+(11001)_2$

b) $+(1111111)_2$

c) $+(10001100)_2$

d) $-(100100)_2$

e) $-(100110000)_2$

Capítulo 3

3.1

A	B	C	S
0	0	0	0
0	0	1	0
0	1	0	0
0	1	1	0
1	0	0	0
1	0	1	0
1	1	0	0
1	1	1	1

3.2

A	B	C	S
0	0	0	0
0	0	1	1
0	1	0	1
0	1	1	1
1	0	0	1
1	0	1	1
1	1	0	1
1	1	1	1

3.3

a)

A	B	S
0	0	0
0	1	0
1	0	0
1	1	1

b)

A	B	S
0	0	0
0	1	1
1	0	1
1	1	1

c)

A	B	C	S
0	0	0	1
0	0	1	1
0	1	0	1
0	1	1	1
1	0	0	1
1	0	1	1
1	1	0	1
1	1	1	0

d)

A	B	C	S
0	0	0	1
0	0	1	0
0	1	0	0
0	1	1	0
1	0	0	0
1	0	1	0
1	1	0	0
1	1	1	0

3.4

a) $S1=\overline{A}.\overline{B}.\overline{C} + \overline{A}.B.\overline{C} + \overline{A}.B.C + A.\overline{B}.C$

$S2=\overline{A}.\overline{B}.C + \overline{A}.B.C + A.\overline{B}.\overline{C} + A.B.\overline{C}$

b) $W=\overline{F}.\overline{G}.\overline{H} + \overline{F}.\overline{G}.H + \overline{F}.G.H + F.\overline{G}.\overline{H} + F.G.H$

$Y=\overline{F}.\overline{G}.\overline{H} + \overline{F}.\overline{G}.H + \overline{F}.G.\overline{H} + F.G.H$

3.5

Entradas: S1 e S2

Saída: Lv

Tabela-verdade:

S1	S2	Lv
0	0	1
0	1	X
1	0	0
1	1	1

$Lv = \overline{S1}.\overline{S2} + S1.S2$

OBSERVAÇÃO:

As respostas dos exercícios 3.6 e 3.7 a seguir não são as únicas possíveis. Elas podem variar dependendo da maneira que a tabela-verdade é montada. Portanto, se você chegar à respostas diferentes, compare as suas respostas com as apresentadas aqui e tire suas conclusões.

3.6

Entradas: SNAR, SNBR, SNCR, e SC.

Saídas: BR, BC e AS.

Tabela-verdade:

SNAR	SNBR	SNCR	SC	BR	BC	AS
0	0	0	0	0	0	1
0	0	0	1	0	0	1
0	0	1	0	1	0	0
0	0	1	1	1	0	0
0	1	0	0	0	1	1
0	1	0	1	0	0	1
0	1	1	0	1	1	0
0	1	1	1	1	0	0
1	0	0	0	X	X	X
1	0	0	1	X	X	X
1	0	1	0	X	X	X
1	0	1	1	X	X	X
1	1	0	0	0	1	1
1	1	0	1	0	0	1
1	1	1	0	0	1	0
1	1	1	1	0	0	0

$$\begin{aligned} \mathrm{BR} = {} & \overline{\mathrm{SNAR}} \,.\, \overline{\mathrm{SNBR}} \,.\, \mathrm{SNCR} \,.\, \overline{\mathrm{SC}} + \overline{\mathrm{SNAR}} \,.\, \overline{\mathrm{SNBR}} \,.\, \mathrm{SNCR} \,.\, \mathrm{SC} + \\ & + \overline{\mathrm{SNAR}} \,.\, \mathrm{SNBR} \,.\, \mathrm{SNCR} \,.\, \overline{\mathrm{SC}} + \overline{\mathrm{SNAR}} \,.\, \mathrm{SNBR} \,.\, \mathrm{SNCR} \,.\, \mathrm{SC} \end{aligned}$$

$$\begin{aligned} \mathrm{BC} = {} & \overline{\mathrm{SNAR}} \,.\, \mathrm{SNBR} \,.\, \overline{\mathrm{SNCR}} \,.\, \overline{\mathrm{SC}} + \overline{\mathrm{SNAR}} \,.\, \mathrm{SNBR} \,.\, \mathrm{SNCR} \,.\, \overline{\mathrm{SC}} + \\ & + \mathrm{SNAR} \,.\, \mathrm{SNBR} \,.\, \overline{\mathrm{SNCR}} \,.\, \overline{\mathrm{SC}} + \mathrm{SANR} \,.\, \mathrm{SNBR} \,.\, \mathrm{SNCR} \,.\, \overline{\mathrm{SC}} \end{aligned}$$

$$\begin{aligned} \mathrm{AS} = {} & \overline{\mathrm{SNAR}} \,.\, \overline{\mathrm{SNBR}} \,.\, \overline{\mathrm{SNCR}} \,.\, \overline{\mathrm{SC}} + \overline{\mathrm{SNAR}} \,.\, \overline{\mathrm{SNBR}} \,.\, \overline{\mathrm{SNCR}} \,.\, \mathrm{SC} + \\ & + \overline{\mathrm{SNAR}} \,.\, \mathrm{SNBR} \,.\, \overline{\mathrm{SNCR}} \,.\, \overline{\mathrm{SC}} + \overline{\mathrm{SNAR}} \,.\, \mathrm{SNBR} \,.\, \overline{\mathrm{SNCR}} \,.\, \mathrm{SC} + \\ & + \mathrm{SNAR} \,.\, \mathrm{SNBR} \,.\, \overline{\mathrm{SNCR}} \,.\, \overline{\mathrm{SC}} + \mathrm{SNAR} \,.\, \mathrm{SNBR} \,.\, \overline{\mathrm{SNCR}} \,.\, \mathrm{SC} \end{aligned}$$

3.7

Entradas: S1, S2, S3, S4, S5, S6, S7, S8, S9 E S10

Saídas: L100, L200, L300, L400, L500, L600, L700, L800, L900, L1000

Tem-se, portanto, 10 entradas resultando numa tabela-verdade de 1024 combinações. Montar esta tabela-verdade é inviável. Mas, pode-se perceber que existem muitas combinações irrelevantes. Na verdade, apenas 11 combinações interessam:

Entradas

S1	S2	S3	S4	S5	S6	S7	S8	S9	S10
0	0	0	0	0	0	0	0	0	0
1	0	0	0	0	0	0	0	0	0
1	1	0	0	0	0	0	0	0	0
1	1	1	0	0	0	0	0	0	0
1	1	1	1	0	0	0	0	0	0
1	1	1	1	1	0	0	0	0	0
1	1	1	1	1	1	0	0	0	0
1	1	1	1	1	1	1	0	0	0
1	1	1	1	1	1	1	1	0	0
1	1	1	1	1	1	1	1	1	0
1	1	1	1	1	1	1	1	1	1

SAÍDAS

L100	L200	L300	L400	L500	L600	L700	L800	L900	L1000
0	0	0	0	0	0	0	0	0	0
1	1	0	0	0	0	0	0	0	0
0	1	1	0	0	0	0	0	0	0
0	0	1	1	0	0	0	0	0	0
0	0	0	1	1	0	0	0	0	0
0	0	0	0	1	1	0	0	0	0
0	0	0	0	0	1	1	0	0	0
0	0	0	0	0	0	1	1	0	0
0	0	0	0	0	0	0	1	1	0
0	0	0	0	0	0	0	0	1	1
0	0	0	0	0	0	0	0	0	1

$$L100 = S1.\overline{S2}.\overline{S3}.\overline{S4}.\overline{S5}.\overline{S6}.\overline{S7}.\overline{S8}.\overline{S9}.\overline{S10}$$

$$L200 = S1.\overline{S2}.\overline{S3}.\overline{S4}.\overline{S5}.\overline{S6}.\overline{S7}.\overline{S8}.\overline{S9}.\overline{S10} + \\ + S1.S2.\overline{S3}.\overline{S4}.\overline{S5}.\overline{S6}.\overline{S7}.\overline{S8}.\overline{S9}.\overline{S10}$$

$$L300 = S1.S2.\overline{S3}.\overline{S4}.\overline{S5}.\overline{S6}.\overline{S7}.\overline{S8}.\overline{S9}.\overline{S10} + \\ + S1.S2.S3.\overline{S4}.\overline{S5}.\overline{S6}.\overline{S7}.\overline{S8}.\overline{S9}.\overline{S10}$$

$$L400 = S1.S2.S3.\overline{S4}.\overline{S5}.\overline{S6}.\overline{S7}.\overline{S8}.\overline{S9}.\overline{S10} + \\ + S1.S2.S3.S4.\overline{S5}.\overline{S6}.\overline{S7}.\overline{S8}.\overline{S9}.\overline{S10}$$

$$L500 = S1.S2.S3.S4.\overline{S5}.\overline{S6}.\overline{S7}.\overline{S8}.\overline{S9}.\overline{S10} + \\ + S1.S2.S3.S4.S5.\overline{S6}.\overline{S7}.\overline{S8}.\overline{S9}.\overline{S10}$$

$$L600 = S1.S2.S3.S4.S5.\overline{S6}.\overline{S7}.\overline{S8}.\overline{S9}.\overline{S10} + \\ + S1.S2.S3.S4.S5.S6.\overline{S7}.\overline{S8}.\overline{S9}.\overline{S10}$$

$$L700 = S1.S2.S3.S4.S5.S6.\overline{S7}.\overline{S8}.\overline{S9}.\overline{S10} + \\ + S1.S2.S3.S4.S5.S6.S7.\overline{S8}.\overline{S9}.\overline{S10}$$

$$L800 = S1.S2.S3.S4.S5.S6.S7.\overline{S8}.\overline{S9}.\overline{S10} + \\ + S1.S2.S3.S4.S5.S6.S7.S8.\overline{S9}.\overline{S10}$$

$$L900 = S1.S2.S3.S4.S5.S6.S7.S8.\overline{S9}.\overline{S10} + $$
$$+ S1.S2.S3.S4.S5.S6.S7.S8.S9.\overline{S10}$$

$$L1000 = S1.S2.S3.S4.S5.S6.S7.S8.S9.\overline{S10} + $$
$$+ S1.S2.S3.S4.S5.S6.S7.S8.S9.S10$$

3.8

a)

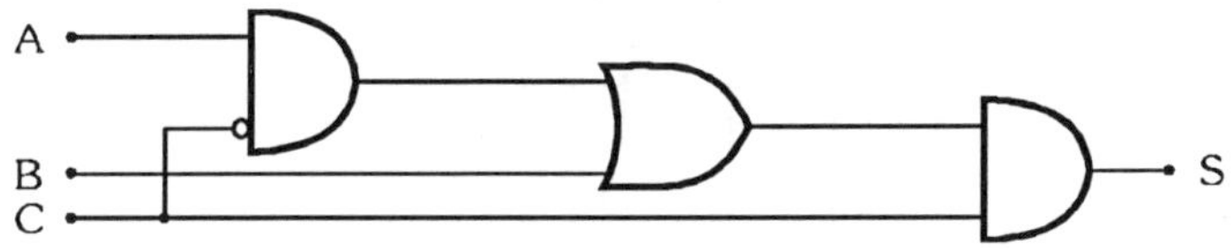

b)

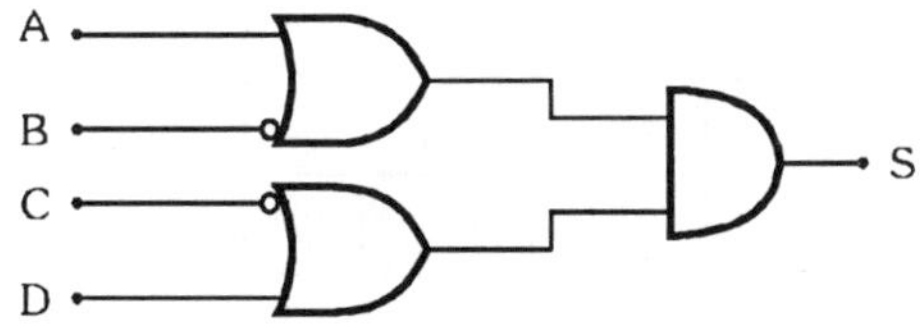

c)

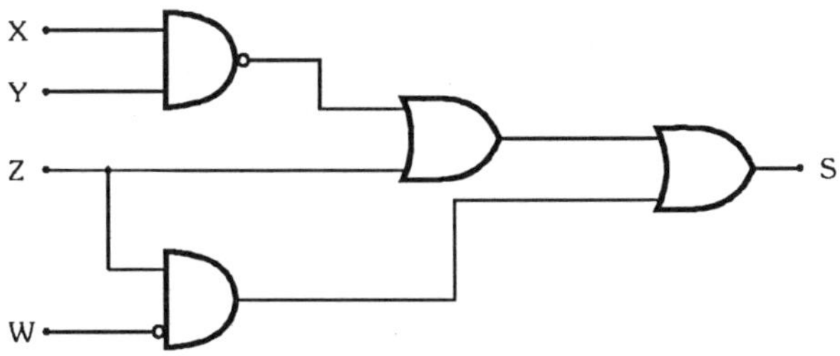

d)

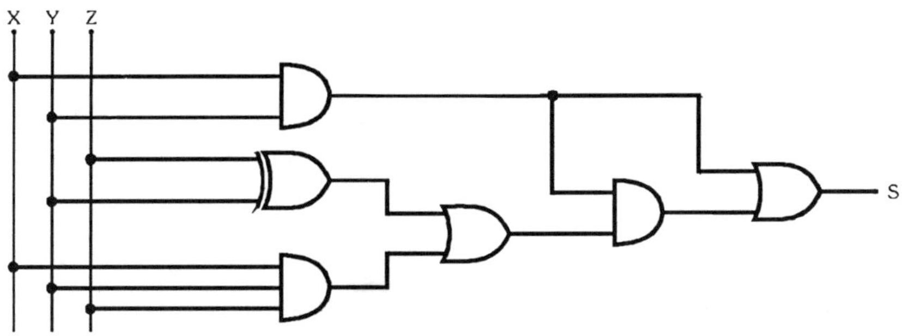

3.9

a)

$$S = \overline{(A + \overline{\overline{B}})} + \overline{(A . B + B . \overline{\overline{C}})}$$

A	B	C	S
0	0	0	1
0	0	1	1
0	1	0	1
0	1	1	1
1	0	0	1
1	0	1	1
1	1	0	0
1	1	1	0

b)

$$S = (B + \overline{D}) \cdot (\overline{A} + C) \cdot (\overline{B} + \overline{C}) \cdot (A + D)$$

A	B	C	D	S
0	0	0	0	0
0	0	0	1	0
0	0	1	0	0
0	0	1	1	0
0	1	0	0	0
0	1	0	1	1
0	1	1	0	0
0	1	1	1	0
1	0	0	0	0
1	0	0	1	0
1	0	1	0	1
1	0	1	1	0
1	1	0	0	0
1	1	0	1	0
1	1	1	0	0
1	1	1	1	0

c)

$$S = A.[(C\ .\ D\ .\ \overline{E}) + (\overline{B\ .\ C})] + A.[(\overline{B + D}) + (B + D)]$$

A	B	C	D	E	S
0	0	0	0	0	0
0	0	0	0	1	0
0	0	0	1	0	0
0	0	0	1	1	0
0	0	1	0	0	0
0	0	1	0	1	0
0	0	1	1	0	0
0	0	1	1	1	0
0	1	0	0	0	0
0	1	0	0	1	0
0	1	0	1	0	0
0	1	0	1	1	0
0	1	1	0	0	0
0	1	1	0	1	0
0	1	1	1	0	0
0	1	1	1	1	0
1	0	0	0	0	1
1	0	0	0	1	1
1	0	0	1	0	1
1	0	0	1	1	1
1	0	1	0	0	1
1	0	1	0	1	1
1	0	1	1	0	1
1	0	1	1	1	1
1	1	0	0	0	1
1	1	0	0	1	1
1	1	0	1	0	1
1	1	0	1	1	1
1	1	1	0	0	1
1	1	1	0	1	1
1	1	1	1	0	1
1	1	1	1	1	1

3.10

a) $S = A \oplus B \oplus C$ **b)** $S = A \odot B \odot C$

A	B	C	S
0	0	0	0
0	0	1	1
0	1	0	1
0	1	1	0
1	0	0	1
1	0	1	0
1	1	0	0
1	1	1	1

A	B	C	S
0	0	0	0
0	0	1	1
0	1	0	1
0	1	1	0
1	0	0	1
1	0	1	0
1	1	0	0
1	1	1	1

Pelas saídas das duas tabelas-verdade, verifica-se que:

$A \oplus B \oplus C = A \odot B \odot C$

3.11

a)

X	Y	$\overline{X} + Y.\overline{X}$	$\overline{X}$
0	0	1	1
0	1	1	1
1	0	0	0
1	1	0	0

resultados equivalentes

b)

A	B	$\overline{B}A + \overline{A}$	$\overline{B} + \overline{A}$
0	0	1	1
0	1	1	1
1	0	1	1
1	1	0	0

resultados equivalentes

c)

X	Y	$\overline{X}Y + \overline{Y}$	$\overline{X} + \overline{Y}$
0	0	1	1
0	1	1	1
1	0	1	1
1	1	0	0

resultados equivalentes

3.12

$$\overline{A}.B + A.\overline{B} = \overline{A.B + \overline{\overline{A}.\overline{B}}}$$

$$\overline{A}.B + A.\overline{B} = \overline{A.B}.\overline{\overline{A}.\overline{B}}$$

$$\overline{A}.B + A.\overline{B} = (\overline{A} + \overline{B}).(A + B)$$

$$\overline{A}.B + A.\overline{B} = \overline{A}.B + A.\overline{B}$$

3.13

a) $F = AB + \overline{A}BD + \overline{B}C + \overline{A}B\overline{D}$

b) $F = B + C$, ou seja, o futuro funcionário deverá ter curso superior ou ter experiência na área, não importando o sexo e a idade

3.14

a)

$$S = B.C$$

b)

A expressão booleana está totalmente simplificada.

c)

$S = \overline{X.Y} + Z$

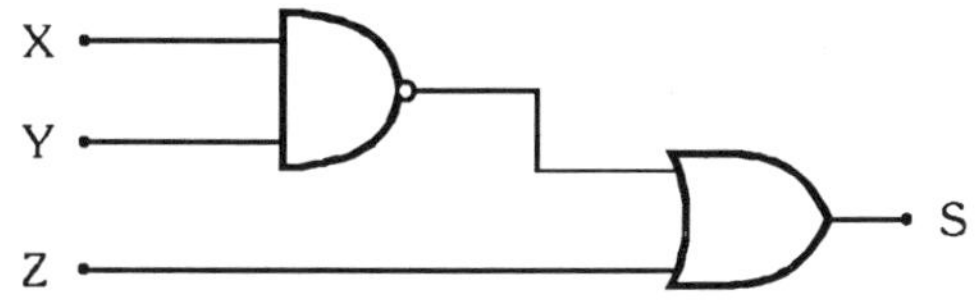

d)

$S = X.Y$

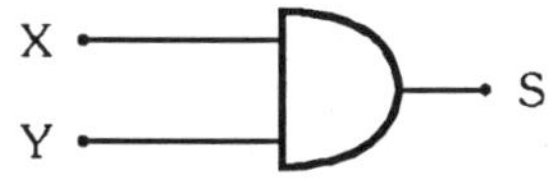

3.15

A expressão booleana está totalmente simplificada.

$Lv = S1 \odot S2$

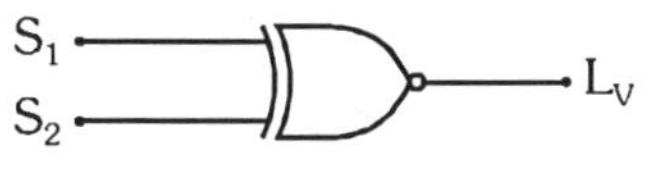

3.16

$BR = \overline{SNAR} . SNCR$
$BC = SNBR . \overline{SC}$
$AS = \overline{SNCR}$

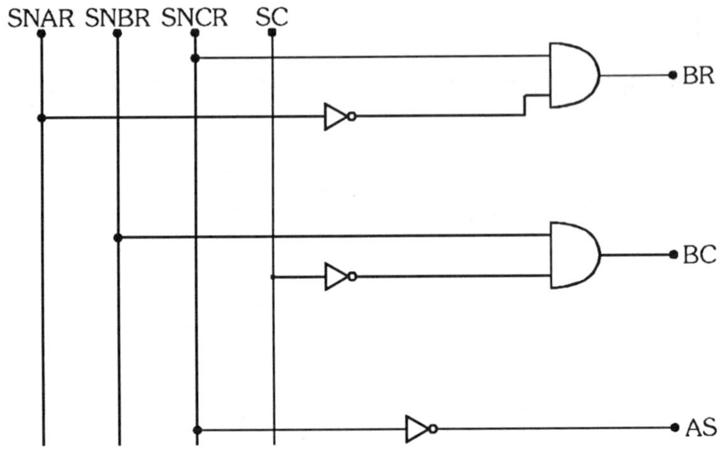

3.17

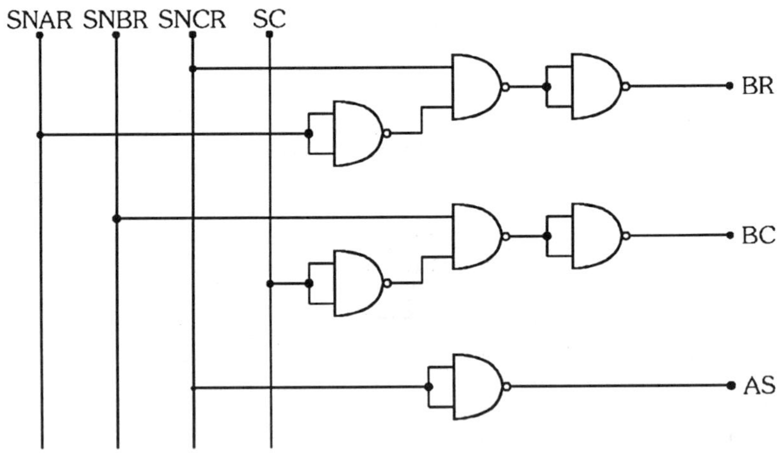

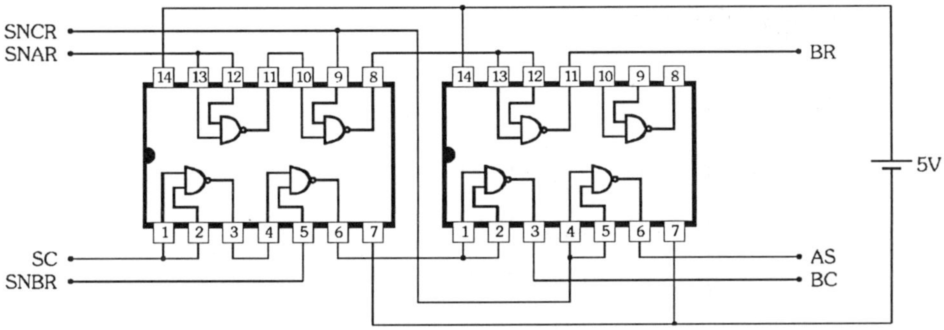

3.18

a)

$S = \overline{A} + \overline{B}$

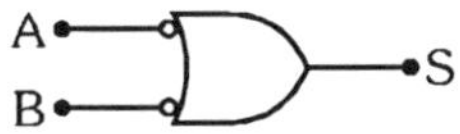

b)

$S = A.\overline{B}.C.\overline{D} + \overline{A}.B.\overline{C}.D$

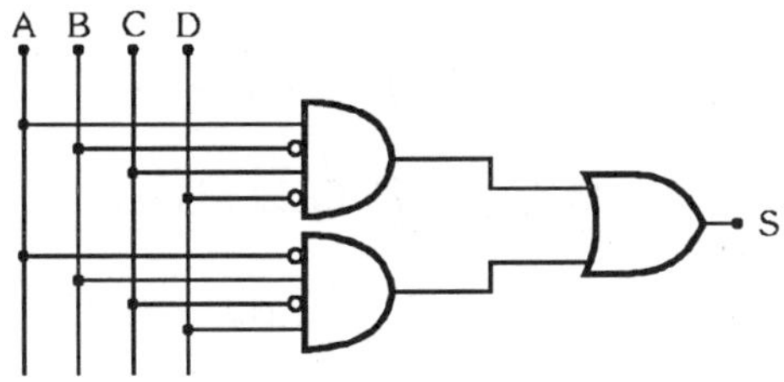

c)

$S = A$

Capítulo 4

4.1

a) $a = B.\overline{C}.\overline{D} + \overline{A}.\overline{B}.\overline{C}.D$

$b = B.\overline{C}.D + B.C.\overline{D}$

$c = \overline{B}.C.\overline{D}$

$d = B.\overline{C}.\overline{D} + B.C.D + \overline{A}.\overline{B}.\overline{C}.D$

$e = D + B.\overline{C}$

$f = C.D + \overline{B}.C + \overline{A}.\overline{B}.D$

$g = \overline{A}.\overline{B}.\overline{C} + B.C.D$

onde: A → (MSB) e D → (LSB)

4.2

$a = A.\overline{B}.C + \overline{B}.\overline{D} + \overline{A}.C.D + B.C + \overline{A}.B.D$

$b = \overline{A}.\overline{B} + \overline{B}.\overline{D} + A.\overline{C}.D + \overline{A}.C.D + \overline{A}.\overline{C}.\overline{D}$

$c = \overline{A}.B + A.\overline{B} + \overline{C}.D + \overline{A}.\overline{C} + \overline{A}.D$

$d = B.\overline{C}.D+\overline{B}.\overline{C}.\overline{D}+B.C.\overline{D}+\overline{B}.C.D+A.B.\overline{C}+\overline{A}.\overline{B}.C$

$e = A.\overline{B} + C.\overline{D} + A.C + \overline{B}.\overline{D} + A.\overline{D}$

$f = A.\overline{B} + A.C + B.C.\overline{D} + \overline{A}.\overline{C}.\overline{D} + \overline{A}.B.\overline{C}$

$g = A + B.\overline{C} + C.\overline{D} + \overline{B}.C$

onde:

A → (MSB)

D → (LSB)

4.3

Uma das possibilidades é curtocircuitar as variáveis de seleção B e C.

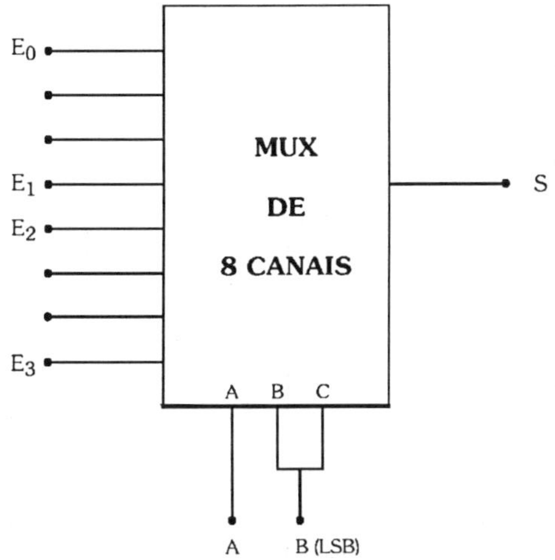

4.4

Uma das possibilidades é curtocircuitar as variáveis de seleção A e B

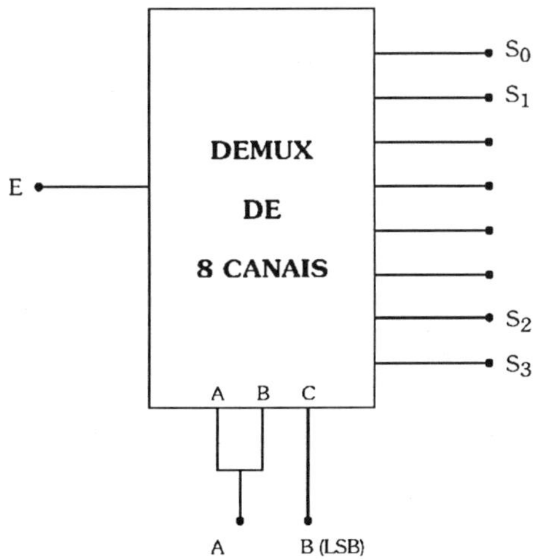

4.5

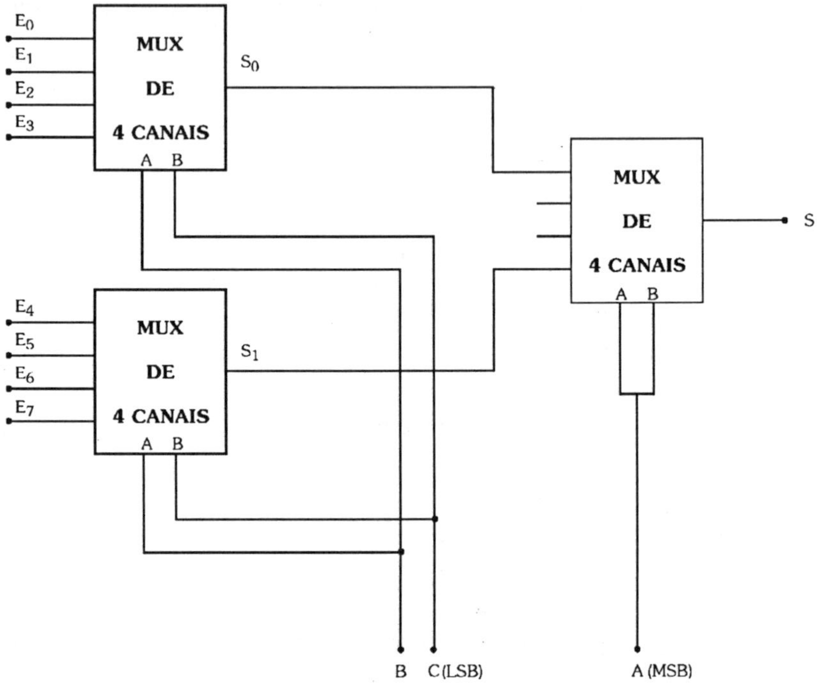

E_0
E_1
E_2
E_3
MUX
DE
4 CANAIS
A B
S_0
E_4
E_5
E_6
E_7
MUX
DE
4 CANAIS
A B
S_1
MUX
DE
4 CANAIS
A B
S
B
C (LSB)
A (MSB)

4.6

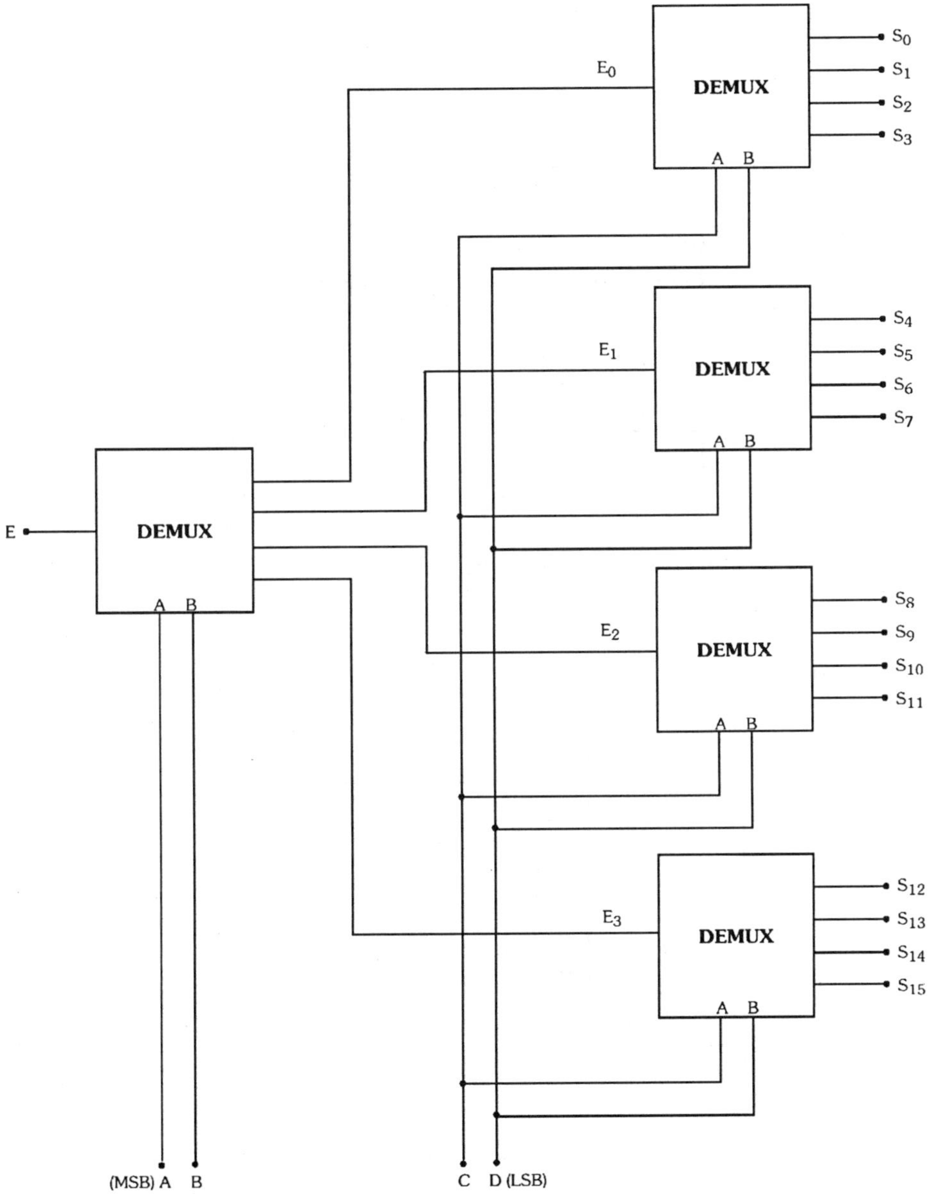
DEMUX
DEMUX
DEMUX
DEMUX
DEMUX
E
E0
E1
E2
E3
A B
S0
S1
S2
S3
S4
S5
S6
S7
S8
S9
S10
S11
S12
S13
S14
S15
(MSB) A
B
C
D (LSB)

4.7

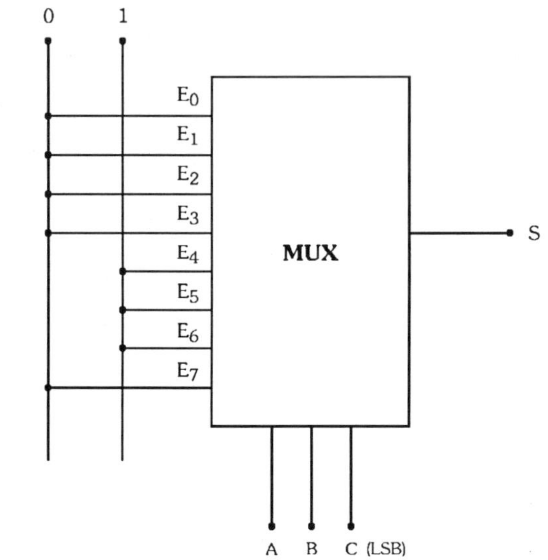

4.8

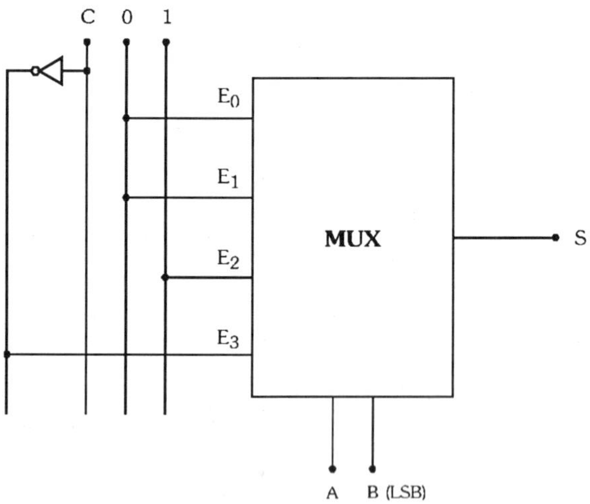

4.9

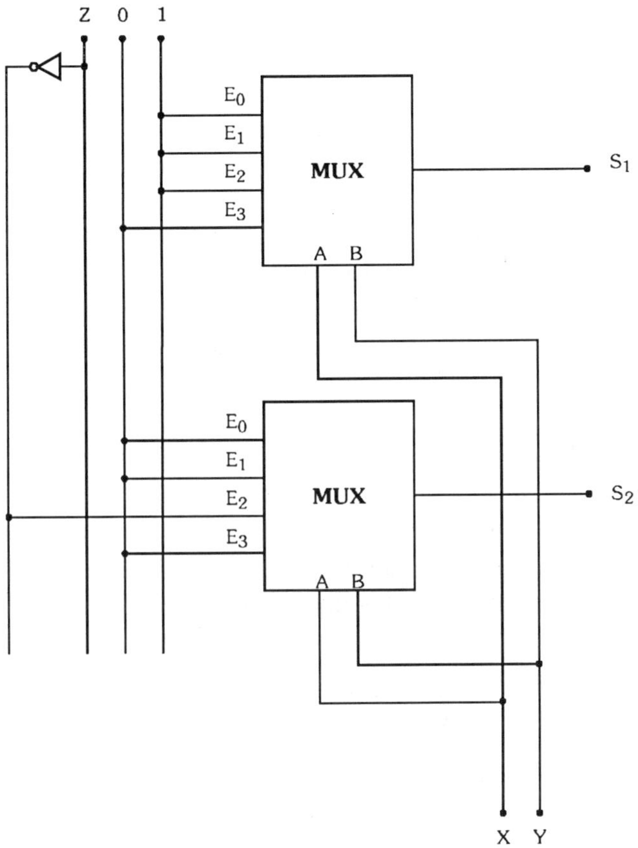

Z
0
1
E0
E1
E2
E3
MUX
S1
A B
E0
E1
E2
E3
MUX
S2
A B
X Y

4.10

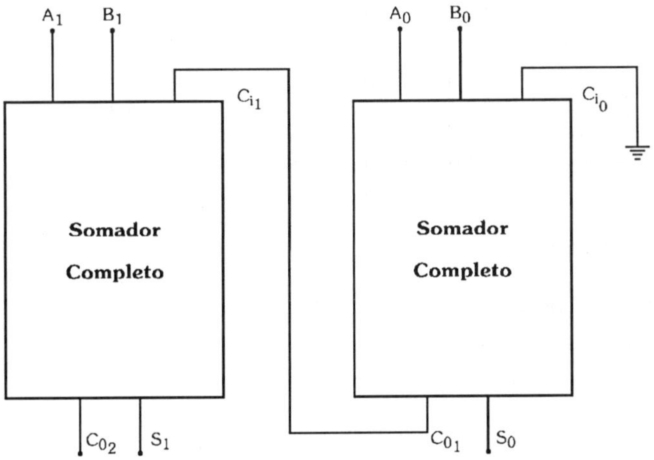

A1
B1
Ci1
A0
B0
Ci0
Somador Completo
Somador Completo
Co2
S1
Co1
S0

4.11

Este circuito pode ser obtido a partir de um somador completo e uma porta XOR.

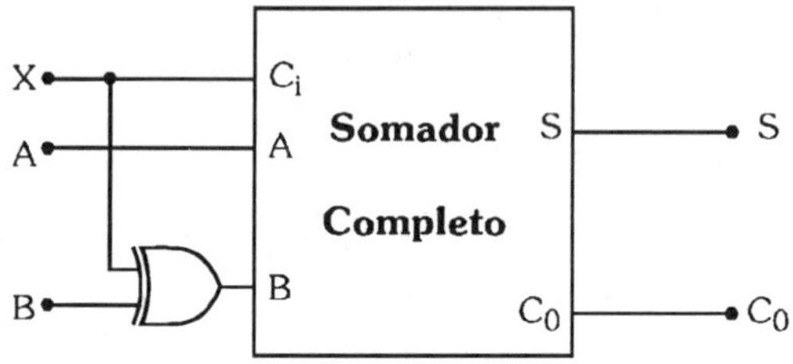

Capítulo 5

5.1 Num circuito combinacional, as saídas dependem unicamente das entradas enquanto que, num circuito seqüencial, elas dependem tanto das entradas como do estado interno.

5.2

	t_{PLH}(ns)	t_{PHL}(ns)
Standard	11	7
L	35	31
S	3	3
LS	8	8
AS	2,5	1,5
ALS	4	4

Observação:

Dados obtidos no "LS/S/TTL Logic Databook" da National Semiconductor Corporation.

5.3 A expressão lógica deste circuito é:

$$S(t + \Delta t) = \overline{A(\Delta t).S(t)}$$

Portanto, para:

- A(t) = 0 → S (t+Δ t) = 1 independente do valor inicial da saída S(t);
- A(t) = 1 → S (t+Δ t) = S(t), ou seja, a saída entra em oscilação pois complementa constantemente seu valor anterior. A freqüência da oscilação depende principalmente dos tempos de propagação da porta lógica.

5.4 Fazendo-se a análise do circuito, chega-se à tabela-verdade simplificada abaixo:

A	B	Qf
0	0	*
0	1	1
1	0	0
1	1	Qa

* Erro lógico

Este circuito funciona como um flip-flop RS assíncrono onde A e B fazem respectivamente as funções de set e reset sendo, porém, ativos em nível lógico 0.

5.5 Num flip-flop assíncrono, o tempo necessário para a atualização das saídas depende apenas do atraso Δt das portas lógicas enquanto que, num flip-flop síncrono, a atualização das saídas é sincronizada com um pulso de clock externo.

5.6 Porque as entradas preset e clear atuam diretamente nas saídas do flip-flop independente do pulso de clock.

5.7 Sim, pois colocando-se um inversor entre as entradas R e S, fazendo desta última a entrada D, a tabela-verdade resultante é exatamente igual à do flip-flop D, como mostra a figura abaixo:

$D = S = \overline{R}$	Q_f
0	0
1	1

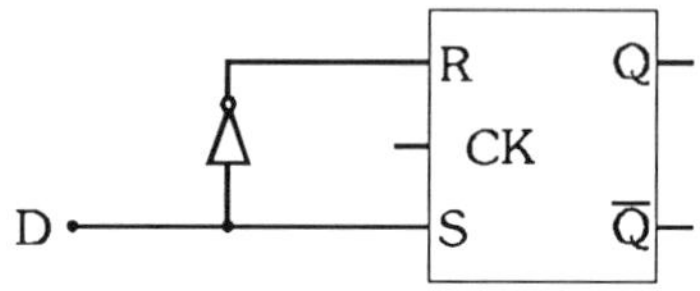

5.8 Não, pois o flip-flop RS síncrono apresenta erro lógico para a condição de entrada R=S=1.

5.9

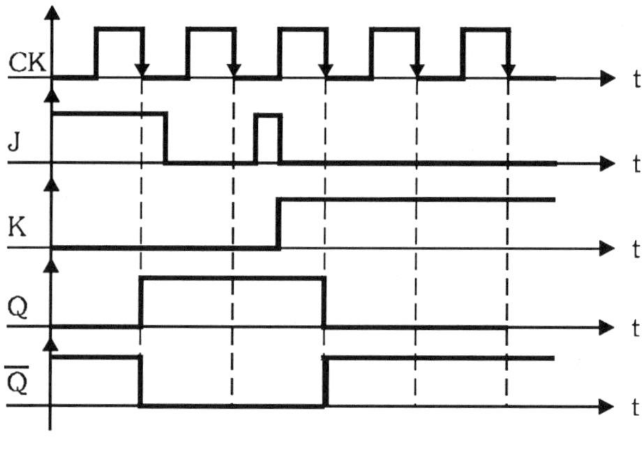

Capítulo 6

6.1

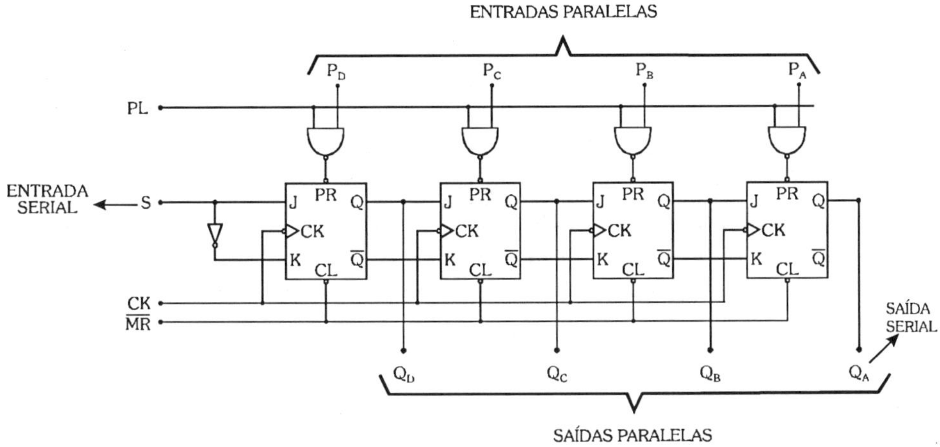

6.2

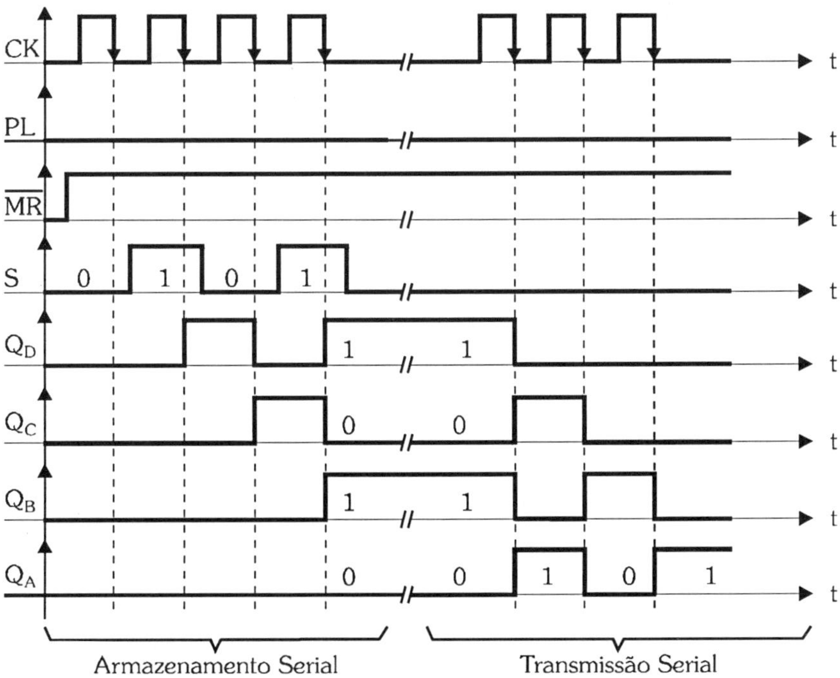

6.3

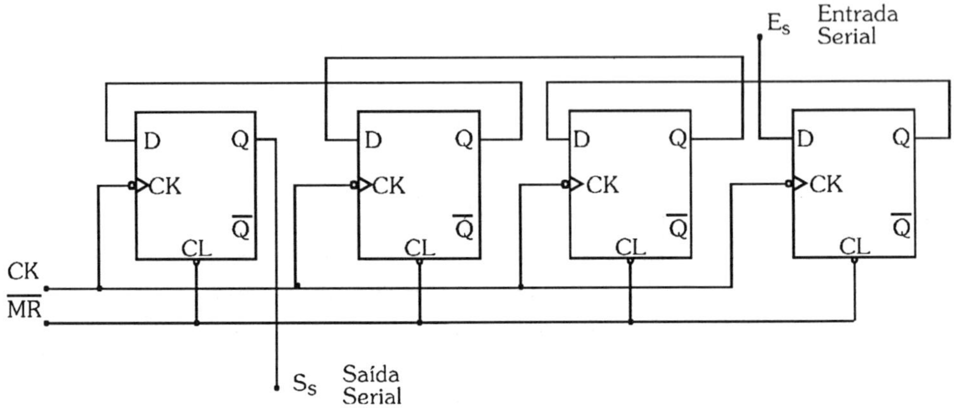
E$_s$
Entrada Serial
D
Q
CK
$\overline{Q}$
CL
D
Q
CK
$\overline{Q}$
CL
D
Q
CK
$\overline{Q}$
CL
D
Q
CK
$\overline{Q}$
CL
CK
$\overline{MR}$
S$_s$
Saída Serial

Capítulo 7

7.1 Uma das soluções é:

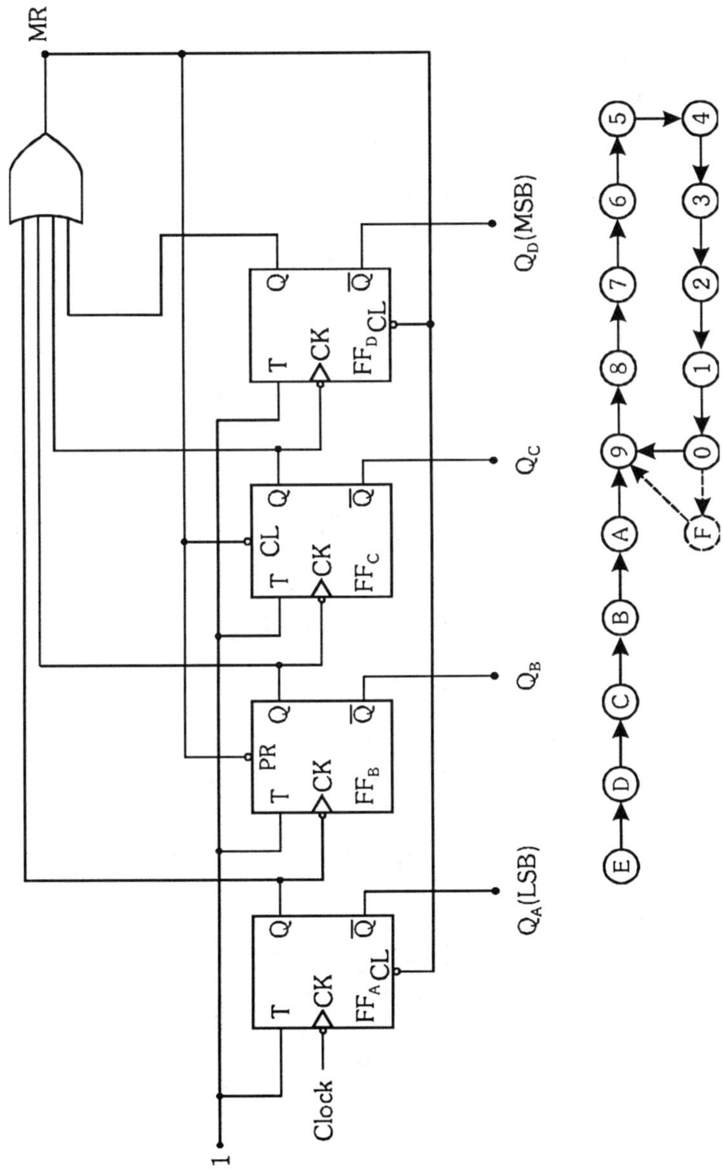

7.2

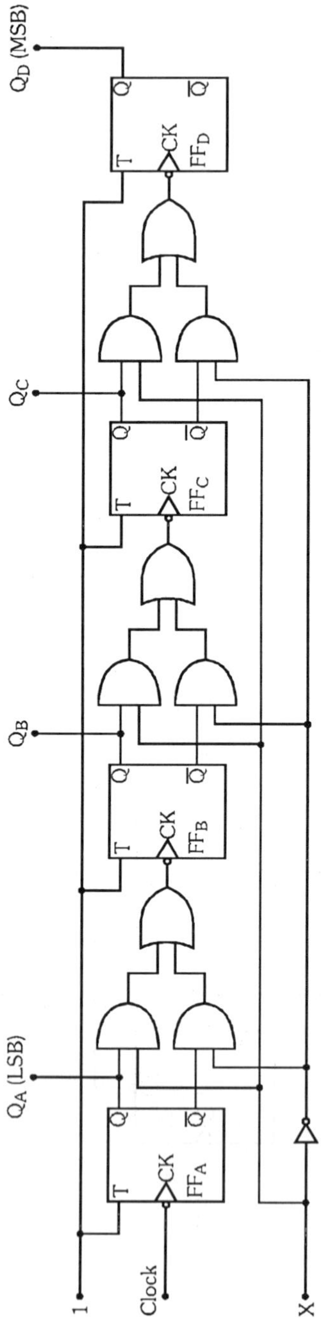

Q_D (MSB)
Q
$\overline{Q}$
T
CK
FF_D
Q_C
Q
$\overline{Q}$
T
CK
FF_C
Q_B
Q
$\overline{Q}$
T
CK
FF_B
Q_A (LSB)
Q
$\overline{Q}$
T
CK
FF_A
1
Clock
X

7.3

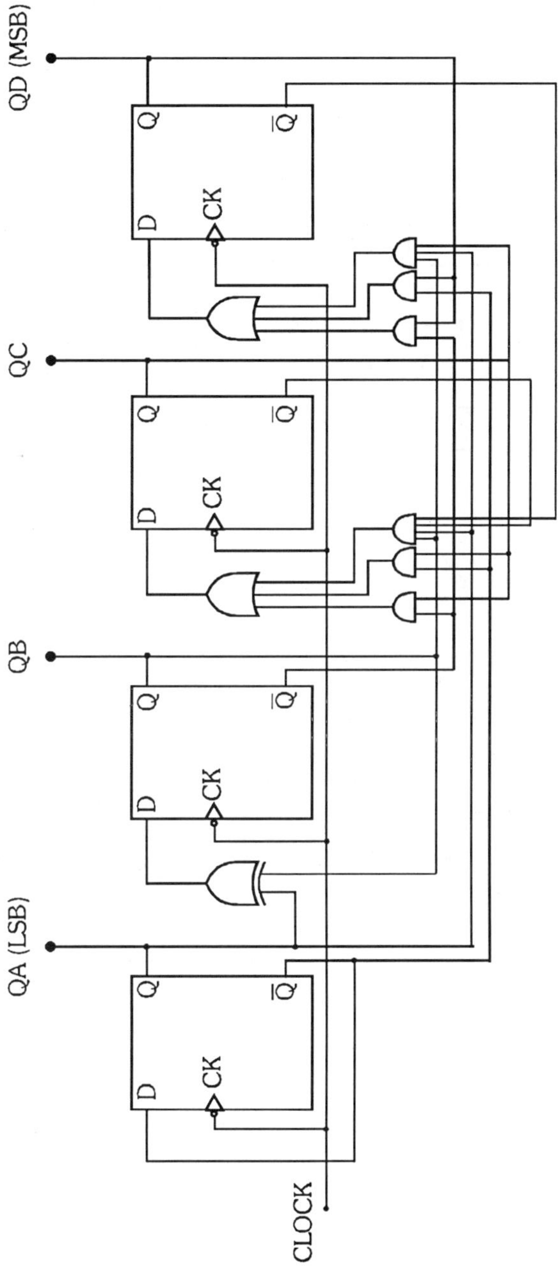

7.4 $f_A = 300$ KHz; $f_B = 150$ KHz; $f_C = f_D = 50$ Khz

7.5

Modo assíncrono:

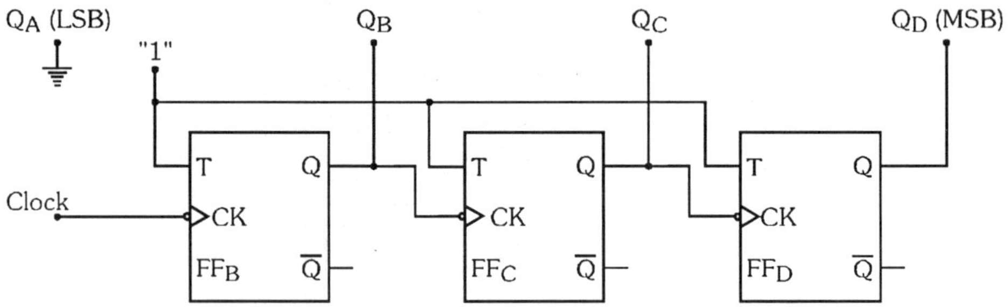

Modo síncrono:

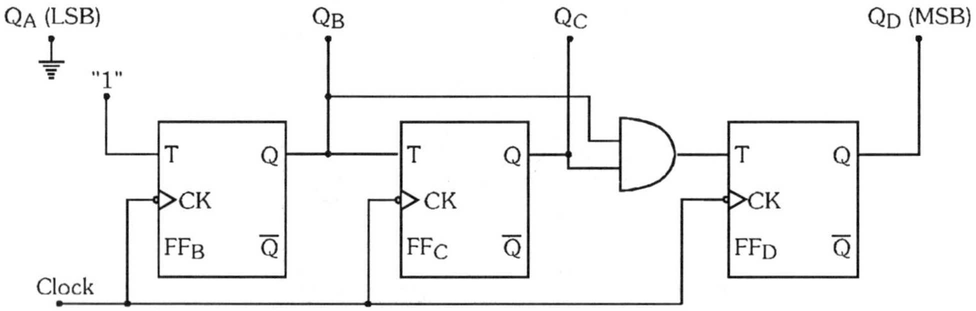

7.6

a)

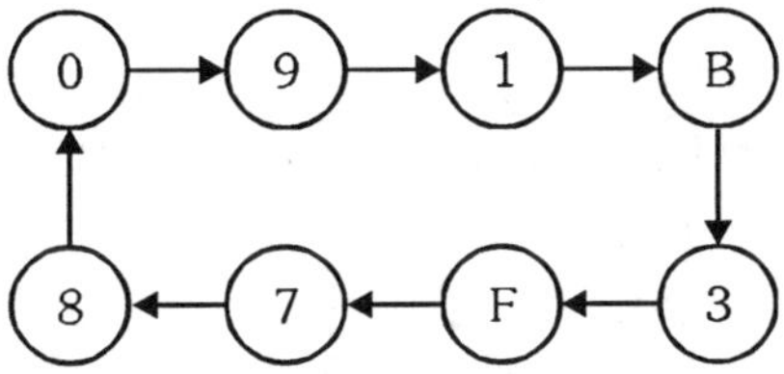

b) $T_D = 1$

$T_C = \overline{Q}_D . Q_B$

$T_B = \overline{Q}_D . Q_C + \overline{Q}_D . \overline{Q}_B . Q_A$

$T_A = \overline{Q}_D . Q_C + \overline{Q}_D . \overline{Q}_A$

c)

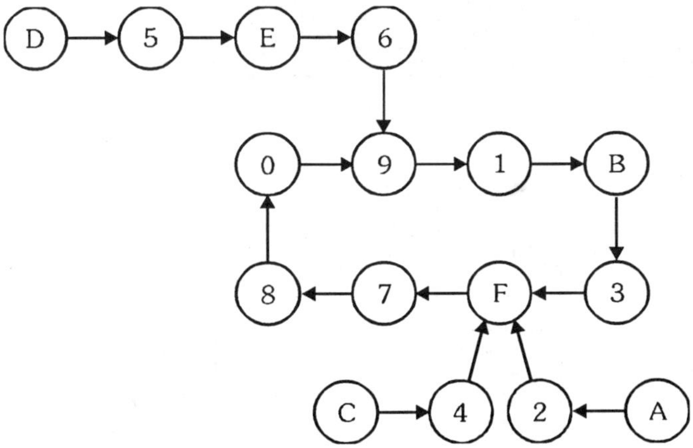

d) Uma das soluções é:

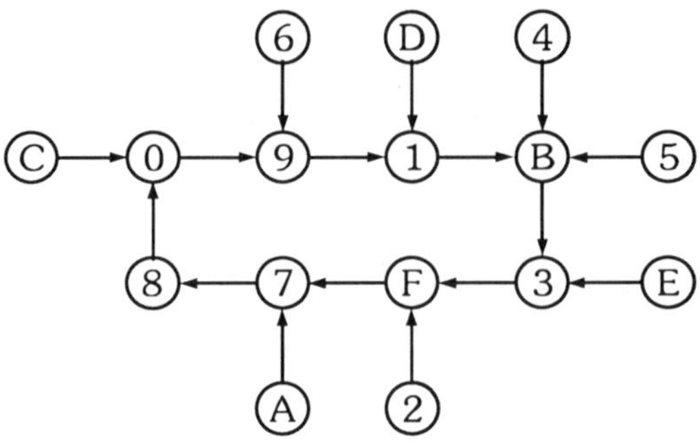

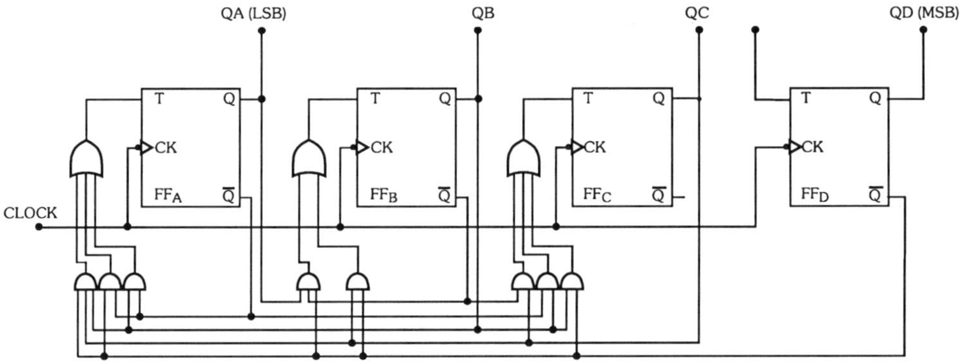

7.7

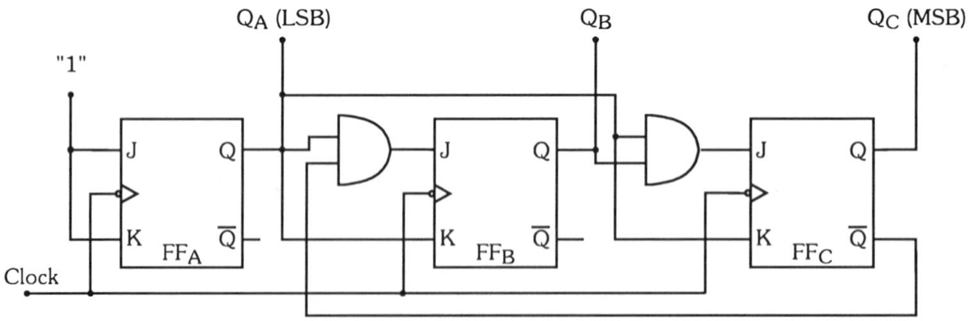

7.8

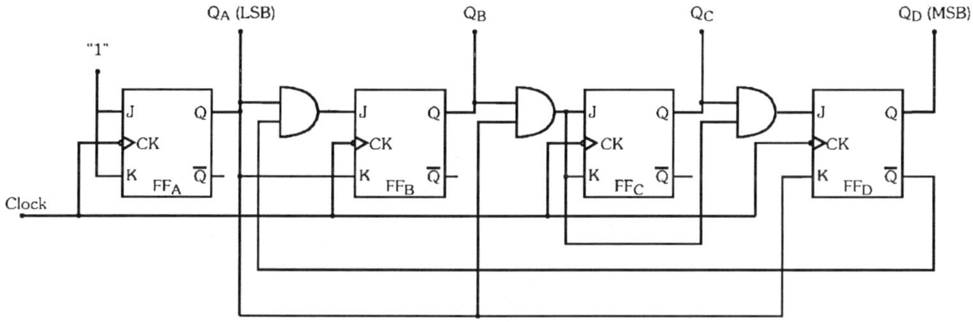

QA (LSB)
QB
QC
QD (MSB)
"1"
J
CK
K
Q
FFA
FFB
FFC
FFD
Clock

7.9

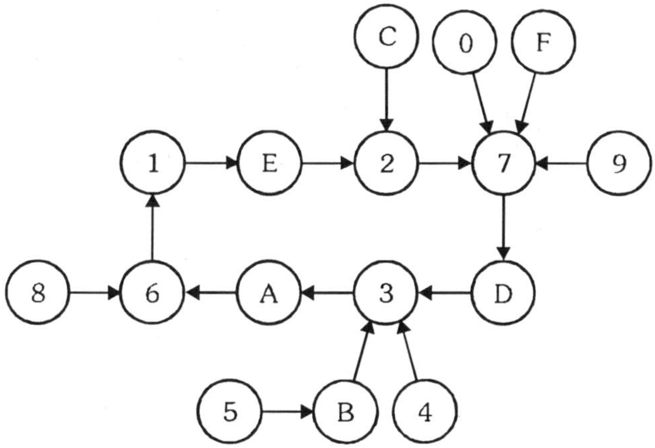

C
0
F
1
E
2
7
9
8
6
A
3
D
5
B
4

Capítulo 8

8.1

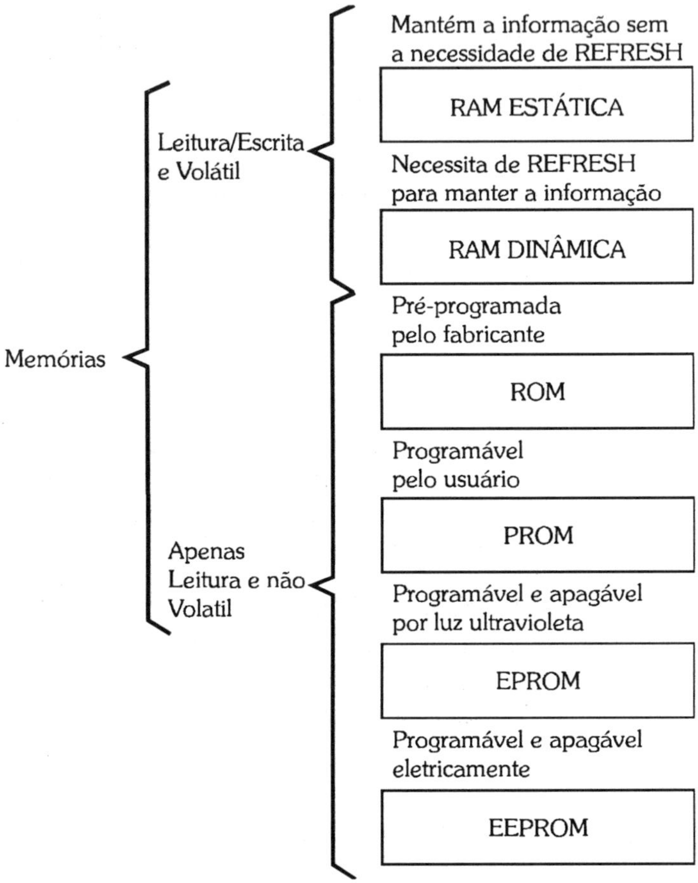

8.2

a) Número de posições = 4096 posições (4k)

b) Número de bits por posição = 8 bits

c) Capacidade da memória = 4096 bytes (4 Kbytes) ou 32768 bits (32 Kbits)

d) Número de linhas de endereço = 12 linhas - de A_0 a A_{11} ($2^{12} = 4096$)

e) Número de linhas de dados = 8 linhas

8.3 A diferença básica entre a RAM estática e a dinâmica está no tipo de célula de memória que as compõe. Na RAM estática, a célula de memória é formada por um flip-flop, enquanto que na RAM dinâmica, é formada por um transistor MOS. Por isto, a RAM estática mantém a informação até o próximo ciclo de escrita e a RAM dinâmica necessita de ciclos de renovação constantes (refresh) para que a informação seja mantida (devido à corrente de fuga na capacitância parasita do transistor).

8.4 A diferença básica consiste no modo de se apagar estas memórias. Na EPROM, no apagamento é feito através da exposição da pastilha semicondutora à luz ultravioleta e na EEPROM, este é feito eletricamente.

Anotações

Referências Bibliográficas

CRUZ, E. C. A.; CHOUERI, S. Jr. **Sistemas Seqüenciais e Memórias**. São Paulo: Érica, 1994.

IDOETA, I.V.; CAPUANO, F. G. **Elementos de Eletrônica Digital**. São Paulo: Érica, 1994

LEACH, D.P. **Eletrônica Digital no Laboratório**. São Paulo: Makron Books, 1991.

LOURENÇO, A. C. **Sistemas Numéricos e Álgebra Booleana**. São Paulo: Érica, 1994.

MALVINO, A. **Microcomputadores e Microprocessadores**. São Paulo: Mc Graw Hill, 1985.

NATALE, F. **Tecnologia Digital**. São Paulo: Atlas, 1991.

National Semiconductor Corporation. **LS/S/TTL Logic Databook**. 1987.

RECIFAR, J. N., FERREIRA, S.J. **Sistemas Seqüenciais e Memórias**. São Paulo: Érica, 1994.

Texas Intruments. **ALS/AS Logic Data Book**.

Texas Instruments. **Projeto com Circuitos Integrados TTL**. Guanabara Dois.

ZUFFO, J.A. **Sistemas Eletrônicos Digitais: Organização Interna e Projeto**. Vol.1. São Paulo: Edgard Blucher, 1976.

______. **Subsistemas Digitais e Circuitos de Pulso**. Vol.I. São Paulo: Edgard Blucher, 1976.

Marcas Registradas

Eletrônica: Eletricidade - Corrente Contínua

Autores: José Eduardo Aiub e Enio Filoni • Código: 8100 • 192 páginas • Formato: 17 x 24 cm

Este livro tem o objetivo de ensinar as primeiras noções sobre eletrônica aos estudantes da área. Além de fornecer as leis que ele utilizará por toda a sua vida profissional, os teoremas aqui explanados também são fatores determinantes para a solução de redes elétricas com elementos lineares.

Os principais assuntos abordados são: Leis de Ohm, Circuitos Elétricos, Geradores e Receptores, Leis de Kirchhoff, Maxwell, Thévenin, etc.

Foram acrescentados novos exercícios, com os mais diversos graus de dificuldade, preparando cada vez mais os futuros técnicos e estudiosos dos projetos elétricos, além de um apêndice apresentando os resistores de cinco faixas que já estão sendo utilizados em circuitos elétricos.

Eletromagnetismo - Fundamentos e Aplicações

Autor: William César Mariano • Código: 9425 • 248 páginas • Formato: 17 x 24 cm

A proposta deste livro é apresentar de forma simples a disciplina de Eletromagnetismo sem o comprometimento da parte teórica. A obra inicia com o estudo da Lei de Coulomb, que trata da interação de cargas elétricas colocadas próximas, o campo elétrico e as distribuições discretas e contínuas de cargas.

Em seguida aborda as equações de Maxwell nas formas integral e diferencial; o gradiente e a relação entre potencial e campos elétricos; as densidades de corrente e a equação da continuidade; o laplaciano e as equações de Poisson e Laplace; o rotacional; a Lei Circuital de Ampère; algumas importantes relações constitutivas entre os campos; as ondas eletromagnéticas; aplicações para os campos eletromagnéticos, como linhas de transmissão, guias de onda e antenas por meio de conceitos e equações que envolvem esses dispositivos e exercícios para fixar os assuntos estudados.

Ensino Modular - Eletricidade - Circuitos em Corrente Alternada

Autor: Otávio Markus • Código: 7252 • 248 páginas • Formato: 17 x 24 cm

Aborda conceitos de circuitos resistivos e reativos em CA, como impedância, potência e modelamento de indutores e capacitores.

Apresenta diversas aplicações, como sintonia, filtros, correção do fator de potência, pontes de impedância, diferenciador e integrador e sistemas trifásicos.

As análises são feitas simultaneamente por diagramas fasoriais, gráficos temporais e números complexos para propiciar tanto a visualização dos fenômenos elétricos como a resolução de circuitos.

Os módulos contêm exercícios propostos, inglês técnico, aplicações e temas transversais.

Desenvolvido de forma a atender pedagogicamente aos cursos técnicos modulares de eletrônica, telecomunicações, eletrotécnica, eletroeletrônica, informática industrial e mecatrônica.

Ensino Modular - Eletricidade - Circuitos em Corrente Contínua

Autores: Marco Cipelli e Otávio Markus • Código: 6019 • 232 páginas • Formato: 17 x 24 cm

Dividido em módulos, abrange todo o conteúdo de eletricidade em corrente contínua, envolvendo conceitos de eletrostática e eletrodinâmica, análise de circuitos resistivos e de circuitos RC e RL em CC. Desenvolvido de forma a atender, pedagogicamente, aos cursos técnicos modulares de eletrônica, eletrotécnica, eletroeletrônica, telecomunicações e mecatrônica, relacionando conceitos teóricos com as suas aplicações reais. Sua estrutura é formada por teoria seguida de ficha de exercícios de aplicação imediata, facilitando o aprendizado. Cada módulo possui, ainda, um conjunto de atividades complementares, incluindo os fundamentos físicos e matemáticos necessários, exercícios propostos, inglês técnico e temas transversais. Aos professores, a Editora Érica disponibilizará na Internet arquivos para a impressão de transparências envolvendo o conteúdo do livro.

Ensino Modular - Sistemas Analógicos - Circuitos com Diodos e Transistores

Autor: Otávio Markus • Código: 6906 • 392 páginas • Formato: 17 x 24 cm

Em módulos, o livro trata dos vários tipos de diodos e transistores bipolares. Para cada dispositivo, são apresentadas as especificações técnicas fornecidas pelos manuais de fabricantes, ensinando o aluno a consultá-las e interpretá-las. Contém muitas aplicações práticas, estimulando a análise e o desenvolvimento de projetos, incluindo uma fonte de alimentação variável e um amplificador de áudio. Desenvolvido de forma a atender, pedagogicamente, aos cursos técnicos modulares de eletrônica, eletrotécnica, eletroeletrônica, informática industrial, telecomunicações e mecatrônica, a sua estrutura é formada por teoria seguida de fichas de exercícios de aplicação imediata, facilitando o aprendizado. Cada módulo possui, ainda, um conjunto de atividades complementares, incluindo os fundamentos físicos e matemáticos necessários, exercícios propostos, inglês técnico e temas transversais.

Circuitos Elétricos - Corrente Contínua e Corrente Alternada - Teoria e Exercícios
Autor: Otávio Markus • Código: 7686 • 304 páginas • Formato: 20,5 x 27,5 cm

Este livro envolve os principais conceitos de eletricidade e métodos de análise de circuitos elétricos passivos, isto é, implementados a partir de resistores, indutores e capacitores, e operando em C.C. e C.A.

Os capítulos são estruturados de forma que os seus tópicos e exercícios propostos comentados facilitem o planejamento do processo ensino-aprendizagem.

Foi elaborado para atender a diversos cursos de engenharia e técnicos da área elétrica que adotam um plano de ensino estruturado.

Teoria e Desenvolvimento de Projetos de Circuitos Eletrônicos
Autores: Antonio M. V. Cipelli, Waldir J. Sandrini e Otávio Markus • Código: 7597 • 464 páginas •
Formato: 17 x 24 cm

Esta publicação aborda os principais dispositivos eletrônicos discretos e integrados, desde os seus princípios de funcionamento até as suas principais especificações técnicas.

Dentre eles, estão os diodos (zener e retificadores controlado e não controlado), transistores (bipolar, FET e UJT), sensores (PTC, NTC e LDR), reguladores de tensão, amplificador operacional, temporizador e amplificador integrado.

Para cada dispositivo, são apresentadas as suas principais aplicações e métodos de projeto dos circuitos que os empregam, principalmente as diversas configurações de fonte de alimentação e amplificadores transistorizados.

Laboratório de Eletricidade e Eletrônica
Autores: Francisco Gabriel Capuano e Maria Aparecida H. Marino • Código: 0169 • 312 páginas •
Formato: 16 x 23 cm

Abrange teoria, projetos e experiências, as quais se adaptam facilmente aos laboratórios já existentes. Aborda equipamentos como Multitest, Osciloscópio e experiências utilizando Lei de Ohm, Geradores, Teoremas, Pontes, Regime DC e AC em capacitores e indutores, ceifadores, Zener, transístores, amplificadores, fontes, etc.

Análise de Circuitos em Corrente Contínua
Autor: Rômulo Oliveira Albuquerque • Código: 1475 • 192 páginas • Formato: 17 x 24 cm

Apresenta os princípios e componentes básicos usados em circuitos. Os principais assuntos tratados são: bipolos, lei de Ohm, associação de resistores e geradores, resistividade, galvanômetros, medidas, Ponte de Wheatstone, Kirchhoff, Thévenin, Norton, Maxwell e superposição de efeitos. Além dos tópicos teóricos, contém exercícios resolvidos e propostos.

Circuitos Digitais
Autores: Antonio Carlos de Lourenço, Eduardo Cesar A. Cruz, Sabrina R. Ferreira e Salomão Choueri Júnior • Código: 3206 • 340 páginas • 16x23cm

Circuitos em Corrente Alternada
Autor: Rômulo Oliveira Albuquerque • Código: 3931 • 288 páginas • 16x23cm

Circuitos em Corrente Contínua
Autores: Antonio Carlos de Lourenço, Eduardo Cesar Alves Cruz e Salomão Choueri Júnior • Código: 3001 • 336 páginas • 16x23cm

Dispositivos Semicondutores: Tiristores - Controle de Potência C.C. e C.A.
Autor: José Luiz A. Almeida • Código: 2986 • 172 páginas • 16x23cm

Dispositivos Semicondutores: Diodos e Transistores
Autores: Angelo Eduardo Battistini Marques, Antonio Carlos de Lourenço e Eduardo Cesar A. Cruz • Código: 3176 • 416 páginas • 16x23 cm

Elementos de Eletrônica Digital
Autores: Francisco G. Capuano e Ivan V. Idoeta • Código: 0193 • 552 páginas • 16x23 cm

Praticando Eletricidade - Circuitos em Corrente Contínua
Autor: Eduardo C. Alves Cruz • Código: 4016 • 292 páginas • 20,5x27,5cm

CADASTRO PARA MALA DIRETA

Preenchendo este formulário e enviando para Editora Érica, por fax (11) 6197-4060 ou pelo correio, você receberá informações periódicas sobre os nossos lançamentos.

Desejo cadastrar-me para receber informações sobre os lançamentos

Livro: Circuitos Digitais ISBN: 85-7194-320-6
Autores: Antonio C. Lourenço, Eduardo C.A.Cruz, Sabrina R. Ferreira e Salomão C. Jr.

Nome:

Endereço para correspondência:

Bairro:

Cidade:

Estado: **CEP:** -

Telefone: 0 X X -

Fax: 0 X X -

E-mail:

Onde este livro foi comprado?
( ) Banca
( ) Livraria
( ) Loja
( ) Outro ______________

Onde você tomou conhecimento do livro?
( ) Anúncio
( ) Catálogo
( ) Escola
( ) Outro ______________
( ) Internet
( ) Mala Direta
( ) Revista

PRT/SPM-4707/94
UP AC ÁGUA RASA
DR/SÃO PAULO

CARTÃO RESPOSTA

NÃO É NECESSÁRIO SELAR

o selo será pago por
EDITORA ÉRICA LTDA.

03399-999 SÃO PAULO - SP

recortar

GRÁFICA PAYM
Tel. (011) 4392-3344 · paym@terra.com.br